系统综合重要度方法
——基于可靠性和系统性能优化

兑红炎　司书宾　著

科学出版社
北　京

内 容 简 介

重要度是保持系统可靠性和提高系统性能的主要手段，其贯穿于装备全寿命周期，是装备保障工程的重要内容之一。本书以系统优化设计为背景，以识别系统关键组件、提升系统性能、延长系统寿命为目标，综合考虑组件状态分布概率、组件状态转移率及其对系统的影响，提出一种综合重要度计算方法，该方法可以定量计算带有状态转移特征的组件可靠性变化对系统性能的影响程度，为系统优化设计提供理论支撑。

本书可供从事系统可靠性研究的科研人员阅读，也可供高等院校相关专业的高年级本科生和研究生参考。

图书在版编目（CIP）数据

系统综合重要度方法：基于可靠性和系统性能优化 / 兑红炎，司书宾著. —北京：科学出版社，2022.7

ISBN 978-7-03-072096-2

Ⅰ. ①系… Ⅱ. ①兑… ②司… Ⅲ. ①系统可靠性
Ⅳ. ①N945.17

中国版本图书馆 CIP 数据核字（2022）第 064670 号

责任编辑：王 哲 / 责任校对：胡小洁
责任印制：吴兆东 / 封面设计：迷底书装

科 学 出 版 社 出版
北京东黄城根北街 16 号
邮政编码：100717
http://www.sciencep.com

北京虎彩文化传播有限公司 印刷

科学出版社发行 各地新华书店经销

*

2022 年 7 月第 一 版 开本：720×1000 B5
2022 年 7 月第一次印刷 印张：15 3/4
字数：320 000

定价：**129.00 元**

（如有印装质量问题，我社负责调换）

作 者 简 介

兑红炎，男，郑州大学教授、博士生导师，河南省高校科技创新人才、河南省青年骨干教师、教育厅学术技术带头人、中国运筹学会可靠性分会理事、中国优选法统筹法与经济数学研究会工业工程分会理事等，研究方向包括系统重要度理论、复杂网络韧性优化、机械装备故障诊断及剩余寿命预测和重要度在基础设施领域、工程领域的应用，发表学术论文 70 余篇，所提出的综合重要度计算方法已经被美国 SAS 系统 JMP 软件采用。主持两项国家自然科学基金、教育部规划基金、装备预研基金、科技部重大专项子课题等，获河南省自然科学奖、省科技成果奖等，多篇论文获得河南省教育厅优秀科技论文一等奖。

司书宾，男，西北工业大学教授、博士生导师，工业工程与智能制造工业和信息化部重点实验室副主任，目前担任中国运筹学会可靠性分会副理事长、中国优选法统筹法与经济数学研究会工业工程分会副理事长、*IEEE Transactions on Reliability* 期刊副主编、*Frontiers of Engineering Management* 期刊特约通讯编辑、《系统工程与电子技术》编委，主要从事复杂网络弹性分析、重要度理论与系统可靠性优化、基于熵的故障诊断方法等方面的研究工作，先后在 *PNAS*、*IISE Transactions*、*IEEE Transactions on Reliability*、*IEEE Transactions on Industrial Informatics*、*IEEE Transactions on Industrial Electronics*、*Reliability Engineering and System Safety* 等国际著名学术期刊上发表学术论文 80 余篇，主持国家自然科学基金(重点)项目一项(合作)、国家自然科学基金(面上)项目三项、国家 863 重点课题子项目两项等，获省部级科学技术二等奖三项。

序

    重要度理论是系统可靠性理论的重要分支，是可靠性工程的重要基础理论之一，其伴随着可靠性理论和可靠性工程的发展得到了长足的进步，并在航空、航天、核能、交通等领域的可靠性优化、风险分析中得到了广泛应用。重要度理论是识别系统瓶颈、提高系统可靠性优化效率、降低可靠性优化成本的有效工具。在系统设计阶段，重要度用来帮助设计人员识别系统薄弱环节，为系统可靠性优化设计提供支撑依据；在系统运行阶段，重要度分析用于合理分配检测和维修资源，从而达到降低系统运行风险的目的。

    该书作者兑红炎老师在 2015 年～2019 年，每年都要受邀到香港城市大学进行为期三个月的短期交流访问，在我本人的团队从事研究工作，主要负责重要度的理论研究与应用。我在 20 世纪 80 年代就在该领域做过一些重要度的研究工作，对兑红炎老师从事重要度发展过程非常了解，对他在该领域所做的工作也非常肯定。

    兑红炎老师和司书宾老师从 2010 年开始从事重要度研究，并于 2012 年创新地提出了综合重要度理论，该理论目前被美国 SAS (Statistics Analysis System) 公司的 JMP 软件采用，是 SAS-JMP 第 12 版重点推荐介绍的 New Advanced Model 之一。另外，其多状态系统综合重要度计算模型和面向系统全寿命周期的综合重要度计算模型被遴选进入 Wiley 出版社出版的 *Reliability Engineering and Services* 教材的第 2 章 *Reliability Estimation with Uncertainty*，其服务于教学和工程实践，为质量与可靠性领域从业人员和研究人员奠定一个扎实的教育基础。

    该书的内容在对关键基础设施系统和工程冗余系统研究的基础上，面向复杂系统全寿命周期，探索了多状态-可重构系统重要度理论与应用方法。将随机过程和系统最优结构的概念引入重要度计算模型中，提出了综合重要度概念及可重构系统重要度计算模型，解决了传统二态系统重要度难以准确识别复杂退化系统薄弱环节的难题，揭示了重要度对系统可靠性优化的驱动机理，建立了重要度驱动的系统可靠性优化新方向。特别是在《中国制造 2025》明确指出提升我国重大装备的质量和可靠性是中国制造发展的核心基础性工作之后,重要度的应用价值得到了更进一步的体现。

该书内容具有很好的理论价值和应用前景,可供高等院校的高年级本科生、研究生,以及从事可靠性及系统工程研究的学者、工程师和管理人员参考。

香港城市大学讲席教授、IEEE Fellow

欧洲科学和艺术院院士

2022 年 4 月

前　　言

　　重要度理论是系统可靠性理论的重要分支，是可靠性工程的重要基础理论之一，其伴随着可靠性理论和可靠性工程的发展得到了长足的进步，并在航空、航天、核能、交通等领域的可靠性优化、风险分析中得到了广泛应用。重要度是重要性的一种度量，是指系统中单个或多个组件失效或状态改变时，其对系统可靠性的影响程度，它是系统结构和组件可靠性参数的函数。在系统设计阶段，重要度分析结果能够帮助设计人员识别系统薄弱环节，为系统可靠性提升和优化设计提供理论支撑；在系统运行阶段，重要度计算可以为合理分配测试和维修资源提供参考依据，从而保证系统关键组件正常运行。重要度理论作为瓶颈识别和提高系统优化效率、降低优化成本的有效方法已经成为近年来可靠性领域的研究热点之一。

　　重要度是保持系统可靠性和提高系统性能的主要手段，其贯穿于装备全寿命周期，是装备保障工程的重要内容之一。在系统全寿命周期过程中，科学合理的维修活动和维修策略是减缓系统整体劣化进程、保持系统高可靠性和降低系统突发故障的有效方法，其已经在国内外重大、精密装备的运行过程中得到了广泛的应用，并取得了良好的应用效果。随着科学技术的进步和复杂系统技术的发展，民用航空飞机、核电站等重大装备和设施对面向全寿命周期的运行风险控制提出了越来越高的要求，事实表明重大装备和设施的风险失控不仅会造成国家财产的重大损失，而且会给人类的发展甚至生存环境造成巨大的影响。面向系统全寿命周期研究重要度计算方法及应用，对提高我国航空、航天、核能等领域的重大装备安全运行能力具有重要意义。

　　本书以系统优化设计为背景，以识别系统关键组件、提升系统性能、延长系统寿命为目标，综合考虑组件状态分布概率、组件状态转移率及其对系统的影响，提出一种综合重要度计算方法，该方法可以定量计算带有状态转移特征的组件可靠性变化对系统性能的影响程度，为系统优化设计提供理论支撑。本书内容来源于作者发表的高水平科研论文，舍弃了一些基本的可靠性和概率论知识介绍，阅读本书需要具备随机过程、高等概率论、可靠性数学的知识。本书第1章由兑红炎、司书宾共同撰写，其他章节由兑红炎独立撰写。本书的主要工作如下。

　　(1)提出基于系统可靠性的综合重要度。

　　在分析系统可靠性的基础上，在二态系统和多态系统中，提出组件的综合重要度定义、计算方法及其物理意义，探讨组件综合重要度与 Birnbaum 重要度的关联关系，以串联、并联、并串联、串并联等系统为对象，给出组件综合重要度的相关定理和性质，验证组件综合重要度物理意义的正确性。

(2) 提出基于系统性能的综合重要度。

在分析系统性能的基础上，将系统性能表示成组件状态的分布函数，分别针对劣化过程和维修过程，提出组件状态的综合重要度，用于定量评估组件状态对系统性能的影响程度；把组件的状态延伸到整个组件，提出组件的综合重要度用于定量评估组件对系统性能的影响程度；针对系统运行的不同阶段，提出全寿命周期组件综合重要度，用于提高系统性能和延长系统寿命；为了分析当一个组件正常工作时，其余组件对系统性能的影响程度，针对劣化过程和维修过程，分别提出两组件联合重要度，用于衡量两个组件交互对系统性能的影响；给出组件综合重要度的梯度表示方法，分析其几何意义，验证组件综合重要度物理意义的正确性。

(3) 提出冗余系统的综合重要度扩展应用。

针对典型的 n 中选 k 和连续 n 中选 k 冗余系统，抽取系统可靠性的特征，给出在这两个系统中的组件综合重要度的计算方法、物理意义及其性质和定理，算例分析验证组件综合重要度理论的正确性。

(4) 提出基于随机过程的综合重要度扩展应用。

结合马尔可夫和半马尔可夫随机过程，针对串联系统、并联系统、扩展的并联系统、表决系统、温储备系统、冷储备系统等，提出综合重要度的计算公式，给出特定随机分布下的综合重要度性质，并结合算例对比综合重要度与其他典型重要度的关系。基于组件综合重要度，研究组件状态转移如何影响系统性能的变化，给出组件综合重要度在半马尔可夫过程中的计算方法及其物理意义，以串联和并联系统为对象，给出组件综合重要度的半马尔可夫性质和定理，算例分析验证组件综合重要度理论的正确性。

(5) 提出基于不同成本的综合重要度分析方法。

探讨基于成本的综合重要度在典型系统中的基本性质和计算方法，并与其他重要度进行比较，给出它们之间的联系。重点探索替换维修策略、年龄更换维修策略、混合维修策略对系统组件重要度的影响机理，提出在不同维修策略条件下，基于成本的综合重要度计算方法。

(6) 提出系统结构演化过程中的重要度变化。

研究系统结构演化及其重要度排序规律。以产品设计模块化的现状为依据，从单一组件逐步演化到多组件结构，以及它们之间的串联和并联结构，在此基础上，对演化规律进行梳理，并对典型结构进行重要度分析，得到关于系统结构演化与各组件重要度排序规律的不同性质。

(7) 提出连续系统重要度和系统性能优化分析。

以连续态系统的系统性能分析为需求，研究面向连续态系统单组件的拓展重要度计算方法、物理意义；分析连续态系统中拓展重要度的基本性质及相关定理，并以串联、并联典型系统结构为例，验证拓展重要度的正确性；提出基于系统性能提升的多组件维修的维修决策方法。在对连续系统的重要度问题分析的基础上，探究多组件同时维修时系统性能提升情况。

本书得到国家自然科学基金项目(72071182，71771186，U1904211)、教育部人文社会科学研究规划基金项目(20YJA630012)、河南省科技攻关项目(222102520019)，河南省高等学校青年骨干教师培养计划(2021GGJS007)和河南省高校科技创新人才支持计划(22HASTIT022)的资助。由于作者水平有限，本书难免存在不足之处，欢迎广大读者批评指正。

作　者

2022 年 4 月

目　　录

第 1 章 绪 论

根据可靠性数据，利用重要度理论识别系统的关键组件，不仅可以指导维修人员以最小的成本来对组件进行维护保障，还可以指导设计人员定量分析组件对系统性能的影响，从而优化系统结构并提高系统寿命。

1.1 研究背景与意义

科技的进步和社会的高度发展使得系统变得越来越复杂，系统的质量与可靠性分析已经成为系统设计、运行及维护阶段必须考虑的一项重要工作。自 20 世纪 50 年代可靠性理论及工程诞生以来，可靠性已经发展为一门重要的学科，其贯穿于系统的设计、制造、运行及维护等全生命周期。系统重要度理论是系统可靠性学科领域重要的分支，是系统优化设计和维修决策的重要基础理论之一，其伴随着可靠性理论及工程的发展而得到了长足的进步，被广泛应用于航空、航天、核能等系统优化设计及维修决策。

系统重要度[1]是指系统中单个或多个组件失效或状态改变时，其对系统性能的影响程度，它是组件可靠性参数和系统结构的函数。在系统设计阶段，重要度用来帮助设计人员识别系统薄弱环节，为整个系统可靠性提升和优化设计提供支撑依据；在系统运行阶段，重要度用于合理分配资源到关键的组件，从而最大化整个系统正常运行的时间；在系统维护阶段，重要度用来帮助维修人员以最小的成本来提高系统性能，从而延长系统寿命。

在系统设计、运行、维护阶段，任何行为的变化都将导致组件的状态概率分布变化，组件的状态概率分布函数是关于状态转移率的函数，则组件的状态转移率对状态概率分布函数具有重大的影响。例如，维修行为的改善能提高组件从失效状态到工作状态的转移率，所以系统管理者更关心组件的状态转移率的变化。根据可靠性浴盆曲线，在早期失效期，主要是由于设计错误、工艺缺陷、装配上的问题，或由质量检验不严等原因引起的，由于在这段时间中产品的失效率很高，所以要采用筛选的办法剔除一批不合格品，以减少出厂产品的早期失效，转移率呈递减变化；在偶然失效期，这段时间是产品最佳的工作阶段，转移率趋向平稳；在磨损失效期，由于老化、疲劳和磨损等，产品性能逐渐变劣，此时应采取维修或者更换等手段来维持产品正常运行，转移率呈递增变化。

因为在不同的周期中，组件的状态转移率随着时间变化，导致组件的状态分布概率也随着时间变化，从而也引起了系统性能的变化。例如，为了提供系统需求的性能，组件最值得保持在哪个状态；或者为了提高系统的性能，哪个组件是最重要的，这些能够为系统健康监测管理、结构改善和优化提供理论支撑。针对不同的目标，系统维修人员更关注在某个时间点（故障点），哪个组件对降低维修成本影响最大；系统设计人员更关注在全寿命周期中，哪个组件对系统性能影响最大，从而可以延长系统的寿命。系统的全寿命周期按照时间的不同被分成不同的阶段：初始阶段、发展阶段、稳定阶段、故障阶段、维修阶段和报废阶段。在不同的阶段，各个组件对系统性能的影响也是不同的，所以为了更有效地延长系统的寿命，系统优化人员需要关注在不同的阶段中，哪个组件对系统性能影响最大。因此综合考虑组件状态转移率、状态分布概率及其对系统性能的影响，对系统管理者和工程师具有重要的指导意义。

1.2　国内外研究现状

1.2.1　重要度理论现状

1969 年，Birnbaum[1]首先提出了二态系统的重要度分析方法的概念，并定义了三种类型的重要度：一种是结构重要度分析方法，用于评价系统组件的结构关键性，表示在未知组件可靠性的情形下，组件关键路向量数目在所有可能情形中占的比例；一种是可靠性重要度分析方法，表示在已知组件可靠性的情形下，组件可靠性的变化对系统可靠性的影响，其中导致系统可靠性变化程度最大的系统组件具有最高的重要度值；一种是寿命重要度分析方法，用于评价组件寿命周期内可靠性或性能变化过程对系统性能的影响程度，寿命重要度计算方法是在可靠性重要度的基础上，考虑了系统结构函数和系统组件可靠性或性能随时间变化因素，将可靠性重要度计算公式中的组件可靠性值（常数）用组件寿命内可靠性概率分布代替。

在 Birnbaum 提出的系统结构重要度分析方法、系统可靠性重要度分析方法和系统寿命重要度分析方法的基础上，国内外学者对系统重要度分析方法相继开展了基础性研究工作。1975 年，Lambert[2]建立了关键重要度分析方法，表示由概率重要度得出的系统关键组件失效对系统失效的影响程度，主要运用在故障树分析中，只有当组件是关键的并且发生时，顶端事件才发生，所以关键重要度分析方法对系统的维修行为具有重要的指导意义。1975 年，Vesely[3]和 Fussell[4]共同提出了一种基于最小割集的重要度分析方法（F-V 重要度），它表示在包括组件的最小割中，当至少有一个最小割失效时，系统失效的概率、系统组件的 F-V 重要度取决于其出现在最小割集中的次数及顺序，体现了最小割集组件失效与系统失效的比例，主要运用在故障树分析中，分析组件对顶端事件发生的影响程度。1975年，Barlow 和 Proschan[5]引入了 BP 结构重要度分析方法，它表示当系统组件可靠性未知时，为所有系统组件赋予取值为 0~1 的共同可靠性，然后基于概率重要度，在 0~1 对可靠性求积分，主要运用在系统组件的可靠性未知并且可以看作一样的系统中。1977 年和 1979 年，Butler[6,7]提出了不依靠组件可靠性的割集重要度和路集重要度分析方法，割(路)集重要度表示在包括组件的最小割(路)集中，如果最小阶数越小且包含组件的最小阶的最小割(路)集的个数越大，则该组件越关键,主要运用在系统组件的可靠性未知并且系统组件地位不一样的系统中。1979年，Natvig[8]针对系统的寿命，提出了一种新的重要度——Natvig 重要度，它表示了组件的失效对系统剩余寿命减少的影响程度占所有组件的失效对系统剩余寿命减少的影响程度的和的比值,用于分析不可维修组件对系统寿命的影响。1983 年，Vesely 等[9]提出了风险增加当量(Risk Achievement Worth，RAW)和风险减少当量(Risk Reduction Worth，RRW)的概念，主要运用于风险信息监管系统中的概率风险评估，排列各个组件对系统风险的影响程度，RAW 表示当组件失效，系统失效的条件概率占系统失效概率的比值，用于衡量组件维持系统当前可靠性水平的重要程度，RRW 表示系统失效的概率占当组件被替换成正常时，系统失效的条件概率的比值,用于衡量当组件的失效判断错误或者组件的失效是由外部因素造成的，替换该组件对系统当前可靠性水平的影响程度。1988 年和 1992 年,Boland 等[10,11]提出了冗余重要度分析方法，它表示把与组件相关的冗余组件激活时系统可靠性的提升程度，冗余重要度与组件的概率重要度、可靠性和冗余组件的可靠性有关，主要运用于有冗余组件的系统中，用来衡量该组件在系统中的地位。1988 年，Pan 和 Tai[12]提出了一种蒙特卡罗方差重要度，它表示组件失效的不确定变化对系统失效的不确定变化的影响程度，主要用来分析系统失效函数的不确定性。1993 年，Hong 和 Lie[13]在考虑组件间的相互关系对系统可靠性的贡献的基础上引入了联合重要度，它表示两个组件的可靠性的变化对系统可靠性变化的影响程度，主要用于分析主次组件对系统的影响。但是 Hong 和 Lie 仅仅针对独立组件展开讨论。1995 年，Michael 和 Armstrong 将该联合重要度扩展到相互关联组件的系统[14]。1997 年，Michael 和 Armstrong 将该联合重要度扩展到双故障模式[15]。2002 年，Hong 等[16]分析了 n 中选 k 系统的联合重要度。2005 年，Wu[17]将该联合重要度扩展到多态系统。2001 年，Borgonovo 和 Apostolakis[18]提出了微分重要度(Differential Importance Measure，DIM)，它表示组件对系统可靠性的影响占所有组件对系统可靠性的影响的和的比值，主要运用于风险信息监管系统中，用来进行概率安全评估,不同于 RAW 和 RRW,DIM 是可加的。2005 年,Ramirez-Marquez 和 Coit[19]提出了一种组合重要度分析方法(Composite Importance Measure,CIM),其计算组件所有状态组合对系统可靠性的影响程度,弥补了以往重要度分析方法仅考虑组件单一状态对系统可靠性的影响的局限性。以上述系统重要度分析方法为基础,北京理工大学的崔立荣研究团队[20-22]、中国科学院的王海涛研究团队[23]、东北大学的田宏研究团队[24]、大连交通大学的毕卫星研究团队[25]等国内学者对重要度分析方法进行了扩展,取得了良好的研究成果,为重要分析方法的应用奠定了理论基础。

在实际工程应用中存在着大量的多态系统,通过两个以上有序或无序的状态来表示系统水平、子系统水平或者组件水平。例如,一个电站具有 0、1、2、3 和 4 五种状态,对应着实际发电量占总发电量的 0%、25%、50%、75%和 100%,这是具有多种有序状态的多态系统实例;而核反应堆系统和管道系统均依据不同子系统的状态组合决定不同运行程度,这是具有多种无序状态的多态系统实例。

1978 年,Barlow 和 Wu[26]基于二态关联系统总结了多态系统的组件重要度分析理论,通过将系统的状态定义为最佳最小路径中最差组件或者最差最小割集中的最佳组件,利用二态结构和可靠性函数概念,大部分二态系统中的结果可以用于多态系统计算。El-Neweihi 等[27]基于任何具有有限数量状态的组件和系统,把关联系统的标准概念扩展到多态关联系统,给出了系统性能的确定性和概率性属性。Ross[28]针对任意实值状态的组件,研究了系统的随机性和动态性。1980 年,Griffith[29]提出了多态系统性能的概念,研究了组件改进对整体系统可靠性行为的影响,并为系统组件引入了可靠性重要度向量的概念。1993 年,Aven[30]综述了多态单调系统的相关性能评价指标,建立了对应的计算公式,并通过与蒙特卡罗仿真结果对比分析了计算精度。Pham 等[31]假设组件只能处于三种状态:完好、降级、失效,提出 n 中选 k 系统可靠性分析模型,给出了 n 中选 k 系统的可靠性和故障前平均可使用时间的计算表达式。Misra[32]基于马尔可夫过程建立了三状态系统的稳定状态可用度、故障率、故障前平均可使用时间和平均故障时间的计算公式。当组件可靠性函数为指数函数且组件状态转移率不同时,Koowrocki[33]利用可靠性结构建立了多态串联系统、多态并联系统、多态串并联系统和多态并串联系统模型。Levitin 和 Lisnianski[34]采用通用生成函数方法对多态系统进行可靠性分析,建立了串并联系统和桥式结构等相关的不同多态系统可靠性指数,并能应用于具有不同物理性质指标的多态系统。1993 年,Meng[35]基于最小满意度系统性能水平提出了两种多态系统组件重要度分析方法,与二态系统中的 Birnbaum 重要度具有类似的属性。2003 年,Wu 和 Chan[36]基于多态系统组件状态定义了一种新的效用函数,用于衡量哪个组件对系统影响最大,或者某个组件的哪个状态对系统的贡献最大。2003 年，Zio 和 Podofillini[37]将 RAW、RRW、F-V 和 Birnbaum 重要度扩展到多态组件多态系统，并采用蒙特卡罗仿真方法模仿多态组件的自然随机过程，建立单组件状态水平重要度分析方法。Levitin 等[38]采用通用生成函数方法对 Zio 和 Podofillini 提出的方法进行评估，验证了该方法在多态重要度分析方法发展中的价值。另外，针对复杂系统新的多阶段、不确定、状态组合等特征和需求，相继提出基于多态决策图重要度[39]、多阶段任务重要度[40]、组件不确定因素重要度[41-44]以及模糊重要度[45]等计算方法。

主要重要度的物理意义和作用如表 1-1 所示。

表 1-1　主要重要度的物理意义及作用

		重要度	物理意义	作用
二态系统	可靠性重要度	Birnbaum重要度	组件是系统关键组件的概率	评估某组件可靠性对系统可靠性的影响程度
		Natvig重要度	与由某一组件失效造成的系统剩余寿命减少的期望成正比	分析系统中不可维修组件对系统寿命的影响
		关键重要度	系统关键组件对系统失效的影响程度	识别故障树中影响顶端事件发生的关键组件
		冗余重要度	冗余组件被激活时，对系统可靠性的提升程度	衡量与冗余组件相对应的组件在系统中的地位
		F-V 重要度	组件最小割集中至少有一个最小割集失效对系统失效的影响程度	衡量组件最小割集在系统中的地位
		RAW	当某一组件失效时的系统失效条件概率占系统失效概率的比值	衡量组件维持系统当前可靠性水平的重要程度
		RRW	当前系统失效的概率占当某一组件被替换成完好时的系统失效的条件概率的比值	在系统某一组件失效判断错误或者由某一外部因素造成某一组件失效条件下，用于分析替换该组件对系统当前可靠性水平的影响程度
	结构重要度	Birnbaum重要度	在未知组件可靠性的条件下，某一组件关键路径向量数目占系统其余所有组件状态组合数目的比值	评估组件在系统结构中的位置重要性
		BP 重要度	当所有组件在 0~1 取相同可靠性时，某一组件可靠性在 0~1 连续变化对系统可靠性的影响程度	在组件的可靠性未知的条件下，衡量组件在系统结构中的地位，主要用于系统设计的早期阶段
		割(路)集重要度	与组件最小割(路)集的最小阶数成反比	衡量组件在最小割(路)集中的地位
		F-V 重要度	在未知组件可靠性的条件下，F-V 结构重要度是 F-V 可靠性重要度的一个特例(组件的可靠性值取 0.5)	衡量组件最小割集在系统中的地位
	寿命重要度	寿命重要度是将可靠性重要度的组件的常数可靠性值用随时间变化的组件寿命可靠性概率分布代替转换而成的，是二态系统重要度转化为多态系统重要度的支撑方法之一		
	成组重要度	联合重要度	系统可靠性方程对两个或两个以上组件可靠性求偏导的结果	评估两个或者两个以上组件联合对系统可靠性的影响程度
		微分重要度	与由于某一组件可靠性的变化引起的系统可靠性的变化成正比，具有可加性	用于评估风险信息监管系统的概率安全

续表

	重要度		物理意义	作用
	第一类		将现有的二态系统重要度扩展到多态系统的重要度,使其更具有普遍性和适应多态系统的应用	
多态系统	第二类	多态决策图重要度	利用决策图对多态系统进行建模,然后利用决策图方法对重要度进行评估和计算	
		多阶段任务重要度	用不含非门的故障树方法和布尔运算来计算组件可靠性对系统可靠性的影响程度	识别多阶段任务中的系统的关键组件
		组合重要度	组件所有状态组合对系统可靠性的影响程度	当系统满足一定需求时,从组件的状态期望考虑,用于识别系统中的关键组件
		不确定因素重要度	不确定性输入参数对系统输出功能函数和可靠性的影响程度	在风险评估中用于识别对输出影响最大的输入参数

1.2.2　重要度应用现状

重要度分析方法在风险系统、核反应堆系统、电子防护系统、铁路系统等领域得到了广泛的应用。1998 年,Cheok 等[46]针对风险管理系统的概率风险评估,提出用概率重要度、关键重要度、RAW 和 RRW 来分析单个因素对系统风险的影响程度及其对各个影响因素进行排序和分类。2004 年,Marseguerra 等[47]针对核反应堆系统的组件的随机特性的变化对系统安全的影响,提出用微分重要度来解决。2006 年,Zhang 等[48]针对电子防卫系统的识别薄弱节点及其优化,提出用概率重要度和关键重要度解决。2007 年,Zio 等[49]针对铁路系统的性能的改善提出用 RRW 解决。2007 年,Borgonovo[50]针对风险系统的结构和组件的风险(安全)的重要性信息,提出用概率重要度、F-V 重要度、关键重要度、RRW、RAW 和微分重要度来识别和分析基本事件。2008 年,Borgonovo[51]针对库存管理系统,提出用微分重要度来分析各个参数对库存策略的影响程度。2009 年,Natvig 等[52]把 Natvig 重要度扩展到可维修系统,针对海上石油和天然气生产系统,提出用 Natvig 重要度来分析组件寿命和维修时间对系统寿命的重要性。

在国内,2004 年,何旭洪等[53]对核电站概率安全分析模型中人因事件的风险重要性进行了讨论,利用 F-V 重要度和风险增加当量计算核电站单个电站审查中人因事件的风险重要性特点。2005 年,高雪莉和崔利荣[54]分析了单元重要度在可靠性工程中的应用,指出重要度分析常用于各类系统的可靠性设计、故障诊断和优化等方面。2007 年和 2008 年,张沛超等[55, 56]针对面对全数字化保护系统,基于概率重要度和关键重要度,建立了全数字化保护系统元件重要度评价指标。2008 年和 2009 年,于捷等[57, 58]针对数控机床系统,提出利用 BDD 技术来分析数控机床转塔刀架系统各组件的结构重要度和概率重要度,将系统各组件按其重要性排列出来。2009 年，何爱民等[59]针对连续 n 中选 k 系统，应用马尔可夫链法对该系统进行了研究，在给出可靠度计算公式的基础上，进一步给出系统中每一个单元的重要度计算公式，从而为系统优化设计提供依据。

1.2.3 重要度存在的问题

综上所述，国内外学者对系统重要度进行了深入研究，从不同的侧面给出了系统组件可靠性对整个系统可靠性和性能影响的计算公式，并在核能、航空、航天、交通等系统领域实现了应用。但是，在系统重要度分析理论及其应用方法研究方面，还存在尚未解决的基础性研究问题。

(1)传统重要度理论主要从拓扑结构和系统组件可靠性对整个系统性能影响角度定性计算系统组件的重要度，未考虑组件状态分布概率、状态转移率及其对系统性能影响，难以定量计算带有状态转移特征的组件可靠性变化对系统性能的影响程度，缺乏系统性的重要度分析理论体系。

(2)现有研究成果主要集中在提出重要度分析方法方面，未对相应的重要度计算方法展开有效研究，限制了该分析方法在系统优化设计与维修决策工程中的应用，造成单纯考虑系统可靠性对系统设计及维修影响的局限。并且忽略了不同随机过程中，不同重要度对系统性能变化的影响，限制了在多态系统中组件状态多次转移下的系统性能优化应用。

(3)虽然传统重要度理论已经在核能、电子通信、交通等系统领域进行了应用，但由于传统重要度分析方法的局限性，基于传统重要度理论的系统优化方法难以对具有状态转移特征的系统设计优化工作实现指导作用。并且在系统从单一到复杂的演化过程中，传统重要度忽略了结构变化的过程，忽略了重要度随着结构变化的漂移机理，限制了其在产品设计模块化中的应用。

(4)现有研究成果缺乏对系统维修成本、失效组件导致系统故障的成本、预防性维修其他组件的成本的综合考虑，以及这种成本对预防性维修组件选择的影响，限制了在不同维修策略下确定组件维修优先级。当不同的组件出现故障时，不同组件的维修成本会导致不同的维修策略。

(5)对于维修决策者来说系统性能的改变量比状态转移率更有价值。针对连续系统，组件状态转移对系统性能产生影响。传统重要度忽略了时间累积对系统状态改变的影响和对系统性能提升的影响。不同的系统性能增量要求根据不同的维修时间点选择合适的组件进行维修。

以上问题属于系统重要度分析理论及应用研究领域尚未解决的难点，带有普遍性，具有重要的研究意义，是本书研究的核心内容。

1.3　主要研究工作和内容安排

1.3.1　主要研究工作

本书提出了一种新的重要度计算方法——综合重要度（Integrated Importance Measure，IIM）。综合重要度是在对 Birnbaum 等重要度研究成果基础上，综合评估了组件状态分布概率、状态转移率及其对系统可靠性和性能的影响程度，其主要用来描述单位时间内组件状态转移对系统性能影响的数学期望。本书首先以单个组件对系统影响为研究对象，研究二态和多态系统的综合重要度定义、计算方法及其物理意义和几何意义，探讨系统综合重要度与 Birnbaum、F-V 等重要度的关联关系，以串联、并联、并串联、串并联等系统为对象，验证系统综合重要度物理意义和几何意义的正确性，给出系统综合重要度在串联、并联、并串联、串并联等系统中的相关定理、推论以及性质；然后以多组件联合对系统影响为研究对象，研究二态和多态系统的多组件联合综合重要度定义、物理意义、几何意义及其性质，以串联、并联等系统为对象，验证多组件联合综合重要度物理意义和几何意义的正确性，给出多组件联合综合重要度在串联、并联等系统中的相关定理、推论以及性质，形成一套相对完整的、可以综合考虑组件状态分布概率、状态转移概率及其对系统影响的系统综合重要度理论；其次把综合重要度从单位时间扩展到全寿命周期，用来评估全寿命周期中组件对系统性能的影响程度，给出全寿命周期综合重要度在串联、并联等系统中的相关定理、推论以及性质；基于冗余系统和随机过程，研究综合重要度在随机过程中的相关定理、推论、性质及其应用；探讨基于成本的综合重要度在典型系统中的基本性质和计算方法，重点探索不同维修策略对系统组件重要度的影响机理，提出在不同维修策略条件下，基于成本的综合重要度计算方法；研究系统结构演化及其重要度排序规律。对演化规律进行了梳理，并对典型结构进行了重要度分析，得到了关于系统结构演化与各组件重要度排序规律的不同性质；以连续态系统的系统性能分析为需求，研究面向连续态系统单组件的拓展重要度计算方法、物理意义，探究多组件同时维修时系统性能提升情况。

1.3.2　内容安排

本书共分为 8 章，安排如下。

第 1 章　绪论：本章阐明本书的研究背景与意义，讨论重要度理论和应用的研究现状，介绍了主要重要度的物理意义及其用途，最后给出本书的研究内容和研究方法及章节安排。

第 2 章　基于系统可靠性的综合重要度：本章基于系统可靠性，分别给出二态和多态系统的综合重要度的定义、物理意义及其在串联、并联、串并联、并串联系统中的性质，并利用算例分析验证该重要度的正确性。

第 3 章　基于系统性能的综合重要度：本章基于系统性能分别给出劣化过程组件状态综合重要度、维修过程组件状态综合重要度、组件综合重要度、全寿命周期综合重要度、联合综合重要度，分别讨论其对应的性质和定理，最后利用梯度给出综合重要度的几何意义，算例分析验证其正确性。

第 4 章　冗余系统综合重要度：本章给出综合重要度在 n 中选 k 系统和连续 n 中选 k 系统等冗余系统的计算公式，并解释其物理意义，讨论综合重要度在冗余系统中的性质和定理，算例分析验证其正确性。

第 5 章　基于随机过程的系统综合重要度：本章以马尔可夫过程和半马尔可夫过程为例说明综合重要度在随机过程中的应用，并讨论综合重要度在半马尔可夫过程中的相关定理和性质，重点分析组件状态转移率的变化对系统性能的影响。

第 6 章　基于不同成本的系统综合重要度：本章探讨基于成本的综合重要度在典型系统中的基本性质和计算方法，重点探索不同维修策略对系统组件重要度的影响机理，提出在不同维修策略条件下基于成本的综合重要度计算方法。

第 7 章　系统结构演化过程中的重要度分析：本章研究系统结构演化及其重要度排序规律。对演化规律进行梳理，并对典型结构进行重要度分析，得到关于系统结构演化与各组件重要度排序规律的不同性质。

第 8 章　连续系统重要度和系统性能优化：本章以连续态系统的系统性能分析为需求，研究面向连续态系统单组件的拓展重要度计算方法、物理意义；在对连续系统的重要度问题分析的基础上，探究多组件同时维修时系统性能提升情况。

1.4　本　章　小　结

本章阐明了本书的研究背景与意义，讨论了重要度理论和应用的研究现状，介绍了主要重要度的物理意义及其用途，最后给出了本书的研究内容、研究方法及章节安排。

第 2 章　基于系统可靠性的综合重要度

系统传统重要度理论主要从拓扑结构和系统组件可靠性对整个系统性能影响角度定性计算系统组件的重要度，未考虑系统组件状态转移率对系统可靠性的影响，难以定量计算带有状态转移特征的组件可靠性变化对系统可靠性的影响程度。本节基于系统可靠性给出了综合重要度的定义、物理意义及其性质。

2.1　二态系统综合重要度

二态系统的 Birnbaum 重要度[1]描述了组件可靠性变化对系统可靠性变化的影响程度，其表达式为

$$I(\text{BM})_i = \Pr(\varPhi(X) = 1 | X_i = 1) - \Pr(\varPhi(X) = 1 | X_i = 0) \tag{2-1}$$

其中，$\varPhi(X)$ 表示系统的结构函数，$\varPhi(X) = \varPhi(X_1, X_2, \cdots, X_n)$。

二态系统组件综合重要度综合考虑了组件状态分布概率、组件状态转移率对系统可靠性影响程度，可以定量分析带有状态转移的二态系统组件可靠性变化对系统可靠性影响程度。二态系统的综合重要度为

$$I(\text{IIM})_i = (\Pr(\varPhi(X) = 1 | X_i = 1) - \Pr(\varPhi(X) = 1 | X_i = 0)) \times \Pr(X_i = 1) \times \lambda_i \tag{2-2}$$

其中，X_i 表示组件 i 的状态，λ_i 表示组件 i 的失效率。

定理 2-1　在二态系统中，综合重要度是当组件失效时，单位时间内系统可靠性的期望损失。

证明

$$\Pr\{\varPhi(X) = 1\} = (1 - P_i) \cdot \Pr\{\varPhi(X) = 1 | X_i = 0\} + P_i \cdot \Pr\{\varPhi(X) = 1 | X_i = 1\}$$
$$= P_i\{\Pr\{\varPhi(X) = 1 | X_i = 1\} - \Pr\{\varPhi(X) = 1 | X_i = 0\}\} + \Pr\{\varPhi(X) = 1 | X_i = 0\}$$

当组件失效时，系统可靠性的变化为

$$\Pr\{\varPhi(X) = 1\} - \Pr\{\varPhi(X) = 1 | X_i = 0\} = P_i\{\Pr\{\varPhi(X) = 1 | X_i = 1\} - \Pr\{\varPhi(X) = 1 | X_i = 0\}\}$$

单位时间内组件 i 的失效率为 λ_i，所以单位时间内系统可靠性的期望损失为 $I(\text{IIM})_i = (\Pr(\varPhi(X) = 1 | X_i = 1) - \Pr(\varPhi(X) = 1 | X_i = 0)) \times \Pr(X_i = 1) \times \lambda_i$，证毕。

当组件 i 从工作状态退化到失效状态时，组件 i 的状态空间转移如图 2-1 所示。

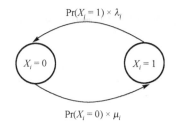

$$\text{Pr}(X_i = 1) \times \lambda_i$$

$$X_i = 0 \qquad X_i = 1$$

$$\text{Pr}(X_i = 0) \times \mu_i$$

图 2-1　组件 i 的状态空间转移

在图 2-1 中，μ_i 表示组件 i 从失效状态到工作状态的维修率，组件 i 的稳态分布满足 $\text{Pr}(X_i = 1) \times \lambda_i - \text{Pr}(X_i = 0) \times \mu_i = 0$，所以

$$
\begin{aligned}
I(\text{IIM})_i &= (\text{Pr}(\Phi(X) = 1 | X_i = 1) - \text{Pr}(\Phi(X) = 1 | X_i = 0)) \times \text{Pr}(X_i = 1) \times \lambda_i \\
&= (\text{Pr}(\Phi(X) = 1 | X_i = 1) - \text{Pr}(\Phi(X) = 1 | X_i = 0)) \times \text{Pr}(X_i = 0) \times \mu_i
\end{aligned}
\tag{2-3}
$$

在串联系统中，任何组件的失效将导致整个系统的失效，n 个组件的可靠性向量为 $\{P_1, P_2, \cdots, P_n\}$。串联系统的结构函数为 $\Phi(X) = \min\{X_1, X_2, \cdots, X_n\}$，则由 n 个组件组成的串联系统的可靠性框图如图 2-2 所示。

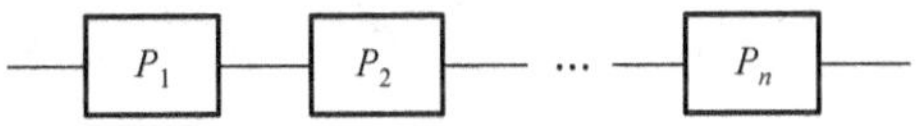

$$\boxed{P_1} - \boxed{P_2} \quad \cdots \quad \boxed{P_n}$$

图 2-2　串联系统

根据二态串联系统基本特性，可以得到系统可靠性为

$$
\begin{cases}
\text{Pr}(\Phi(X) = 1) = \displaystyle\prod_{i=1}^{n} P_i \\[2mm]
\text{Pr}(\Phi(X) = 1 | X_i = 1) = \displaystyle\prod_{k=1, k \neq i}^{n} P_k \\[2mm]
\text{Pr}(\Phi(X) = 1 | X_i = 0) = 0
\end{cases}
\tag{2-4}
$$

然后，将式 (2-4) 代入式 (2-3)，得到二态串联系统中组件 i 的综合重要度计算式为

$$
\begin{aligned}
I(\text{IIM})_i &= (\text{Pr}(\Phi(X) = 1 | X_i = 1) - \text{Pr}(\Phi(X) = 1 | X_i = 0)) \text{Pr}(X_i = 0) \cdot \mu_i \\
&= \prod_{k=1, k \neq i}^{n} P_k \cdot (1 - P_i) \cdot \mu_i
\end{aligned}
\tag{2-5}
$$

定理 2-2　在二态串联系统中，当组件 i 的修复率为 μ_i 时，假设组件 i 从当前工作状态修复为完好状态导致的系统可靠性变化期望为 ΔR^i；当组件 j 的修复率为 μ_j 时，假设组件 j 从当前状态修复为完好状态导致的系统可靠性变化期望为 ΔR^j；如果 $I(\text{IIM})_i > I(\text{IIM})_j$，则 $\Delta R^i > \Delta R^j$。

证明　在二态串联系统中，当组件 i 的综合重要度 $I(\text{IIM})_i$ 大于组件 j 的综合重要度 $I(\text{IIM})_j$ 时，可以得到

$$I(\text{IIM})_i > I(\text{IIM})_j \Rightarrow \frac{\mu_i(\Pr(\Phi(X)=1|X_i=1)-\Pr(\Phi(X)=1|X_i=0))\times\Pr(X_i=0)}{\mu_j(\Pr(\Phi(X)=1|X_j=1)-\Pr(\Phi(X)=1|X_j=0))\times\Pr(X_j=0)} > 1$$

$$\Rightarrow \frac{\mu_i\displaystyle\prod_{k=1,k\neq i}^{n}P_k\times(1-P_i)}{\mu_j\displaystyle\prod_{k=1,k\neq j}^{n}P_k\times(1-P_j)} > 1$$

$$\Rightarrow \frac{\mu_i P_j\times(1-P_i)}{\mu_j P_i\times(1-P_j)} > 1 \Rightarrow \mu_i(P_j-P_iP_j) > \mu_j(P_i-P_iP_j)$$

假设系统原始可靠性为 R'，当组件 i 按照 μ_i 从当前工作状态修复为完好状态时，有

$$\Delta R^i = \mu_i\left(\prod_{k=1,k\neq i}^{n}P_k - R'\right) = \mu_i\left(\prod_{k=1,k\neq i}^{n}P_k - \prod_{k=1}^{n}P_k\right)$$

当组件 j 按照 μ_j 从当前工作状态修复为完好状态时，有

$$\Delta R^j = \mu_j\left(\prod_{k=1,k\neq j}^{n}P_k - R'\right) = \mu_j\left(\prod_{k=1,k\neq j}^{n}P_k - \prod_{k=1}^{n}P_k\right)$$

所以

$$\Delta R^i - \Delta R^j = \mu_i\left(\prod_{k=1,k\neq i}^{n}P_k - \prod_{k=1}^{n}P_k\right) - \mu_j\left(\prod_{k=1,k\neq j}^{n}P_k - \prod_{k=1}^{n}P_k\right)$$

$$= \mu_i(P_j-P_iP_j)\prod_{k=1,k\neq i,j}^{n}P_k - \mu_j(P_i-P_iP_j)\prod_{k=1,k\neq i,j}^{n}P_k$$

$$= [\mu_i(P_j-P_iP_j) - \mu_j(P_i-P_iP_j)]\prod_{k=1,k\neq i,j}^{n}P_k$$

则当 $I(\text{IIM})_i$ 大于 $I(\text{IIM})_j$ 时，$\Delta R^i > \Delta R^j$，证毕。

根据定理 2-2 可知，在二态串联系统中，选择综合重要度大的组件进行修复能够给系统可靠性带来最大的提升。

在并联系统中，所有组件的失效将导致整个系统的失效，n 个组件的可靠性

向量为 $\{P_1, P_2, \cdots, P_n\}$。并联系统的结构函数为 $\Phi(X) = \max\{X_1, X_2, \cdots, X_n\}$，则由 n 个组件组成的并联系统的可靠性框图如图 2-3 所示。

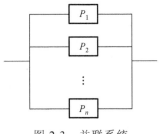

图 2-3 并联系统

根据二态并联系统基本特性可以得到系统可靠性为

$$
\begin{cases}
\Pr(\Phi(X) = 1) = 1 - \prod_{i=1}^{n}[1 - P_i] \\
\Pr(\Phi(X) = 1 | X_i = 1) = 1 \\
\Pr(\Phi(X) = 1 | X_i = 0) = 1 - \prod_{k=1, k \neq i}^{n}[1 - P_k]
\end{cases}
\tag{2-6}
$$

然后，将式 (2-6) 代入式 (2-3)，得到二态并联系统中组件 i 的综合重要度计算式为

$$
\begin{aligned}
I(\text{IIM})_i &= (\Pr(\Phi(X) = 1 | X_i = 1) - \Pr(\Phi(X) = 1 | X_i = 0)) \cdot \Pr(X_i = 0) \cdot \mu_i \\
&= \prod_{k=1, k \neq i}^{n}[1 - P_k] \cdot (1 - P_i) \cdot \mu_i = \prod_{k=1}^{n}[1 - P_k] \cdot \mu_i
\end{aligned}
\tag{2-7}
$$

定理 2-3 在二态并联系统中，当组件 i 的修复率为 μ_i 时，假设组件 i 从当前工作状态修复为完好状态导致的系统可靠性变化期望为 ΔR^i；当组件 j 的修复率为 μ_j 时，假设组件 j 从当前状态修复为完好状态导致的系统可靠性变化期望为 ΔR^j；如果 $I(\text{IIM})_i > I(\text{IIM})_j$，则 $\Delta R^i > \Delta R^j$。

证明 在二态并联系统中，当组件 i 的综合重要度 $I(\text{IIM})_i$ 大于组件 j 的综合重要度 $I(\text{IIM})_j$ 时，可以得到

$$
I(\text{IIM})_i > I(\text{IIM})_j \Rightarrow \frac{\mu_i(\Pr(\Phi(X) = 1 | X_i = 1) - \Pr(\Phi(X) = 1 | X_i = 0)) \cdot \Pr(X_i = 0)}{\mu_j(\Pr(\Phi(X) = 1 | X_j = 1) - \Pr(\Phi(X) = 1 | X_j = 0)) \cdot \Pr(X_j = 0)} > 1
$$

$$
\Rightarrow \frac{\prod_{k=1}^{n}[1 - P_k] \cdot \mu_i}{\prod_{k=1}^{n}[1 - P_k] \cdot \mu_j} > 1 \Rightarrow \mu_i > \mu_j
$$

假设二态并联系统原始可靠性为 R'，当组件 i 按照 μ_i 从当前工作状态修复为完好状态时，有

$$\Delta R^i = \mu_i \left[\left(1 - \prod_{k=1}^{n}(1-P_k) \right)_{P_i=1} - R' \right] = \mu_i(1-R')$$

当组件 j 按照 μ_j 从当前工作状态修复为完好状态时，有

$$\Delta R^j = \mu_j \left[\left(1 - \prod_{k=1}^{n}(1-P_k) \right)_{P_j=1} - R' \right] = \mu_j(1-R')$$

所以

$$\Delta R^i - \Delta R^j = \mu_i(1-R') - \mu_j(1-R') = (\mu_i - \mu_j)(1-R')$$

则当 $I(\text{IIM})_i$ 大于 $I(\text{IIM})_j$ 时，$\Delta R^i > \Delta R^j$，证毕。

根据定理 2-3 可知，在二态并联系统中，选择综合重要度大的组件进行修复能够给系统可靠性带来最大的提升。

串并联系统的可靠性框图如图 2-4 所示。根据组件所在的位置，组件的可靠性矩阵为 $[P_{ij}], i=1,2,\cdots,n; j=1,2,\cdots,m_i$。

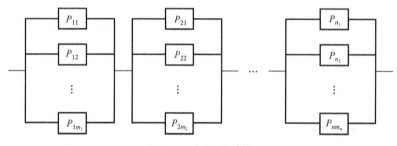

图 2-4　串并联系统

定理 2-4　在二态串并联系统中，当组件 $i_1 j_1$ 的修复率为 $\mu_{i_1 j_1}$ 时，假设组件 $i_1 j_1$ 从当前工作状态修复为完好状态导致的系统可靠性变化期望为 $\Delta R^{i_1 j_1}$；当组件 $i_2 j_2$ 的修复率为 $\mu_{i_2 j_2}$ 时，假设组件 $i_2 j_2$ 从当前状态修复为完好状态导致的系统可靠性变化期望为 $\Delta R^{i_2 j_2}$；如果 $I(\text{IIM})_{i_1 j_1} > I(\text{IIM})_{i_2 j_2}$，则 $\Delta R^{i_1 j_1} > \Delta R^{i_2 j_2}$。

证明　当组件 $i_1 j_1$ 从当前工作状态修复为完好状态时，系统可靠性变化的期望为

$$\Delta R^{i_1 j_1} = \mu_{i_1 j_1} \left\{ \prod_{i=1, i \neq i_1}^{n} \left\{ 1 - \prod_{j=1}^{m_i}[1-P_{ij}] \right\} - \prod_{i=1}^{n} \left\{ 1 - \prod_{j=1}^{m_i}[1-P_{ij}] \right\} \right\}$$

$$= \mu_{i_1 j_1} \left\{ 1 - \prod_{j=1}^{m_{i_1}} [1 - P_{i_2 j}] - \left(1 - \prod_{j=1}^{m_{i_1}} [1 - P_{i_1 j}] \right) \left(1 - \prod_{j=1}^{m_{i_2}} [1 - P_{i_2 j}] \right) \right\}$$

$$\prod_{i=1, i \neq i_1, i \neq i_2}^{n} \left\{ 1 - \prod_{j=1}^{m_i} [1 - P_{ij}] \right\}$$

$$= \mu_{i_1 j_1} \left\{ 1 - \prod_{j=1}^{m_{i_2}} [1 - P_{i_2 j}] \right\} \prod_{j=1}^{m_{i_1}} [1 - P_{i_1 j}] \prod_{i=1, i \neq i_1, i \neq i_2}^{n} \left\{ 1 - \prod_{j=1}^{m_i} [1 - P_{ij}] \right\}$$

同理，当组件 $i_2 j_2$ 从当前状态修复为完好状态时，系统可靠性变化期望为

$$\Delta R^{i_2 j_2} = \mu_{i_2 j_2} \left\{ 1 - \prod_{j=1}^{m_{i_1}} [1 - P_{i_1 j}] \right\} \prod_{k=1}^{m_{i_2}} [1 - P_{i_2 k}] \prod_{i=1, i \neq i_1, i \neq i_2}^{n} \left\{ 1 - \prod_{j=1}^{m_i} [1 - P_{ij}] \right\}$$

如果 $I(\text{IIM})_{i_1 j_1} > I(\text{IIM})_{i_2 j_2}$，那么

$$I(\text{IIM})_{i_1 j_1} > I(\text{IIM})_{i_2 j_2} \Rightarrow \frac{I(\text{IIM})_{i_1 j_1}}{I(\text{IIM})_{i_2 j_2}} > 1$$

$$\Rightarrow \frac{\mu_{i_1 j_1} \Pr(X_{i_1 j_1} = 0) \prod_{k=1, k \neq j_1}^{m_{i_1}} [1 - P_{i_1 k}] \prod_{k=1, k \neq i_1}^{n} \left\{ 1 - \prod_{j=1}^{m_k} [1 - P_{kj}] \right\}}{\mu_{i_2 j_2} \Pr(X_{i_2 j_2} = 0) \prod_{k=1, k \neq j_2}^{m_{i_2}} [1 - P_{i_2 k}] \prod_{k=1, k \neq i_2}^{n} \left\{ 1 - \prod_{j=1}^{m_k} [1 - P_{kj}] \right\}} > 1$$

$$\Rightarrow \frac{\mu_{i_1 j_1} \Pr(X_{i_1 j_1} = 0) \left\{ 1 - \prod_{j=1}^{m_{i_2}} [1 - P_{i_2 j}] \right\} \prod_{k=1, k \neq j_1}^{m_{i_1}} [1 - P_{i_1 k}]}{\mu_{i_2 j_2} \Pr(X_{i_2 j_2} = 0) \left\{ 1 - \prod_{j=1}^{m_{i_1}} [1 - P_{i_1 j}] \right\} \prod_{k=1, k \neq j_2}^{m_{i_2}} [1 - P_{i_2 k}]}$$

$$= \frac{\mu_{i_1 j_1} (1 - P_{i_1 j_1}) \left\{ 1 - \prod_{j=1}^{m_{i_2}} [1 - P_{i_2 j}] \right\} \prod_{k=1, k \neq j_1}^{m_{i_1}} [1 - P_{i_1 k}]}{\mu_{i_2 j_2} (1 - P_{i_2 j_2}) \left\{ 1 - \prod_{j=1}^{m_{i_1}} [1 - P_{i_1 j}] \right\} \prod_{k=1, k \neq j_2}^{m_{i_2}} [1 - P_{i_2 k}]} = \frac{\mu_{i_1 j_1} \left\{ 1 - \prod_{j=1}^{m_{i_2}} [1 - P_{i_2 j}] \right\} \prod_{k=1}^{m_{i_1}} [1 - P_{i_1 k}]}{\mu_{i_2 j_2} \left\{ 1 - \prod_{j=1}^{m_{i_1}} [1 - P_{i_1 j}] \right\} \prod_{k=1}^{m_{i_2}} [1 - P_{i_2 k}]} > 1$$

$$\Rightarrow \mu_{i_1 j_1} \left\{ 1 - \prod_{j=1}^{m_{i_2}} [1 - P_{i_2 j}] \right\} \prod_{k=1}^{m_{i_1}} [1 - P_{i_1 k}] > \mu_{i_2 j_2} \left\{ 1 - \prod_{j=1}^{m_{i_1}} [1 - P_{i_1 j}] \right\} \prod_{k=1}^{m_{i_2}} [1 - P_{i_2 k}]$$

所以 $\Delta R^{i_1 j_1} > \Delta R^{i_2 j_2}$，证毕。

但是如果 $I(\text{BM})_{i_1 j_1} > I(\text{BM})_{i_2 j_2}$，那么 $\Delta R^{i_1 j_1}$ 和 $\Delta R^{i_2 j_2}$ 之间的大小关系将无法确定。

例如，假设组件的维修率为 1，系统的原始可靠性为 R'。在图 2-5(a) 中，Birnbaum 重要度可以计算为 $I(\text{BM})_{i_1 j_1} = 0.225$，$I(\text{BM})_{i_2 j_2} = 0.455$，系统可靠性变化的期望值为 $\Delta R^{i_1 j_1} = 0.75 - R'$，$\Delta R^{i_2 j_2} = 0.91 - R'$，所以 $I(\text{BM})_{i_1 j_1} < I(\text{BM})_{i_2 j_2} \Rightarrow \Delta R^{i_1 j_1} < \Delta R^{i_2 j_2}$。

然而在图 2-5(b) 中，Birnbaum 重要度可以计算为 $I(\text{BM})_{i_1 j_1} = 0.285$、$I(\text{BM})_{i_2 j_2} = 0.455$，系统可靠性变化的期望值为 $\Delta R^{i_1 j_1} = 0.95 - R'$，$\Delta R^{i_2 j_2} = 0.91 - R'$，所以 $I(\text{BM})_{i_1 j_1} < I(\text{BM})_{i_2 j_2} \Rightarrow \Delta R^{i_1 j_1} > \Delta R^{i_2 j_2}$。

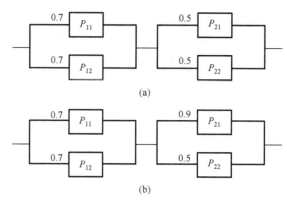

图 2-5   例子 1

并串联系统的可靠性框图如图 2-6 所示。根据组件所在的位置，组件的可靠性矩阵为 $[P_{ij}], i = 1, 2, \cdots, n; j = 1, 2, \cdots, m_i$。

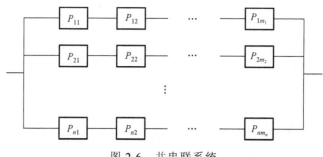

图 2-6   并串联系统

定理 2-5   在二态并串联系统中，当组件 $i_1 j_1$ 的修复率为 $\mu_{i_1 j_1}$ 时，假设组件 $i_1 j_1$ 从当前工作状态修复为完好状态导致的系统可靠性变化期望为 $\Delta R^{i_1 j_1}$；当组件 $i_2 j_2$ 的修复率为 $\mu_{i_2 j_2}$ 时，假设组件 $i_2 j_2$ 从当前状态修复为完好状态导致的系统可靠性变化期望为 $\Delta R^{i_2 j_2}$；如果 $I(\text{IIM})_{i_1 j_1} > I(\text{IIM})_{i_2 j_2}$，则 $\Delta R^{i_1 j_1} > \Delta R^{i_2 j_2}$。

证明   当组件 $i_1 j_1$ 从当前工作状态修复为完好状态时，系统可靠性变化的期望为

$$\Delta R^{i_1 j_1} = \mu_{i_1 j_1} \left\{ 1 - \left(1 - \prod_{k=1,k\neq j_1}^{m_{i_1}} P_{i_1 k} \right) \prod_{k=1,k\neq i_1}^{n} \left(1 - \prod_{j=1}^{m_k} P_{kj} \right) - \left[1 - \prod_{k=1}^{n} \left(1 - \prod_{j=1}^{m_k} P_{kj} \right) \right] \right\}$$

$$= \mu_{i_1 j_1} \left[\prod_{k=1}^{n} \left(1 - \prod_{j=1}^{m_k} P_{kj} \right) - \left(1 - \prod_{k=1,k\neq j_1}^{m_{i_1}} P_{i_1 k} \right) \prod_{k=1,k\neq i_1}^{n} \left(1 - \prod_{j=1}^{m_k} P_{kj} \right) \right]$$

$$= \mu_{i_1 j_1} \left[\prod_{k=1}^{n} \left(1 - \prod_{j=1}^{m_k} P_{kj} \right) - \prod_{k=1,k\neq i_1}^{n} \left(1 - \prod_{j=1}^{m_k} P_{kj} \right) + \prod_{k=1,k\neq j_1}^{m_{i_1}} P_{i_1 k} \prod_{k=1,k\neq i_1}^{n} \left(1 - \prod_{j=1}^{m_k} P_{kj} \right) \right]$$

$$= \mu_{i_1 j_1} \left[\prod_{k=1,k\neq j_1}^{m_{i_1}} P_{i_1 k} \left(1 - \prod_{j=1}^{m_{i_2}} P_{i_2 j} \right) - \prod_{j=1}^{m_{i_1}} P_{i_1 j} \left(1 - \prod_{j=1}^{m_{i_2}} P_{i_2 j} \right) \right] \prod_{k=1,k\neq i_1,k\neq i_2}^{n} \left(1 - \prod_{j=1}^{m_k} P_{kj} \right)$$

$$= \mu_{i_1 j_1} \left(\prod_{k=1,k\neq j_1}^{m_{i_1}} P_{i_1 k} - \prod_{j=1}^{m_{i_1}} P_{i_1 j} \right) \left(1 - \prod_{j=1}^{m_{i_2}} P_{i_2 j} \right) \prod_{k=1,k\neq i_1,k\neq i_2}^{n} \left(1 - \prod_{j=1}^{m_k} P_{kj} \right)$$

同理，当组件 $i_2 j_2$ 从当前状态修复为完好状态时，系统可靠性变化期望为

$$\Delta R^{i_2 j_2} = \mu_{i_2 j_2} \left(\prod_{k=1,k\neq j_2}^{m_{i_2}} P_{i_2 k} - \prod_{k=1}^{m_{i_2}} P_{i_2 k} \right) \left(1 - \prod_{j=1}^{m_{i_1}} P_{i_1 j} \right) \prod_{k=1,k\neq i_1,k\neq i_2}^{n} \left(1 - \prod_{j=1}^{m_k} P_{kj} \right)$$

如果 $I(\text{IIM})_{i_1 j_1} > I(\text{IIM})_{i_2 j_2}$，那么

$$I(\text{IIM})_{i_1 j_1} > I(\text{IIM})_{i_2 j_2}$$

$$\Rightarrow \frac{\mu_{i_1 j_1} \Pr(X_{i_1 j_1} = 0) \prod_{k=1,k\neq j_1}^{m_{i_1}} P_{i_1 k} \prod_{k=1,k\neq i_1}^{n} \left\{ 1 - \prod_{j=1}^{m_k} P_{kj} \right\}}{\mu_{i_2 j_2} \Pr(X_{i_2 j_2} = 0) \prod_{k=1,k\neq j_2}^{m_{i_2}} P_{i_2 k} \prod_{k=1,k\neq i_2}^{n} \left\{ 1 - \prod_{j=1}^{m_k} P_{kj} \right\}} > 1$$

$$\Rightarrow \frac{\mu_{i_1 j_1} (1 - P_{i_1 j_1}) \left(1 - \prod_{j=1}^{m_{i_2}} P_{i_2 j} \right) \prod_{k=1,k\neq j_1}^{m_{i_1}} P_{i_1 k}}{\mu_{i_2 j_2} (1 - P_{i_2 j_2}) \left(1 - \prod_{j=1}^{m_{i_1}} P_{i_1 j} \right) \prod_{k=1,k\neq j_2}^{m_{i_2}} P_{i_2 k}} = \frac{\mu_{i_1 j_1} \left(\prod_{k=1,k\neq j_1}^{m_{i_1}} P_{i_1 k} - \prod_{k=1}^{m_{i_1}} P_{i_1 k} \right) \left(1 - \prod_{j=1}^{m_{i_2}} P_{i_2 j} \right)}{\mu_{i_2 j_2} \left(\prod_{k=1,k\neq j_2}^{m_{i_2}} P_{i_2 k} - \prod_{k=1}^{m_{i_2}} P_{i_2 k} \right) \left(1 - \prod_{j=1}^{m_{i_1}} P_{i_1 j} \right)} > 1$$

$$\Rightarrow \mu_{i_1 j_1} \left(\prod_{k=1,k\neq j_1}^{m_{i_1}} P_{i_1 k} - \prod_{k=1}^{m_{i_1}} P_{i_1 k} \right) \left(1 - \prod_{j=1}^{m_{i_2}} P_{i_2 j} \right) > \mu_{i_2 j_2} \left(\prod_{k=1,k\neq j_2}^{m_{i_2}} P_{i_2 k} - \prod_{k=1}^{m_{i_2}} P_{i_2 k} \right) \left(1 - \prod_{j=1}^{m_{i_1}} P_{i_1 j} \right)$$

所以 $\Delta R^{i_1 j_1} > \Delta R^{i_2 j_2}$，证毕。

但是如果 $I(\text{BM})_{i_1 j_1} > I(\text{BM})_{i_2 j_2}$，那么 $\Delta R^{i_1 j_1}$ 和 $\Delta R^{i_2 j_2}$ 之间的大小关系将无法确定。

例如，假设组件的维修率为1，系统的原始可靠性为 R' 。在图2-7(a)中，Birnbaum 重要度可以计算为 $I(\mathrm{BM})_{i_1 j_1}=0.385$ ， $(\mathrm{BM})_{i_2 j_2}=0.255$ ，系统可靠性变化的期望值为 $\Delta R^{i_1 j_1}=0.835-R'$ ， $\Delta R^{i_2 j_2}=0.735-R'$ ，所以 $I(\mathrm{BM})_{i_1 j_1}>I(\mathrm{BM})_{i_2 j_2}\Rightarrow \Delta R^{i_1 j_1}>\Delta R^{i_2 j_2}$ 。

　　在图 2-7(b)中，Birnbaum 重要度可以计算为 $I(\mathrm{BM})_{i_1 j_1}=0.385$ ， $I(\mathrm{BM})_{i_2 j_2}=0.465$ ，系统可靠性变化的期望为 $\Delta R^{i_1 j_1}=0.835-R'$ ， $\Delta R^{i_2 j_2}=0.721-R'$ ，所以 $I(\mathrm{BM})_{i_1 j_1}<I(\mathrm{BM})_{i_2 j_2}\Rightarrow \Delta R^{i_1 j_1}>\Delta R^{i_2 j_2}$ 。

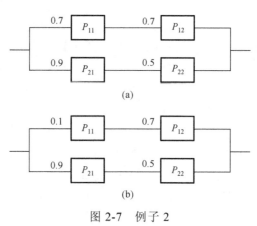

图 2-7　例子 2

2.2　多态系统综合重要度

Zio 和 Podofillini[37]把 Birnbaum 重要度从二态系统推广到多态系统，即

$$I(\mathrm{BM})_i = \Pr\{\Phi(X)\geqslant k \mid x_i \geqslant k\} - \Pr\{\Phi(X)\geqslant k \mid x_i < k\} \tag{2-8}$$

其中，k 为系统和组件状态的阈值。当 $\Phi(X)\geqslant k$ 时，系统工作；当 $\Phi(X)<k$ 时，系统失效。当 $x_i \geqslant k$ 时，组件 i 工作；当 $x_i < k$ 时，组件 i 失效。

　　多态系统组件综合重要度综合考虑了组件状态分布概率、组件状态转移率对系统可靠性影响程度，可以定量分析带有状态转移的多态系统组件可靠性变化对系统可靠性影响程度。多态系统的综合重要度为

$$I(\mathrm{IIM})_i = \Pr\{x_i \geqslant k\}\cdot \lambda_i \cdot \{\Pr\{\Phi(X)\geqslant k \mid x_i \geqslant k\} - \Pr\{\Phi(X)\geqslant k \mid x_i < k\}\} \tag{2-9}$$

其中，k 表示组件状态的阈值，当 $x_i \geqslant k$ 时，组件 i 工作；当 $x_i < k$ 时，组件 i 失效。λ_i 表示组件 i 从工作状态劣化到失效状态的失效率，$\lambda_i = \sum_{x=k}^{M}\sum_{y=0}^{k-1} a_i(x,y)$ ，$a_i(x,y)$ 是

组件 i 从状态 x 转移到状态 y 的转移率，$x,y \in \{0,1,2,\cdots,M\}$，$P_{im} = \Pr\{x_i = m\}, m = 0,$
$1,2,\cdots,M$。

定理 2-6　在多态系统中，综合重要度是当组件失效时，单位时间内系统可
靠性的期望损失。

证明

$$
\begin{aligned}
\Pr\{\Phi(X) \geqslant k\} &= \left(\sum_{l=0}^{k-1} P_{il}\right)\Pr\{\Phi(X) \geqslant k \mid x_i < k\} + \left(\sum_{l=k}^{M} P_{il}\right)\Pr\{\Phi(X) \geqslant k \mid x_i \geqslant k\} \\
&= \left(\sum_{l=k}^{M} P_{il}\right)\Pr\{\Phi(X) \geqslant k \mid x_i \geqslant k\} - \left(\sum_{l=k}^{M} P_{il}\right)\Pr\{\Phi(X) \geqslant k \mid x_i < k\} \\
&\quad + \left(\sum_{l=k}^{M} P_{il}\right)\Pr\{\Phi(X) \geqslant k \mid x_i < k\} + \left(\sum_{l=0}^{k-1} P_{il}\right)\Pr\{\Phi(X) \geqslant k \mid x_i < k\} \\
&= \left(\sum_{l=k}^{M} P_{il}\right)\{\Pr\{\Phi(X) \geqslant k \mid x_i \geqslant k\} - \Pr\{\Phi(X) \geqslant k \mid x_i < k\}\} \\
&\quad + \left[\left(\sum_{l=k}^{M} P_{il}\right) + \left(\sum_{l=0}^{k-1} P_{il}\right)\right]\Pr\{\Phi(X) \geqslant k \mid x_i < k\} \\
&= \left(\sum_{l=k}^{M} P_{il}\right)\{\Pr\{\Phi(X) \geqslant k \mid x_i \geqslant k\} - \Pr\{\Phi(X) \geqslant k \mid x_i < k\}\} \\
&\quad + \Pr\{\Phi(X) \geqslant k \mid x_i < k\}
\end{aligned}
$$

当组件失效时，系统可靠性的变化为

$$
\begin{aligned}
&\Pr\{\Phi(X) \geqslant k\} - \Pr\{\Phi(X) \geqslant k \mid x_i < k\} \\
&= \left(\sum_{l=k}^{M} P_{il}\right)\{\Pr\{\Phi(X) \geqslant k \mid x_i \geqslant k\} - \Pr\{\Phi(X) \geqslant k \mid x_i < k\}\} \\
&= \Pr\{x_i \geqslant k\} \cdot \{\Pr\{\Phi(X) \geqslant k \mid x_i \geqslant k\} - \Pr\{\Phi(X) \geqslant k \mid x_i < k\}\}
\end{aligned}
$$

单位时间内组件 i 的失效率为 λ_i，所以单位时间内系统可靠性的期望损失为
$I(\mathrm{IIM})_i = \Pr\{x_i \geqslant k\} \cdot \lambda_i \cdot \{\Pr\{\Phi(X) \geqslant k \mid x_i \geqslant k\} - \Pr\{\Phi(X) \geqslant k \mid x_i < k\}\}$，证毕。

当组件 i 从工作状态劣化到失效状态时，组件 i 的状态空间转移如图 2-8 所示。

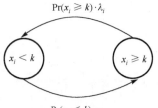

图 2-8　组件 i 的状态空间转移

图中，μ_i 表示组件 i 从失效状态到工作状态的维修率，$\mu_i = \sum\limits_{x=0}^{k-1}\sum\limits_{y=k}^{M} a_i(x,y)$。组件 i 的稳态分布满足 $\Pr\{x_i \geq k\} \cdot \lambda_i - \Pr\{x_i < k\} \cdot \mu_i = 0$。所以

$$\begin{aligned} I(\text{IIM})_i &= \Pr\{x_i \geq k\} \cdot \lambda_i \cdot \{\Pr\{\Phi(X) \geq k \mid x_i \geq k\} - \Pr\{\Phi(X) \geq k \mid x_i < k\}\} \\ &= \Pr\{x_i < k\} \cdot \mu_i \cdot \{\Pr\{\Phi(X) \geq k \mid x_i \geq k\} - \Pr\{\Phi(X) \geq k \mid x_i < k\}\} \end{aligned} \tag{2-10}$$

由 n 个组件组成的多态串联系统的结构函数为 $\Phi(X) = \min\{x_1, x_2, \cdots, x_n\}$。在串联系统中，当组件工作时，系统工作的概率为

$$\begin{aligned} \Pr\{\Phi(X) \geq k \mid x_i \geq k\} &= \Pr\{\min\{x_1, x_2, \cdots, x_{i-1}, x_i \geq k, x_{i+1}, \cdots, x_n\} \geq k\} \\ &= \Pr\{x_1 \geq k, \cdots, x_{i-1} \geq k, x_{i+1} \geq k, \cdots, x_n \geq k\} \\ &= \prod_{q=1,q \neq i}^{n} \Pr\{x_q \geq k\} = \prod_{q=1,q \neq i}^{n}\left(\sum_{p=k}^{M} P_{qp}\right) \end{aligned}$$

当组件失效时，系统工作的概率为 $\Pr\{\Phi(X) \geq k \mid x_i < k\} = 0$。所以

$$\Pr\{\Phi(X) \geq k \mid x_i \geq k\} - \Pr\{\Phi(X) \geq k \mid x_i < k\} = \prod_{q=1,q \neq i}^{n}\left(\sum_{p=k}^{M} P_{qp}\right)$$

$$\begin{aligned} I(\text{IIM})_i &= \mu_i\left(\sum_{l=0}^{k-1} P_{il}\right)\prod_{q=1,q \neq i}^{n}\left(\sum_{p=k}^{M} P_{qp}\right) = \mu_i\left(1 - \sum_{p=k}^{M} P_{ip}\right)\prod_{q=1,q \neq i}^{n}\left(\sum_{p=k}^{M} P_{qp}\right) \\ &= \mu_i\left[\prod_{q=1,q \neq i}^{n}\left(\sum_{p=k}^{M} P_{qp}\right) - \prod_{q=1}^{n}\left(\sum_{p=k}^{M} P_{qp}\right)\right] = \mu_i\left[\left(1 - \sum_{p=k}^{M} P_{ip}\right)\prod_{q=1,q \neq i}^{n}\left(\sum_{p=k}^{M} P_{qp}\right)\right] \end{aligned}$$

定理 2-7　在多态串联系统中，当组件 i 失效时，假设修复组件 i 导致系统可靠性变化的期望为 ΔR^i；当组件 j 失效时，假设修复组件 j 导致系统可靠性变化的期望为 ΔR^j。如果 $I(\text{IIM})_i > I(\text{IIM})_j > 0$，那么 $\Delta R^i > \Delta R^j$。

证明　如果 $I(\text{IIM})_i > I(\text{IIM})_j > 0$，那么

$$I(\text{IIM})_i > I(\text{IIM})_j > 0 \Rightarrow \frac{I(\text{IIM})_i}{I(\text{IIM})_j} > 1$$

$$\Rightarrow \frac{\mu_i\left[\left(1 - \sum\limits_{p=k}^{M} P_{ip}\right)\prod\limits_{q=1,q \neq i}^{n}\left(\sum\limits_{p=k}^{M} P_{qp}\right)\right]}{\mu_j\left[\left(1 - \sum\limits_{p=k}^{M} P_{jp}\right)\prod\limits_{q=1,q \neq j}^{n}\left(\sum\limits_{p=k}^{M} P_{qp}\right)\right]} > 1$$

$$\Rightarrow \frac{\mu_i \left(1 - \sum_{p=k}^{M} P_{ip} \right) \left(\sum_{p=k}^{M} P_{jp} \right)}{\mu_j \left(1 - \sum_{p=k}^{M} P_{jp} \right) \left(\sum_{p=k}^{M} P_{ip} \right)} > 1 \tag{2-11}$$

$$\Rightarrow \mu_i \left(1 - \sum_{p=k}^{M} P_{ip} \right) \left(\sum_{p=k}^{M} P_{jp} \right) > \mu_j \left(1 - \sum_{p=k}^{M} P_{jp} \right) \left(\sum_{p=k}^{M} P_{ip} \right)$$

假设系统原始的可靠性为 R'，当修复组件 i 时，系统可靠性变化的期望为

$$\Delta R^i = \mu_i \left(\prod_{q=1,q\neq i}^{n} \left(\sum_{p=k}^{M} P_{qp} \right) - R' \right) = \mu_i \left(\prod_{q=1,q\neq i}^{n} \left(\sum_{p=k}^{M} P_{qp} \right) - \prod_{q=1}^{n} \left(\sum_{p=k}^{M} P_{qp} \right) \right)$$

$$= \mu_i \left(1 - \sum_{p=k}^{M} P_{ip} \right) \left(\prod_{q=1,q\neq i}^{n} \left(\sum_{p=k}^{M} P_{qp} \right) \right)$$

当修复组件 j 时，系统可靠性变化的期望为

$$\Delta R^j = \mu_j \left(\prod_{q=1,q\neq j}^{n} \left(\sum_{p=k}^{M} P_{qp} \right) - R' \right) = \mu_j \left(\prod_{q=1,q\neq j}^{n} \left(\sum_{p=k}^{M} P_{qp} \right) - \prod_{q=1}^{n} \left(\sum_{p=k}^{M} P_{qp} \right) \right)$$

$$= \mu_j \left(1 - \sum_{p=k}^{M} P_{jp} \right) \left(\prod_{q=1,q\neq j}^{n} \left(\sum_{p=k}^{M} P_{qp} \right) \right)$$

所以

$$\Delta R^i - \Delta R^j = \left[\mu_i \left(1 - \sum_{p=k}^{M} P_{ip} \right) \left(\sum_{p=k}^{M} P_{jp} \right) - \mu_j \left(1 - \sum_{p=k}^{M} P_{jp} \right) \left(\sum_{p=k}^{M} P_{ip} \right) \right] \prod_{q=1,q\neq i,j}^{n} \left(\sum_{p=k}^{M} P_{qp} \right)$$

根据式 (2-11)，$\Delta R^i > \Delta R^j$，证毕。

由 n 个组件组成的多态并联系统的结构函数为 $\varPhi(X) = \max\{x_1, x_2, \cdots, x_n\}$。在并联系统中，当组件失效时，系统工作的概率为

$$
\begin{aligned}
\Pr\{\varPhi(X) \geqslant k \mid x_i < k\} &= 1 - \Pr\{\varPhi(X) < k \mid x_i < k\} \\
&= 1 - \Pr\{\max\{x_1, x_2, \cdots, x_{i-1}, x_i < k, x_{i+1}, \cdots, x_n\} < k\} \\
&= 1 - \Pr\{x_1 < k, \cdots, x_{i-1} < k, x_{i+1} < k, \cdots, x_n < k\} \\
&= 1 - \prod_{q=1,q\neq i}^{n} \Pr\{x_q < k\} = 1 - \prod_{q=1,q\neq i}^{n} \sum_{p=0}^{k-1} P_{qp}
\end{aligned}
$$

当组件工作时，系统工作的概率为 $\Pr\{\varPhi(X) \geqslant k \mid x_i \geqslant k\} = 1$，所以

$$\Pr\{\Phi(X) \ge k \mid x_i \ge k\} - \Pr\{\Phi(X) \ge k \mid x_i < k\} = 1 - \left(1 - \prod_{q=1, q \ne i}^{n} \sum_{p=0}^{k-1} P_{qp}\right) = \prod_{q=1, q \ne i}^{n} \sum_{p=0}^{k-1} P_{qp}$$

$$I(\text{IIM})_i = \mu_i \times \left(\sum_{l=0}^{k-1} P_{il}\right) \times \prod_{q=1, q \ne i}^{n} \sum_{p=0}^{k-1} P_{qp} = \mu_i \times \prod_{q=1}^{n} \sum_{p=0}^{k-1} P_{qp}$$

定理 2-8　在多态并联系统中，当组件 i 失效时，假设修复组件 i 导致系统可靠性变化的期望为 ΔR^i；当组件 j 失效时，假设修复组件 j 导致系统可靠性变化的期望为 ΔR^j。如果 $I(\text{IIM})_i > I(\text{IIM})_j > 0$，那么 $\Delta R^i > \Delta R^j$。

证明　如果 $I(\text{IIM})_i > I(\text{IIM})_j > 0$，那么

$$I(\text{IIM})_i > I(\text{IIM})_j > 0 \Rightarrow \frac{I(\text{IIM})_i}{I(\text{IIM})_j} > 1 \Rightarrow \frac{\mu_i \times \prod\limits_{q=1}^{n} \sum\limits_{p=0}^{k-1} P_{qp}}{\mu_j \times \prod\limits_{q=1}^{n} \sum\limits_{p=0}^{k-1} P_{qp}} > 1 \Rightarrow \mu_i > \mu_j \qquad (2\text{-}12)$$

假设系统原始可靠性为 R'，当修复组件 i 时，系统可靠性变化的期望为 $\Delta R^i = \mu_i(1 - R')$。当修复组件 j 时，系统可靠性变化的期望为 $\Delta R^j = \mu_j(1 - R')$。所以 $\Delta R^i - \Delta R^j = (\mu_i - \mu_j)(1 - R')$。根据式 (2-12)，$\Delta R^i > \Delta R^j$，证毕。

在多态串并联系统中，当组件失效时，系统工作的概率为

$$\Pr\{\Phi(X) \ge k \mid x_{ij} < k\} = \left\{1 - \prod_{q=1, q \ne j}^{m_i} \Pr\{x_{iq} < k\}\right\} \prod_{q=1, q \ne i}^{n} \left\{1 - \prod_{j=1}^{m_q} \Pr\{x_{qj} < k\}\right\}$$

当组件工作时，系统工作的概率为

$$\Pr\{\Phi(X) \ge k \mid x_{ij} \ge k\} = \prod_{q=1, q \ne i}^{n} \left\{1 - \prod_{j=1}^{m_q} \Pr\{x_{qj} < k\}\right\}$$

所以

$$\Pr\{\Phi(X) \ge k \mid x_{ij} \ge k\} - \Pr\{\Phi(X) \ge k \mid x_{ij} < k\} = \prod_{q=1, q \ne j}^{m_i} \Pr\{x_{iq} < k\} \prod_{q=1, q \ne i}^{n} \left\{1 - \prod_{j=1}^{m_q} \Pr\{x_{qj} < k\}\right\}$$

$$I(\text{IIM})_{ij} = \mu_{ij} \Pr\{x_{ij} < k\} \prod_{q=1, q \ne j}^{m_i} \Pr\{x_{iq} < k\} \prod_{q=1, q \ne i}^{n} \left\{1 - \prod_{j=1}^{m_q} \Pr\{x_{qj} < k\}\right\}$$

定理 2-9　在多态串并联系统中，当组件 $i_1 j_1$ 失效时，假设修复组件 $i_1 j_1$ 导致系

统可靠性变化的期望为 $\Delta R^{i_1 j_1}$；当组件 $i_2 j_2$ 失效时，假设修复组件 $i_2 j_2$ 导致系统可靠性变化的期望为 $\Delta R^{i_2 j_2}$；如果 $I(\mathrm{IIM})_{i_1 j_1} > I(\mathrm{IIM})_{i_2 j_2} > 0$，则 $\Delta R^{i_1 j_1} > \Delta R^{i_2 j_2}$。

证明 如果 $I(\mathrm{IIM})_{i_1 j_1} > I(\mathrm{IIM})_{i_2 j_2} > 0$，那么

$$I(\mathrm{IIM})_{i_1 j_1} > I(\mathrm{IIM})_{i_2 j_2} \Rightarrow \frac{I(\mathrm{IIM})_{i_1 j_1}}{I(\mathrm{IIM})_{i_2 j_2}} > 1$$

$$\Rightarrow \frac{\mu_{i_1 j_1} \Pr\{x_{i_1 j_1} < k\} \prod\limits_{q=1,q \neq j_1}^{m_{i_1}} \Pr\{x_{i_1 q} < k\} \prod\limits_{q=1,q \neq i_1}^{n} \left\{ 1 - \prod\limits_{j_1=1}^{m_q} \Pr\{x_{q j_1} < k\} \right\}}{\mu_{i_2 j_2} \Pr\{x_{i_2 j_2} < k\} \prod\limits_{q=1,q \neq j_2}^{m_{i_2}} \Pr\{x_{i_2 q} < k\} \prod\limits_{q=1,q \neq i_2}^{n} \left\{ 1 - \prod\limits_{j_2=1}^{m_q} \Pr\{x_{q j_2} < k\} \right\}} > 1$$

$$\Rightarrow \frac{\mu_{i_1 j_1} \left\{ 1 - \prod\limits_{j=1}^{m_{i_2}} \Pr\{x_{i_2 j} < k\} \right\} \prod\limits_{q=1}^{m_{i_1}} \Pr\{x_{i_1 q} < k\}}{\mu_{i_2 j_2} \left\{ 1 - \prod\limits_{j=1}^{m_{i_1}} \Pr\{x_{i_1 j} < k\} \right\} \prod\limits_{q=1}^{m_{i_2}} \Pr\{x_{i_2 q} < k\}} > 1$$

$$\Rightarrow \mu_{i_1 j_1} \left\{ 1 - \prod\limits_{j=1}^{m_{i_2}} \Pr\{x_{i_2 j} < k\} \right\} \prod\limits_{q=1}^{m_{i_1}} \Pr\{x_{i_1 q} < k\} >$$

$$\mu_{i_2 j_2} \left\{ 1 - \prod\limits_{j=1}^{m_{i_1}} \Pr\{x_{i_1 j} < k\} \right\} \prod\limits_{q=1}^{m_{i_2}} \Pr\{x_{i_2 q} < k\}$$

$$(2\text{-}13)$$

假设系统原始的可靠性为 R'，当修复组件 $i_1 j_1$ 时，系统可靠性变化的期望为

$$\Delta R^{i_1 j_1} = \mu_{i_1 j_1} \left\{ \prod\limits_{i=1,i \neq i_1}^{n} \left\{ 1 - \prod\limits_{j=1}^{m_i} \Pr\{x_{ij} < k\} \right\} - \prod\limits_{i=1}^{n} \left\{ 1 - \prod\limits_{j=1}^{m_i} \Pr\{x_{ij} < k\} \right\} \right\}$$

$$= \mu_{i_1 j_1} \left\{ 1 - \prod\limits_{j=1}^{m_{i_1}} \Pr\{x_{i_1 j} < k\} \right\} \prod\limits_{j=1}^{m_{i_1}} \Pr\{x_{i_1 j} < k\} \prod\limits_{i=1,i \neq i_1,i \neq i_2}^{n} \left\{ 1 - \prod\limits_{j=1}^{m_i} \Pr\{x_{ij} < k\} \right\}$$

当修复组件 $i_2 j_2$ 时，系统可靠性变化的期望为

$$\Delta R^{i_2 j_2} = \mu_{i_2 j_2} \left\{ 1 - \prod\limits_{j=1}^{m_{i_1}} \Pr\{x_{i_1 j} < k\} \right\} \prod\limits_{q=1}^{m_{i_2}} \Pr\{x_{i_2 q} < k\} \prod\limits_{i=1,i \neq i_1,i \neq i_2}^{n} \left\{ 1 - \prod\limits_{j=1}^{m_i} \Pr\{x_{ij} < k\} \right\}$$

所以

$$\Delta R^{i_1 j_1} - \Delta R^{i_2 j_2} = \prod_{i=1, i \neq i_1, i \neq i_2}^{n} \left\{ 1 - \prod_{j=1}^{m_i} \Pr\{x_{ij} < k\} \right\}$$

$$\times \left\{ \mu_{i_1 j_1} \left\{ 1 - \prod_{j=1}^{m_{i_2}} \Pr\{x_{i_2 j} < k\} \right\} \prod_{j=1}^{m_{i_1}} \Pr\{x_{i_1 j} < k\} \right.$$

$$\left. - \mu_{i_2 j_2} \left\{ 1 - \prod_{j=1}^{m_{i_1}} \Pr\{x_{i_1 j} < k\} \right\} \prod_{q=1}^{m_{i_2}} \Pr\{x_{i_2 q} < k\} \right\}$$

根据式（2-13），$\Delta R^{i_1 j_1} > \Delta R^{i_2 j_2}$，证毕。

在多态并串联系统中，当组件失效时，系统工作的概率为

$$\Pr\{\Phi(X) \geq k \mid x_{ij} < k\} = 1 - \prod_{q=1, q \neq i}^{n} \left\{ 1 - \prod_{j=1}^{m_q} \Pr\{x_{qj} \geq k\} \right\}$$

当组件工作时，系统工作的概率为

$$\Pr\{\Phi(X) \geq k \mid x_{ij} \geq k\} = 1 - \left(1 - \prod_{q=1, q \neq j}^{m_i} \Pr\{x_{iq} \geq k\} \right) \prod_{q=1, q \neq i}^{n} \left\{ 1 - \prod_{j=1}^{m_q} \Pr\{x_{qj} \geq k\} \right\}$$

所以

$$\Pr\{\Phi(X) \geq k \mid x_{ij} \geq k\} - \Pr\{\Phi(X) \geq k \mid x_{ij} < k\}$$

$$= \prod_{q=1, q \neq j}^{m_i} \Pr\{x_{iq} \geq k\} \prod_{q=1, q \neq i}^{n} \left\{ 1 - \prod_{j=1}^{m_q} \Pr\{x_{qj} \geq k\} \right\}$$

$$I(\text{IIM})_{ij} = \mu_{ij} \Pr\{x_{ij} < k\} \prod_{q=1, q \neq j}^{m_i} \Pr\{x_{iq} \geq k\} \prod_{q=1, q \neq i}^{n} \left\{ 1 - \prod_{j=1}^{m_q} \Pr\{x_{qj} \geq k\} \right\}$$

定理 2-10 在多态并串联系统中，当组件 $i_1 j_1$ 失效时，假设修复组件 $i_1 j_1$ 导致系统可靠性变化的期望为 $\Delta R^{i_1 j_1}$；当组件 $i_2 j_2$ 失效时，假设修复组件 $i_2 j_2$ 导致系统可靠性变化的期望为 $\Delta R^{i_2 j_2}$；如果 $I(\text{IIM})_{i_1 j_1} > I(\text{IIM})_{i_2 j_2} > 0$，则 $\Delta R^{i_1 j_1} > \Delta R^{i_2 j_2}$。

证明 如果 $I(\text{IIM})_{i_1 j_1} > I(\text{IIM})_{i_2 j_2} > 0$，那么

$$I(\text{IIM})_{i_1 j_1} > I(\text{IIM})_{i_2 j_2} \Rightarrow \frac{I(\text{IIM})_{i_1 j_1}}{I(\text{IIM})_{i_2 j_2}} > 1$$

$$\Rightarrow \frac{\mu_{i_1 j_1} \Pr\{x_{i_1 j_1} < k\} \prod\limits_{q=1, q \neq j_1}^{m_{i_1}} \Pr\{x_{i_1 q} \geq k\} \prod\limits_{q=1, q \neq i_1}^{n} \left\{ 1 - \prod\limits_{j=1}^{m_q} \Pr\{x_{qj} \geq k\} \right\}}{\mu_{i_2 j_2} \Pr\{x_{i_2 j_2} < k\} \prod\limits_{q=1, q \neq j_2}^{m_{i_2}} \Pr\{x_{i_2 q} \geq k\} \prod\limits_{q=1, q \neq i_2}^{n} \left\{ 1 - \prod\limits_{j=1}^{m_q} \Pr\{x_{qj} \geq k\} \right\}} > 1$$

$$\Rightarrow \frac{\mu_{i_1 j_1} \left\{ \prod\limits_{q=1, q \neq j_1}^{m_{i_1}} \Pr\{x_{i_1 q} \geq k\} - \prod\limits_{q=1}^{m_{i_1}} \Pr\{x_{i_1 q} \geq k\} \right\} \left[1 - \prod\limits_{j=1}^{m_{i_2}} \Pr\{x_{i_2 j} \geq k\} \right]}{\mu_{i_2 j_2} \left\{ \prod\limits_{q=1, q \neq j_2}^{m_{i_2}} \Pr\{x_{i_2 q} \geq k\} - \prod\limits_{q=1}^{m_{i_2}} \Pr\{x_{i_2 q} \geq k\} \right\} \left[1 - \prod\limits_{j=1}^{m_{i_1}} \Pr\{x_{i_1 j} \geq k\} \right]} > 1$$

$$\Rightarrow \mu_{i_1 j_1} \left\{ \prod\limits_{q=1, q \neq j_1}^{m_{i_1}} \Pr\{x_{i_1 q} \geq k\} - \prod\limits_{q=1}^{m_{i_1}} \Pr\{x_{i_1 q} \geq k\} \right\} \left[1 - \prod\limits_{j=1}^{m_{i_2}} \Pr\{x_{i_2 j} \geq k\} \right] >$$

$$\mu_{i_2 j_2} \left\{ \prod\limits_{q=1, q \neq j_2}^{m_{i_2}} \Pr\{x_{i_2 q} \geq k\} - \prod\limits_{q=1}^{m_{i_2}} \Pr\{x_{i_2 q} \geq k\} \right\} \left[1 - \prod\limits_{j=1}^{m_{i_1}} \Pr\{x_{i_1 j} \geq k\} \right]$$

$$(2\text{-}14)$$

假设系统原始的可靠性为 R'，当修复组件 $i_1 j_1$ 时，系统可靠性变化的期望为

$$\Delta R^{i_1 j_1} = \mu_{i_1 j_1} \left\{ 1 - \left(1 - \prod\limits_{q=1, q \neq j_1}^{m_{i_1}} \Pr\{x_{i_1 q} \geq k\} \right) \prod\limits_{q=1, q \neq i_1}^{n} \left(1 - \prod\limits_{j=1}^{m_q} \Pr\{x_{qj} \geq k\} \right) \right.$$

$$\left. - \left[1 - \prod\limits_{q=1}^{n} \left(1 - \prod\limits_{j=1}^{m_q} \Pr\{x_{qj} \geq k\} \right) \right] \right\}$$

$$= \mu_{i_1 j_1} \left(\prod\limits_{q=1, q \neq j_1}^{m_{i_1}} \Pr\{x_{i_1 q} \geq k\} - \prod\limits_{j=1}^{m_{i_1}} \Pr\{x_{i_1 j} \geq k\} \right) \left(1 - \prod\limits_{j=1}^{m_{i_2}} \Pr\{x_{i_2 j} \geq k\} \right)$$

$$\prod\limits_{q=1, q \neq i_1, q \neq i_2}^{n} \left(1 - \prod\limits_{j=1}^{m_q} \Pr\{x_{qj} \geq k\} \right)$$

当修复组件 $i_2 j_2$ 时，系统可靠性变化的期望为

$$\Delta R^{i_2 j_2} = \mu_{i_2 j_2} \left(\prod\limits_{q=1, q \neq j_2}^{m_{i_2}} \Pr\{x_{i_2 q} \geq k\} - \prod\limits_{q=1}^{m_{i_2}} \Pr\{x_{i_2 q} \geq k\} \right) \left(1 - \prod\limits_{j=1}^{m_{i_1}} \Pr\{x_{i_1 j} \geq k\} \right)$$

$$\prod\limits_{q=1, q \neq i_1, q \neq i_2}^{n} \left(1 - \prod\limits_{j=1}^{m_q} \Pr\{x_{qj} \geq k\} \right)$$

根据式(2-14)，$\Delta R^{i_1 j_1} - \Delta R^{i_2 j_2} > 0$，所以 $\Delta R^{i_1 j_1} > \Delta R^{i_2 j_2}$，证毕。

这里以文献[60]的石油传输系统为例，如图 2-9 所示。

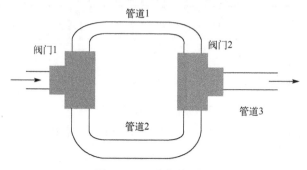

图 2-9　石油传输系统

在图 2-9 中，石油传输系统由三个组件组成(管道 1、管道 2 和管道 3)[17]。阀门 1 和阀门 2 是传输石油的开关。每个管道的状态用每分钟的流量来表示。管道 1 有两个状态，状态 0 表示管道 1 的流量为 0，状态 1 表示管道 1 的流量为 1.5 吨/min。管道 2 有两个状态，状态 0 表示管道 2 的流量为 0，状态 1 表示管道 2 的流量为 2 吨/min。管道 3 有三个状态，状态 0 表示管道 3 的流量为 0，状态 1 表示管道 3 的流量为 1.8 吨/min，状态 2 表示管道 3 的流量为 4 吨/min。假设管道 1、管道 2 和管道 3 的寿命分布都满足指数分布。管道 1 和管道 2 构成了并联系统，然后与管道 3 构成串联系统。该石油传输系统的结构函数为 $\Phi(X) = \Phi(x_1, x_2, x_3) = \min\{x_1 + x_2, x_3\}$，则石油传输系统的可靠性框图如图 2-10 所示。

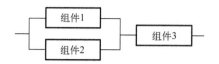

图 2-10　石油传输系统的可靠性框图

在图 2-10 中，组件 1 表示管道 1，组件 2 表示管道 2，组件 3 表示管道 3。假设管道的流量阈值为 1.5 吨/min，则石油传输系统结构和状态空间转移图如图 2-11 所示。

因为组件的寿命分布满足指数分布，所以该过程可以用马尔可夫过程来描述[60, 61]

$$\begin{cases} \Pr\{x_i \geq 1.5\}\lambda_i - \Pr\{x_i < 1.5\}\mu_i = 0 \\ \Pr\{x_i \geq 1.5\} + \Pr\{x_i < 1.5\} = 1 \end{cases}$$

求解该方程，可以得到组件在稳态的概率分布，$\Pr\{x_i \geq 1.5\} = \mu_i / (\lambda_i + \mu_i)$。所以

$\Pr\{x_1 \geqslant 1.5\} = 0.9345$，$\Pr\{x_2 \geqslant 1.5\} = 0.8889$，$\Pr\{x_3 \geqslant 1.5\} = 0.9448$，那么

$$\Pr\{\varPhi(X) \geqslant 1.5 \,|\, x_1 \geqslant 1.5\} - \Pr\{\varPhi(X) \geqslant 1.5 \,|\, x_1 < 1.5\}$$
$$= \Pr\{x_3 \geqslant 1.5\} - \Pr\{x_2 \geqslant 1.5\}\Pr\{x_3 \geqslant 1.5\} = 0.1038$$
$$\Pr\{\varPhi(X) \geqslant 1.5 \,|\, x_2 \geqslant 1.5\} - \Pr\{\varPhi(X) \geqslant 1.5 \,|\, x_2 < 1.5\}$$
$$= \Pr\{x_3 \geqslant 1.5\} - \Pr\{x_1 \geqslant 1.5\}\Pr\{x_3 \geqslant 1.5\} = 0.0612$$
$$\Pr\{\varPhi(X) \geqslant 1.5 \,|\, x_3 \geqslant 1.5\} - \Pr\{\varPhi(X) \geqslant 1.5 \,|\, x_3 < 1.5\}$$
$$= \Pr\{x_1 \geqslant 1.5\}\Pr\{x_2 \geqslant 1.5\} + \Pr\{x_1 \geqslant 1.5\}\Pr\{x_2 < 1.5\}$$
$$+ \Pr\{x_1 < 1.5\}\Pr\{x_2 \geqslant 1.5\} = 0.9927$$

由以上分析可以得出组件的综合重要度和 Birnbaum 重要度，如表 2-1 所示。

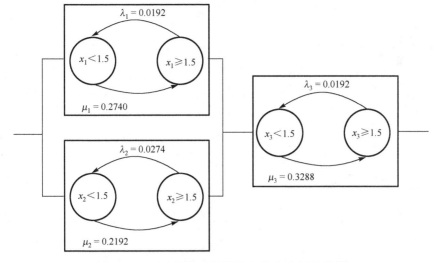

图 2-11　石油传输系统结构和状态空间转移图

表 2-1　组件的综合重要度 $I(\text{IIM})_i$ 和 Birnbaum 重要度 $I(\text{BM})_i$

组件	$I(\text{BM})_i$	排序	$I(\text{IIM})_i$	排序
1	0.1038	2	0.001863	2
2	0.0612	3	0.001490	3
3	0.9927	1	0.018017	1

由表 2-1 可知，组件 3 有最大的综合重要度，组件 2 有最小的综合重要度，这是因为组件 3 的维修率最大，组件 2 的维修率最小。虽然表 2-1 显示组件的综合重要度和 Birnbaum 重要度的排序是一样的,但是综合重要度与组件的状态分布概率和状态转移率有关，Birnbaum 重要度仅与组件的状态分布概率有关。

2.3　基于系统可靠性的综合重要度变化机理

本节从组件状态转移率的角度出发，考虑组件状态转移率对系统可靠性的影响，从随机试验角度分析组件综合重要度的表示方法，研究组件综合重要度的变化机理，扩展重要度理论的内涵，丰富重要度理论体系，可以指导工程师定量分析组件状态转移率对系统可靠性的影响，从而优化系统结构并提高系统寿命。

Birnbaum 重要度描述了组件可靠性变化对系统可靠性变化的影响程度，其表达式为

$$I(\text{BM})_i(t) = \frac{\partial R(t)}{\partial R_i(t)} = \frac{\partial \Pr(\Phi(X(t)) = 1)}{\partial \Pr(X_i(t) = 1)} \tag{2-15}$$

其中，$\Phi(X(t))$ 表示 t 时刻系统的结构函数，$\Phi(X(t)) = \Phi(X_1(t), X_2(t), \cdots, X_n(t))$；$X_i(t)$ 表示 t 时刻组件 i 的状态，$X_i(t) = 1$ 表示工作状态，$X_i(t) = 0$ 表示故障状态。$R(t) = \Pr(\Phi(X(t)) = 1)$ 表示 t 时刻系统的可靠性，$R_i(t) = \Pr(X_i(t) = 1)$ 表示 t 时刻组件 i 的可靠性。

组件综合重要度综合考虑了组件状态分布概率、组件状态转移率对系统可靠性影响程度，可以定量分析带有状态转移的组件可靠性变化对系统可靠性影响程度。组件的综合重要度为

$$I(\text{IIM})_i(t) = \frac{\partial R(t)}{\partial R_i(t)} R_i(t) \lambda_i(t) \tag{2-16}$$

其中，$\lambda_i(t)$ 表示 t 时刻组件 i 的失效率。因为 $R_i(t) = \exp\left(-\int_0^t \lambda_i(u)\mathrm{d}u\right)$，所以式 (2-16) 可以转化为

$$I(\text{IIM})_i(t) = \lambda_i(t)\exp\left(-\int_0^t \lambda_i(u)\mathrm{d}u\right)\frac{\partial R(t)}{\partial R_i(t)} \tag{2-17}$$

其中，$\dfrac{\mathrm{d}(1 - R_i(t))}{\mathrm{d}t} = \dfrac{\mathrm{d}\left(1 - \exp\left(-\int_0^t \lambda_i(u)\mathrm{d}u\right)\right)}{\mathrm{d}t} = \lambda_i(t)\exp\left(-\int_0^t \lambda_i(u)\mathrm{d}u\right)$，所以

$$I(\text{IIM})_i(t) = \frac{\mathrm{d}(1 - R_i(t))}{\mathrm{d}t}\frac{\partial R(t)}{\partial R_i(t)} \tag{2-18}$$

其中，$1 - R_i(t)$ 表示 t 时刻组件 i 失效的概率，所以综合重要度 $I(\text{IIM})_i(t)$ 表示了当组件 i 失效时，单位时间内系统可靠性的变化。

由系统可靠性关于时间的全导数公式可得

$$\frac{\mathrm{d}R(t)}{\mathrm{d}t} = \sum_{i=1}^{n} \frac{\partial R(t)}{\partial R_i(t)} \frac{\mathrm{d}R_i(t)}{\mathrm{d}t} \tag{2-19}$$

由式（2-15）可得，系统可靠性的 Birnbaum 重要度表示方法为

$$\begin{aligned}\frac{\mathrm{d}R(t)}{\mathrm{d}t} &= \sum_{i=1}^{n} I(\mathrm{BM})_i(t) \frac{\mathrm{d}R_i(t)}{\mathrm{d}t} \\ &= \sum_{i=1}^{n} I(\mathrm{BM})_i(t) \frac{\mathrm{d}\exp\left(-\int_0^t \lambda_i(u)\mathrm{d}u\right)}{\mathrm{d}t} \\ &= \sum_{i=1}^{n} -\lambda_i(t)\exp\left(-\int_0^t \lambda_i(u)\mathrm{d}u\right)I(\mathrm{BM})_i(t)\end{aligned} \tag{2-20}$$

由式（2-18）可得，系统可靠性的综合重要度表示方法为

$$\frac{\mathrm{d}R(t)}{\mathrm{d}t} = \sum_{i=1}^{n} -I(\mathrm{IIM})_i(t), \quad \frac{\mathrm{d}(1-R(t))}{\mathrm{d}t} = \sum_{i=1}^{n} I(\mathrm{IIM})_i(t) \tag{2-21}$$

从式（2-21）可知，组件的综合重要度具有叠加性，即单位时间内系统可靠性的变化为所有组件综合重要度的和。因为 $R(t)$ 是关于 t 的减函数，所以 $\mathrm{d}R(t)/\mathrm{d}t<0$，用 $1-R(t)$ 来表示。

式（2-20）和式（2-21）是关于 t 的一元常微分方程，当 $I(\mathrm{BM})_i(t)$ 和 $I(\mathrm{IIM})_i(t)$ 已知时，很容易通过积分求得系统的可靠性函数。假设 $t=0$ 时，系统可靠性为 1，即初始条件为 $R(t)=1$。下面以 Birnbaum 重要度为例，通过简单的三个组件的串联和并联系统来说明如何通过重要度来求系统可靠性，假设组件的寿命分布满足指数分布，即组件失效率为一个常数。

（1）串联系统。

$$R(t) = R_1(t)R_2(t)R_3(t), \quad I(\mathrm{BM})_1(t) = R_2(t)R_3(t)$$

$$I(\mathrm{BM})_2(t) = R_1(t)R_3(t), \quad I(\mathrm{BM})_3(t) = R_1(t)R_2(t)$$

则根据式（2-20），有

$$\begin{aligned}\frac{\mathrm{d}R(t)}{\mathrm{d}t} &= -\mathrm{e}^{-\lambda_2 t}\mathrm{e}^{-\lambda_3 t}\lambda_1 \mathrm{e}^{-\lambda_1 t} - \mathrm{e}^{-\lambda_1 t}\mathrm{e}^{-\lambda_3 t}\lambda_2 \mathrm{e}^{-\lambda_2 t} - \mathrm{e}^{-\lambda_1 t}\mathrm{e}^{-\lambda_2 t}\lambda_3 \mathrm{e}^{-\lambda_3 t} \\ &= -(\lambda_1 + \lambda_2 + \lambda_3)\mathrm{e}^{-\lambda_2 t}\mathrm{e}^{-\lambda_3 t}\mathrm{e}^{-\lambda_1 t} = -(\lambda_1 + \lambda_2 + \lambda_3)\mathrm{e}^{-(\lambda_1 + \lambda_2 + \lambda_3)t}\end{aligned}$$

公式两边求微分，$R(t) = \mathrm{e}^{-(\lambda_1 + \lambda_2 + \lambda_3)t} + C$，$C$ 为常数。当 $t=0$ 时，$R(t)=1$，求得 $C=0$，所以 $R(t) = \mathrm{e}^{-(\lambda_1 + \lambda_2 + \lambda_3)t}$。

（2）并联系统。

$$R(t) = 1 - (1 - R_1(t))(1 - R_2(t))(1 - R_3(t))$$
$$= R_1(t) + R_2(t) + R_3(t) - R_1(t)R_2(t) - R_1(t)R_3(t) - R_2(t)R_3(t) + R_1(t)R_2(t)R_3(t)$$

$$I(\mathrm{BM})_1(t) = (1 - R_2(t))(1 - R_3(t)) , \quad I(\mathrm{BM})_2(t) = (1 - R_1(t))(1 - R_3(t))$$

$$I(\mathrm{BM})_3(t) = (1 - R_1(t))(1 - R_2(t))$$

则根据式（2-20），有

$$\frac{\mathrm{d}R(t)}{\mathrm{d}t} = -(1 - \mathrm{e}^{-\lambda_2 t})(1 - \mathrm{e}^{-\lambda_3 t})\lambda_1 \mathrm{e}^{-\lambda_1 t} - (1 - \mathrm{e}^{-\lambda_1 t})(1 - \mathrm{e}^{-\lambda_3 t})\lambda_2 \mathrm{e}^{-\lambda_2 t} - (1 - \mathrm{e}^{-\lambda_1 t})(1 - \mathrm{e}^{-\lambda_2 t})\lambda_3 \mathrm{e}^{-\lambda_3 t}$$

$$= -\lambda_1 \mathrm{e}^{-\lambda_1 t} - \lambda_2 \mathrm{e}^{-\lambda_2 t} - \lambda_3 \mathrm{e}^{-\lambda_3 t} + (\lambda_1 + \lambda_2)\mathrm{e}^{-(\lambda_1 + \lambda_2)t} + (\lambda_1 + \lambda_3)\mathrm{e}^{-(\lambda_1 + \lambda_3)t}$$

$$+ (\lambda_2 + \lambda_3)\mathrm{e}^{-(\lambda_2 + \lambda_3)t} - (\lambda_1 + \lambda_2 + \lambda_3)\mathrm{e}^{-(\lambda_1 + \lambda_2 + \lambda_3)t}$$

公式两边求微分，可得

$$R(t) = \mathrm{e}^{-\lambda_1 t} + \mathrm{e}^{-\lambda_2 t} + \mathrm{e}^{-\lambda_3 t} - \mathrm{e}^{-(\lambda_1 + \lambda_2)t} - \mathrm{e}^{-(\lambda_1 + \lambda_3)t} - \mathrm{e}^{-(\lambda_2 + \lambda_3)t} + \mathrm{e}^{-(\lambda_1 + \lambda_2 + \lambda_3)t} + C , \quad C \text{为常数}$$

当 $t=0$ 时，$R(t) = 1$，求得 $C=0$，所以

$$R(t) = \mathrm{e}^{-\lambda_1 t} + \mathrm{e}^{-\lambda_2 t} + \mathrm{e}^{-\lambda_3 t} - \mathrm{e}^{-(\lambda_1 + \lambda_2)t} - \mathrm{e}^{-(\lambda_1 + \lambda_3)t} - \mathrm{e}^{-(\lambda_2 + \lambda_3)t} + \mathrm{e}^{-(\lambda_1 + \lambda_2 + \lambda_3)t}$$

下面将以串联和并联系统为例，分析组件综合重要度的变化机理。

（1）串联系统。

假设串联系统由 n 个组件构成，其结构函数为 $\varPhi(X(t)) = \min\{X_1(t), X_2(t), \cdots, X_n(t)\}$。

定理 2-11　在串联系统中，如果 $\lambda_i(t) > \lambda_j(t)$，那么① $I(\mathrm{BM})_i(t) > I(\mathrm{BM})_j(t)$，② $I(\mathrm{IIM})_i(t) > I(\mathrm{IIM})_j(t)$。

证明　由串联系统的结构函数，可得串联系统可靠性函数为 $R(t) = \prod\limits_{i=1}^{n} R_i(t) = \prod\limits_{i=1}^{n} \exp\left(-\int_0^t \lambda_i(u)\mathrm{d}u\right) = \exp\left(-\sum\limits_{i=1}^{n} \int_0^t \lambda_i(u)\mathrm{d}u\right)$。

① 根据式（2-15）可得，$I(\mathrm{BM})_i(t) = \prod\limits_{k=1,k\neq i}^{n} R_k(t) = \exp\left(-\sum\limits_{k=1,k\neq i}^{n} \int_0^t \lambda_k(u)\mathrm{d}u\right)$，所以

$$\frac{I(\mathrm{BM})_i(t)}{I(\mathrm{BM})_j(t)} = \frac{\exp\left(-\sum\limits_{k=1,k\neq i}^{n} \int_0^t \lambda_k(u)\mathrm{d}u\right)}{\exp\left(-\sum\limits_{k=1,k\neq j}^{n} \int_0^t \lambda_k(u)\mathrm{d}u\right)} = \frac{\exp\left(-\int_0^t \lambda_j(u)\mathrm{d}u\right)}{\exp\left(-\int_0^t \lambda_i(u)\mathrm{d}u\right)}$$

$$= \exp\left(\int_0^t (\lambda_i(u) - \lambda_j(u)) \mathrm{d}u \right)$$

那么当 $I(\mathrm{BM})_i(t) > I(\mathrm{BM})_j(t)$ 时，可得

$$I(\mathrm{BM})_i(t) > I(\mathrm{BM})_j(t) \Leftrightarrow \frac{I(\mathrm{BM})_i(t)}{I(\mathrm{BM})_j(t)} > 1$$

$$\Leftrightarrow \exp\left(\int_0^t (\lambda_i(u) - \lambda_j(u)) \mathrm{d}u \right) > 1 \Leftrightarrow \lambda_i(t) > \lambda_j(t)$$

②根据式 (2-17) 可得

$$I(\mathrm{IIM})_i(t) = \lambda_i(t) \exp\left(-\int_0^t \lambda_i(u) \mathrm{d}u \right) \frac{\partial R(t)}{\partial R_i(t)} = \lambda_i(t) \exp\left(-\sum_{k=1}^n \int_0^t \lambda_k(u) \mathrm{d}u \right), \quad \text{所以}$$

$$\frac{I(\mathrm{IIM})_i(t)}{I(\mathrm{IIM})_j(t)} = \frac{\lambda_i(t) \exp\left(-\sum_{k=1}^n \int_0^t \lambda_k(u) \mathrm{d}u \right)}{\lambda_j(t) \exp\left(-\sum_{k=1}^n \int_0^t \lambda_k(u) \mathrm{d}u \right)} = \frac{\lambda_i(t)}{\lambda_j(t)}$$

那么当 $I(\mathrm{IIM})_i(t) > I(\mathrm{IIM})_j(t)$ 时，可得

$$I(\mathrm{IIM})_i(t) > I(\mathrm{IIM})_j(t) \Leftrightarrow \frac{I(\mathrm{IIM})_i(t)}{I(\mathrm{IIM})_j(t)} > 1 \Leftrightarrow \frac{\lambda_i(t)}{\lambda_j(t)} > 1 \Leftrightarrow \lambda_i(t) > \lambda_j(t)$$

综上所述，在串联系统中，如果 $\lambda_i(t) > \lambda_j(t)$，那么 $I(\mathrm{BM})_i(t) > I(\mathrm{BM})_j(t)$，$I(\mathrm{IIM})_i(t) > I(\mathrm{IIM})_j(t)$。

由定理 2-11，当组件的寿命分布分别满足指数分布、伽玛分布、韦布尔分布时，可以得到以下推论。

推论 2-1 在串联系统中，当组件 i 的寿命分布满足参数为 λ_i 的指数分布时，即 $\lambda_i(t) = \lambda_i$。如果 $\lambda_i > \lambda_j$，那么① $I(\mathrm{BM})_i(t) > I(\mathrm{BM})_j(t)$，② $I(\mathrm{IIM})_i(t) > I(\mathrm{IIM})_j(t)$。

证明由定理 2-11 可得。

推论 2-2 在串联系统中，当组件 i 的寿命分布满足形状参数为 α_i、尺度参数为 β_i 的伽玛分布时，即 $\frac{1}{\lambda_i(t)} = \int_0^\infty \left(1 + \frac{u}{t} \right)^{\alpha_i - 1} \mathrm{e}^{-\beta_i u} \mathrm{d}u$。如果 $\alpha_i < \alpha_j$，$\beta_i > \beta_j$，那么① $I(\mathrm{BM})_i(t) > I(\mathrm{BM})_j(t)$，② $I(\mathrm{IIM})_i(t) > I(\mathrm{IIM})_j(t)$。

证明 由定理 2-11 可得

$$\lambda_i(t) > \lambda_j(t) \Leftrightarrow \frac{\lambda_i(t)}{\lambda_j(t)} > 1 \Leftrightarrow \frac{\int_0^\infty \left(1 + \frac{u}{t} \right)^{\alpha_j - 1} \mathrm{e}^{-\beta_j u} \mathrm{d}u}{\int_0^\infty \left(1 + \frac{u}{t} \right)^{\alpha_i - 1} \mathrm{e}^{-\beta_i u} \mathrm{d}u} > 1$$

$$\Leftrightarrow \int_0^\infty \left(\left(1+\frac{u}{t}\right)^{\alpha_i - 1} e^{-\beta_j u} - \left(1+\frac{u}{t}\right)^{\alpha_i - 1} e^{-\beta_i u} \right) du > 0$$

当 $\alpha_i < \alpha_j$，$\beta_i > \beta_j$ 时，$\lambda_i(t) > \lambda_j(t)$。

如果 $\alpha_i < \alpha_j$，$\beta_i > \beta_j$，那么 $I(\mathrm{BM})_i(t) > I(\mathrm{BM})_j(t)$，$I(\mathrm{IIM})_i(t) > I(\mathrm{IIM})_j(t)$。

推论 2-3　在串联系统中，当组件 i 的寿命分布满足形状参数为 α_i、尺度参数为 β_i 的韦布尔分布时，即 $\lambda_i(t) = \beta_i \alpha_i (\beta_i t)^{\alpha_i - 1}$。如果 $t > 1$，$\alpha_i > \alpha_j + 2 > 2$，$\beta_i > \beta_j > 1$，那么① $I(\mathrm{BM})_i(t) > I(\mathrm{BM})_j(t)$，② $I(\mathrm{IIM})_i(t) > I(\mathrm{IIM})_j(t)$。

证明　由定理 2-11 可得

$$\lambda_i(t) > \lambda_j(t) \Leftrightarrow \frac{\lambda_i(t)}{\lambda_j(t)} > 1 \Leftrightarrow \frac{\beta_i \alpha_i (\beta_i t)^{\alpha_i - 1}}{\beta_j \alpha_j (\beta_j t)^{\alpha_j - 1}} > 1$$

$$\Leftrightarrow \frac{\beta_i \alpha_i (\beta_i)^{\alpha_i - 1}}{\beta_j \alpha_j (\beta_j)^{\alpha_j - 1}} t^{\alpha_i - \alpha_j - 2} > 1 \Leftrightarrow \frac{\alpha_i}{\alpha_j} \frac{\beta_i^{\alpha_i - \alpha_j}}{(\beta_j / \beta_i)^{\alpha_j}} t^{\alpha_i - \alpha_j - 2} > 1$$

当 $t > 1$，$\alpha_i > \alpha_j + 2$ 时，$t^{\alpha_i - \alpha_j - 2} > 1$，$\frac{\alpha_i}{\alpha_j} > 1$；且当 $\beta_i > \beta_j > 1$，$\alpha_j + 2 > 2$ 时，

$\beta_i^{\alpha_i - \alpha_j} > 1$，$(\beta_j / \beta_i)^{\alpha_j} < 1$，则 $\dfrac{\beta_i^{\alpha_i - \alpha_j}}{(\beta_j / \beta_i)^{\alpha_j}} > 1$。当 $t > 1$，$\alpha_i > \alpha_j + 2 > 2$，$\beta_i > \beta_j > 1$ 时，

$\lambda_i(t) > \lambda_j(t)$。所以如果 $t > 1$，$\alpha_i > \alpha_j + 2 > 2$，$\beta_i > \beta_j > 1$，那么 $I(\mathrm{BM})_i(t) > I(\mathrm{BM})_j(t)$，$I(\mathrm{IIM})_i(t) > I(\mathrm{IIM})_j(t)$。

(2) 并联系统。

假设并联系统由 n 个组件构成，其结构函数为 $\Phi(X(t)) = \max\{X_1(t), X_2(t), \cdots, X_n(t)\}$。

定理 2-12　在并联系统中，①如果 $\lambda_j(t) > \lambda_i(t)$，那么 $I(\mathrm{BM})_i(t) > I(\mathrm{BM})_j(t)$；② 如果 $\lambda_j(t) > \lambda_i(t)$ 且 $\int_0^t (\lambda_j(u) - \lambda_i(u)) du > \ln \lambda_j(t) - \ln \lambda_i(t)$，那么 $I(\mathrm{IIM})_i(t) > I(\mathrm{IIM})_j(t)$。

证明　由并联系统的结构函数，可得并联系统可靠性函数为 $R(t) = 1 - \prod_{i=1}^n (1 - R_i(t)) = 1 - \prod_{i=1}^n \left(1 - \exp\left(-\int_0^t \lambda_i(u) du\right)\right)$。

①根据式 (2-15) 可得，$I(\mathrm{BM})_i(t) = \prod_{k=1, k \neq i}^n (1 - R_k(t)) = \prod_{k=1, k \neq i}^n \left(1 - \exp\left(-\int_0^t \lambda_k(u) du\right)\right)$，

所以

$$\frac{I(\mathrm{BM})_i(t)}{I(\mathrm{BM})_j(t)} = \frac{\prod\limits_{k=1,k\neq i}^{n}\left(1-\exp\left(-\int_0^t \lambda_k(u)\mathrm{d}u\right)\right)}{\prod\limits_{k=1,k\neq j}^{n}\left(1-\exp\left(-\int_0^t \lambda_k(u)\mathrm{d}u\right)\right)} = \frac{1-\exp\left(-\int_0^t \lambda_j(u)\mathrm{d}u\right)}{1-\exp\left(-\int_0^t \lambda_i(u)\mathrm{d}u\right)}$$

那么当 $I(\mathrm{BM})_i(t) > I(\mathrm{BM})_j(t)$ 时，可得

$$I(\mathrm{BM})_i(t) > I(\mathrm{BM})_j(t) \Leftrightarrow \frac{1-\exp\left(-\int_0^t \lambda_j(u)\mathrm{d}u\right)}{1-\exp\left(-\int_0^t \lambda_i(u)\mathrm{d}u\right)} > 1$$

$$\Leftrightarrow 1-\exp\left(-\int_0^t \lambda_j(u)\mathrm{d}u\right) > 1-\exp\left(-\int_0^t \lambda_i(u)\mathrm{d}u\right)$$

$$\Leftrightarrow \exp\left(-\int_0^t \lambda_i(u)\mathrm{d}u\right) > \exp\left(-\int_0^t \lambda_j(u)\mathrm{d}u\right)$$

$$\Leftrightarrow \frac{\exp\left(-\int_0^t \lambda_i(u)\mathrm{d}u\right)}{\exp\left(-\int_0^t \lambda_j(u)\mathrm{d}u\right)} > 1$$

$$\Leftrightarrow \exp\left(\int_0^t (\lambda_j(u)-\lambda_i(u))\mathrm{d}u\right) > 1 \Leftrightarrow \lambda_j > \lambda_i$$

② 根据式 (2-17) 可得

$$I(\mathrm{IIM})_i(t) = \lambda_i(t)\exp\left(-\int_0^t \lambda_i(u)\mathrm{d}u\right)\frac{\partial R(t)}{\partial R_i(t)}$$

$$= \lambda_i(t)\exp\left(-\int_0^t \lambda_i(u)\mathrm{d}u\right)\prod_{k=1,k\neq i}^{n}\left(1-\exp\left(-\int_0^t \lambda_k(u)\mathrm{d}u\right)\right)$$

所以

$$\frac{I(\mathrm{IIM})_i(t)}{I(\mathrm{IIM})_j(t)} = \frac{\lambda_i(t)\exp\left(-\int_0^t \lambda_i(u)\mathrm{d}u\right)\prod\limits_{k=1,k\neq i}^{n}\left(1-\exp\left(-\int_0^t \lambda_k(u)\mathrm{d}u\right)\right)}{\lambda_j(t)\exp\left(-\int_0^t \lambda_j(u)\mathrm{d}u\right)\prod\limits_{k=1,k\neq j}^{n}\left(1-\exp\left(-\int_0^t \lambda_k(u)\mathrm{d}u\right)\right)}$$

$$= \frac{\lambda_i(t)\exp\left(-\int_0^t \lambda_i(u)\mathrm{d}u\right)\left(1-\exp\left(-\int_0^t \lambda_j(u)\mathrm{d}u\right)\right)}{\lambda_j(t)\exp\left(-\int_0^t \lambda_j(u)\mathrm{d}u\right)\left(1-\exp\left(-\int_0^t \lambda_i(u)\mathrm{d}u\right)\right)}$$

那么当 $I(\mathrm{IIM})_i(t) > I(\mathrm{IIM})_j(t)$ 时，可得

$$I(\mathrm{IIM})_i(t) > I(\mathrm{IIM})_j(t) \Leftrightarrow \frac{I(\mathrm{IIM})_i(t)}{I(\mathrm{IIM})_j(t)} > 1$$

$$\Leftrightarrow \frac{\lambda_i(t)\exp\left(-\int_0^t \lambda_i(u)\mathrm{d}u\right)\left(1 - \exp\left(-\int_0^t \lambda_j(u)\mathrm{d}u\right)\right)}{\lambda_j(t)\exp\left(-\int_0^t \lambda_j(u)\mathrm{d}u\right)\left(1 - \exp\left(-\int_0^t \lambda_i(u)\mathrm{d}u\right)\right)} > 1$$

$$\Leftrightarrow \lambda_i(t)\exp\left(-\int_0^t \lambda_i(u)\mathrm{d}u\right) - \lambda_j(t)\exp\left(-\int_0^t \lambda_j(u)\mathrm{d}u\right) >$$

$$(\lambda_i(t) - \lambda_j(t))\exp\left(-\int_0^t \lambda_i(u)\mathrm{d}u\right)\exp\left(-\int_0^t \lambda_j(u)\mathrm{d}u\right)$$

当 $\lambda_j(t) > \lambda_i(t)$ 时，可得 $(\lambda_i(t) - \lambda_j(t))\exp\left(-\int_0^t \lambda_i(u)\mathrm{d}u\right)\exp\left(-\int_0^t \lambda_j(u)\mathrm{d}u\right) < 0$。

当 $\lambda_j(t) > \lambda_i(t)$，$\int_0^t (\lambda_j(u) - \lambda_i(u))\mathrm{d}u > \ln\lambda_j(t) - \ln\lambda_i(t)$ 时，可得

$$\int_0^t (\lambda_j(u) - \lambda_i(u))\mathrm{d}u > \ln\lambda_j(t) - \ln\lambda_i(t) \Leftrightarrow \int_0^t (\lambda_j(u) - \lambda_i(u))\mathrm{d}u > \ln\frac{\lambda_j(t)}{\lambda_i(t)}$$

$$\Leftrightarrow \exp\left(\int_0^t (\lambda_j(u) - \lambda_i(u))\mathrm{d}u\right) > \frac{\lambda_j(t)}{\lambda_i(t)}$$

$$\Leftrightarrow \frac{\lambda_i(t)\exp\left(-\int_0^t \lambda_i(u)\mathrm{d}u\right)}{\lambda_j(t)\exp\left(-\int_0^t \lambda_j(u)\mathrm{d}u\right)} > 1$$

$$\Leftrightarrow \lambda_i(t)\exp\left(-\int_0^t \lambda_i(u)\mathrm{d}u\right)$$

$$- \lambda_j(t)\exp\left(-\int_0^t \lambda_j(u)\mathrm{d}u\right) > 0$$

所以

$$\lambda_i(t)\exp\left(-\int_0^t \lambda_i(u)\mathrm{d}u\right) - \lambda_j(t)\exp\left(-\int_0^t \lambda_j(u)\mathrm{d}u\right)$$

$$> (\lambda_i(t) - \lambda_j(t))\exp\left(-\int_0^t \lambda_i(u)\mathrm{d}u\right)\exp\left(-\int_0^t \lambda_j(u)\mathrm{d}u\right) \Leftrightarrow I(\mathrm{IIM})_i(t) > I(\mathrm{IIM})_j(t)$$

综上所述，在并联系统中，如果 $\lambda_j > \lambda_i$，那么 $I(\mathrm{BM})_i(t) > I(\mathrm{BM})_j(t)$；如果 $\lambda_j(t) > \lambda_i(t)$ 且 $\int_0^t (\lambda_j(u) - \lambda_i(u))\mathrm{d}u > \ln\lambda_j(t) - \ln\lambda_i(t)$，那么 $I(\mathrm{BM})_i(t) > I(\mathrm{BM})_j(t)$。

由定理 2-12，当组件的寿命分布分别满足指数分布、伽玛分布、韦布尔分布时，可以得到以下推论。

推论 2-4　在并联系统中，当组件 i 的寿命分布满足参数为 λ_i 的指数分布时，即 $\lambda_i(t) = \lambda_i$。如果 $\lambda_j > \lambda_i$，那么 $I(\mathrm{BM})_i(t) > I(\mathrm{BM})_j(t)$。

证明　由定理 2-12 可得。

推论 2-5　在并联系统中，当组件 i 的寿命分布满足形状参数为 α_i、尺度参数为 β_i 的伽玛分布时，即 $\dfrac{1}{\lambda_i(t)} = \displaystyle\int_0^\infty \left(1 + \frac{u}{t}\right)^{\alpha_i - 1} \mathrm{e}^{-\beta_i u}\mathrm{d}u$。如果 $\alpha_i > \alpha_j$，$\beta_i < \beta_j$，那么 $I(\mathrm{BM})_i(t) > I(\mathrm{BM})_j(t)$。

证明　由定理 2-12 可得

$$\lambda_i(t) < \lambda_j(t) \Leftrightarrow \frac{\lambda_i(t)}{\lambda_j(t)} < 1 \Leftrightarrow \frac{\displaystyle\int_0^\infty \left(1 + \frac{u}{t}\right)^{\alpha_j - 1} \mathrm{e}^{-\beta_j u}\mathrm{d}u}{\displaystyle\int_0^\infty \left(1 + \frac{u}{t}\right)^{\alpha_i - 1} \mathrm{e}^{-\beta_i u}\mathrm{d}u} < 1$$

$$\Leftrightarrow \int_0^\infty \left(\left(1 + \frac{u}{t}\right)^{\alpha_j - 1} \mathrm{e}^{-\beta_j u} - \left(1 + \frac{u}{t}\right)^{\alpha_i - 1} \mathrm{e}^{-\beta_i u}\right)\mathrm{d}u < 0$$

当 $\alpha_i > \alpha_j$，$\beta_i < \beta_j$ 时，$\lambda_i(t) < \lambda_j(t)$。如果 $\alpha_i > \alpha_j$，$\beta_i < \beta_j$，那么 $I(\mathrm{BM})_i(t) > I(\mathrm{BM})_j(t)$。

推论 2-6　在并联系统中，当组件 i 的寿命分布满足形状参数为 α_i、尺度参数为 β_i 的韦布尔分布时，即 $\lambda_i(t) = \beta_i \alpha_i (\beta_i t)^{\alpha_i - 1}$。如果 $t > 1$，$0 < \alpha_i < \alpha_j$，$\beta_j > \beta_i > 1$，那么 $I(\mathrm{BM})_i(t) > I(\mathrm{BM})_j(t)$。

证明　由定理 2-12 可得

$$\lambda_i(t) < \lambda_j(t) \Leftrightarrow \frac{\lambda_i(t)}{\lambda_j(t)} < 1 \Leftrightarrow \frac{\beta_i \alpha_i (\beta_i t)^{\alpha_i - 1}}{\beta_j \alpha_j (\beta_j t)^{\alpha_j - 1}} < 1$$

$$\Leftrightarrow \frac{\beta_i \alpha_i (\beta_i)^{\alpha_i - 1}}{\beta_j \alpha_j (\beta_j)^{\alpha_j - 1}} t^{\alpha_i - \alpha_j - 2} < 1 \Leftrightarrow \frac{\alpha_i}{\alpha_j} \frac{\beta_i^{\alpha_i - \alpha_j}}{(\beta_j / \beta_i)^{\alpha_j}} t^{\alpha_i - \alpha_j - 2} < 1$$

当 $t > 1$，$0 < \alpha_i < \alpha_j$ 时，$t^{\alpha_i - \alpha_j - 2} < 1$，$\dfrac{\alpha_i}{\alpha_j} < 1$，且当 $\beta_j > \beta_i > 1$ 时，$\beta_i^{\alpha_i - \alpha_j} < 1$，$(\beta_j / \beta_i)^{\alpha_j} > 1$，则 $\dfrac{\beta_i^{\alpha_i - \alpha_j}}{(\beta_j / \beta_i)^{\alpha_j}} < 1$。当 $t > 1$，$0 < \alpha_i < \alpha_j$，$\beta_j > \beta_i > 1$ 时，$\lambda_i(t) < \lambda_j(t)$。所以如果 $t > 1$，$0 < \alpha_i < \alpha_j$，$\beta_j > \beta_i > 1$，那么 $I(\mathrm{BM})_i(t) > I(\mathrm{BM})_j(t)$。

2.4　供应链系统算例

供应链是由若干个相互作用、相互依赖的组成部分结合而成的一个具有特定功能的有机整体。如今,供应链不仅仅是完成将物料从上游运送到下游的工作,同时在物料的加工、包装、运输等过程中增加其价值,给相关企业带来了潜在收益。供应链是一条增值链,因为各种物料在供应链上的移动是一个不断增加其市场价值或附加价值的增值过程,并且使整个供应链运作流程达到最优,所以有效的管理就需要对供应链系统有足够的了解。

供应链作为一个功能型网链结构,研究其结构能更好地对供应链组成方式有所了解,也有助于改进供应链的管理方法。供应链结构模型的分类方法有很多,本书主要根据其节点企业的连接方式差异将其划分为链式供应链和网式供应链。

(1)链式供应链。

链式供应链结构是一种最基本的供应链结构,该结构是由节点企业按逻辑顺序连接而成。该结构的组成较为简单,供应商给制造商提供原材料,制造商完成产品加工后传递给分销商,分销商再运给零售商,最后由零售商销售给最终顾客。

链式供应链与简单电路串联模型相似,组成模式单一且成员对整条供应链有很大的影响,如图 2-12 所示。

图 2-12　链式供应链结构模型

(2)网式供应链。

现实中的供应链都是以复杂的网式供应链结构为主,现今经济环境竞争的加剧和供应链管理的完善,为了使供应链带来更好的经济效益并使其更加可靠,现实中的供应链系统基本与电路混联系统相似。最常见的网式供应链结构如图 2-13 所示。

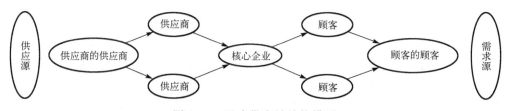

图 2-13　网式供应链结构模型

图 2-13 是一个简化的网式供应链,而实际情况下存在的供应链的结构方式多种多样,成员数量多且组成也更为复杂。可以看出,供应链完成了物流、信息流、资金流等从供应源向需求源的流动,在这个多级结构中,供应商的物料来源由其供应商从供应源获得,然后其处理后交由核心企业生产,核心企业将产成品销售给其顾客,顾客又传递给下一级顾客,最后到达需求源。

网式供应链结构组成复杂且其成员对整条供应链的影响程度较小，其稳定性在同等情况下要比链式供应链好得多，能够有效减少不确定性因素带来的风险。

由于现实中的供应链基本属于比较复杂的混联系统，所以为了方便本书后续的讨论和计算，将用模型描述简化供应链系统。简化后的供应链系统主要有 m 个供应商来为系统提供原材料，紧接着后面由 n 个制造商负责产生最终产品通过 p 个分销商传递给 q 个零售商直至最终有需求的顾客。

一个由 $m+n+p+q$ 个单元组成的四级混联结构的简化模型如图 2-14 所示。该通用模型能较好地代表大多数的供应链系统，无论多复杂的供应链结构，最终都可以通过模块分解为简单串并联模块。本节之后对供应链可靠性和成员重要度的计算就需要以模块分解为基础。

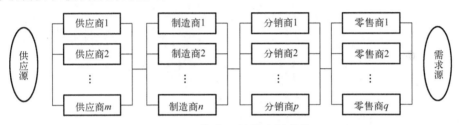

图 2-14　简化后的供应链结构

在简化后的供应链可靠性网络模型里，可以将简化的供应链可靠性模型拆分为各个子模块，分别计算各子模块的可靠性，得出供应链系统可靠性。

$$R_S(t) = \left[1 - \prod_{k=1}^{m}(1-R_{1k})\right] \cdot \left[1 - \prod_{k=1}^{n}(1-R_{2k})\right] \cdot \left[1 - \prod_{k=1}^{p}(1-R_{3k})\right] \cdot \left[1 - \prod_{k=1}^{q}(1-R_{4k})\right]$$

各成员的 Birnbaum 重要度分别为

$$I_1^{\mathrm{BM}}(t) = \frac{\partial R_S(t)}{\partial R_{1i}(t)} = \left[\prod_{k=1,k\neq i}^{m}(1-R_{1k})\right] \cdot \left[1 - \prod_{k=1}^{n}(1-R_{2k})\right] \cdot \left[1 - \prod_{k=1}^{p}(1-R_{3k})\right] \cdot \left[1 - \prod_{k=1}^{q}(1-R_{4k})\right]$$

$$I_2^{\mathrm{BM}}(t) = \frac{\partial R_S(t)}{\partial R_{2i}(t)} = \left[\prod_{k=1}^{m}(1-R_{1k})\right] \cdot \left[1 - \prod_{k=1,k\neq i}^{n}(1-R_{2k})\right] \cdot \left[1 - \prod_{k=1}^{p}(1-R_{3k})\right] \cdot \left[1 - \prod_{k=1}^{q}(1-R_{4k})\right]$$

$$I_3^{\mathrm{BM}}(t) = \frac{\partial R_S(t)}{\partial R_{3i}(t)} = \left[\prod_{k=1}^{m}(1-R_{1k})\right] \cdot \left[1 - \prod_{k=1}^{n}(1-R_{2k})\right] \cdot \left[1 - \prod_{k=1,k\neq i}^{p}(1-R_{3k})\right] \cdot \left[1 - \prod_{k=1}^{q}(1-R_{4k})\right]$$

$$I_4^{\mathrm{BM}}(t) = \frac{\partial R_S(t)}{\partial R_{4i}(t)} = \left[\prod_{k=1}^{m}(1-R_{1k})\right] \cdot \left[1 - \prod_{k=1}^{n}(1-R_{2k})\right] \cdot \left[1 - \prod_{k=1}^{p}(1-R_{3k})\right] \cdot \left[1 - \prod_{k=1,k\neq i}^{q}(1-R_{4k})\right]$$

由于综合重要度 IIM 与 Birnbaum 重要度存在如下关系

$$I_i^{\text{IIM}}(t) = -\frac{\mathrm{d}R_i(t)}{\mathrm{d}t} \cdot \frac{\partial R_S(t)}{\partial R_i(t)}, \quad \frac{\mathrm{d}R_i(t)}{\mathrm{d}t} = \frac{\mathrm{d}e^{-\lambda_i t}}{\mathrm{d}t} = -\lambda_i e^{-\lambda_i t}$$

因此供应链各成员的综合重要度 IIM 分别为

$$I_1^{\text{IIM}}(t) = -\lambda_{1i} e^{-\lambda_{1i} t} \cdot \left[\prod_{k=1, k \neq i}^{m} (1 - R_{1k}) \right] \cdot \left[1 - \prod_{k=1}^{n} (1 - R_{2k}) \right]$$
$$\cdot \left[1 - \prod_{k=1}^{p} (1 - R_{3k}) \right] \cdot \left[1 - \prod_{k=1}^{q} (1 - R_{4k}) \right]$$

$$I_2^{\text{IIM}}(t) = -\lambda_{2i} e^{-\lambda_{2i} t} \cdot \left[\prod_{k=1}^{m} (1 - R_{1k}) \right] \cdot \left[1 - \prod_{k=1, k \neq i}^{n} (1 - R_{2k}) \right]$$
$$\cdot \left[1 - \prod_{k=1}^{p} (1 - R_{3k}) \right] \cdot \left[1 - \prod_{k=1}^{q} (1 - R_{4k}) \right]$$

$$I_3^{\text{IIM}}(t) = -\lambda_{3i} e^{-\lambda_{3i} t} \cdot \left[\prod_{k=1}^{m} (1 - R_{1k}) \right] \cdot \left[1 - \prod_{k=1}^{n} (1 - R_{2k}) \right]$$
$$\cdot \left[1 - \prod_{k=1, k \neq i}^{p} (1 - R_{3k}) \right] \cdot \left[1 - \prod_{k=1}^{q} (1 - R_{4k}) \right]$$

$$I_4^{\text{IIM}}(t) = -\lambda_{4i} e^{-\lambda_{4i} t} \cdot \left[\prod_{k=1}^{m} (1 - R_{1k}) \right] \cdot \left[1 - \prod_{k=1}^{n} (1 - R_{2k}) \right]$$
$$\cdot \left[1 - \prod_{k=1}^{p} (1 - R_{3k}) \right] \cdot \left[1 - \prod_{k=1, k \neq i}^{q} (1 - R_{4k}) \right]$$

到这里便得到了供应链通用模型中各成员的 Birnbaum 重要度和综合重要度 IIM 计算方法，然后可以在算例中进行验证和分析。

本书的算例模型以简化的供应链四级结构为基础，简化后的供应链系统主要有两个供应商来为系统提供原材料，后面由一个制造商、两个分销商、三个零售商负责产生最终产品并传递给最终有需求的顾客。

简化后的供应链模型如图 2-15 所示。

可以看出，该简化模型是一个由八个单元组成的四级结构，是一个混联结构，第一级和第三级均为两个单元的并联模块，第二级是一个单独的单元，第四级是由三个单元组成的并联模块。转化成可靠性模型如图 2-16 所示，各成员的可靠性为 $R_i(t)$。

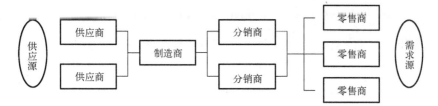

图 2-15　简化后的供应链结构

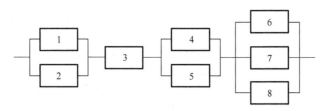

图 2-16　混联供应链可靠性模型

由可靠性模型得到系统的可靠性为

$$R_S(t) = R_3 \cdot [1-(1-R_1) \cdot (1-R_2)] \cdot [1-(1-R_4) \cdot (1-R_5)] \cdot [1-(1-R_6) \cdot (1-R_7) \cdot (1-R_8)]$$

考虑到系统中存在并联的情况，且假设同种成员无差别，所以下面仅计算供应商、制造商、分销商和零售商四种成员的重要度。

根据模型，供应链成员 1、3、4、6 的 Birnbaum 重要度分别为

$$I_1^{BM}(t) = \frac{\partial R_S(t)}{\partial R_1(t)} = (R_3 - R_2 R_3) \cdot (R_4 + R_5 - R_4 R_5)$$
$$\cdot (R_6 + R_7 + R_8 - R_6 R_7 - R_6 R_8 - R_7 R_8 + R_6 R_7 R_8)$$

$$I_3^{BM}(t) = \frac{\partial R_S(t)}{\partial R_3(t)} = (R_1 + R_2 - R_1 R_2) \cdot (R_4 + R_5 - R_4 R_5)$$
$$\cdot (R_6 + R_7 + R_8 - R_6 R_7 - R_6 R_8 - R_7 R_8 + R_6 R_7 R_8)$$

$$I_4^{BM}(t) = \frac{\partial R_S(t)}{\partial R_4(t)} = (R_3 - R_3 R_5) \cdot (R_1 + R_2 - R_1 R_2)$$
$$\cdot (R_6 + R_7 + R_8 - R_6 R_7 - R_6 R_8 - R_7 R_8 + R_6 R_7 R_8)$$

$$I_6^{BM}(t) = \frac{\partial R_S(t)}{\partial R_6(t)} = R_3 \cdot (R_1 + R_2 - R_1 R_2) \cdot (R_4 + R_5 - R_4 R_5) \cdot (1 - R_7 - R_8 + R_7 R_8)$$

供应链成员 1 的综合重要度为

$$I_1^{IIM}(t) = \lambda_1 e^{-\lambda_1 t} \cdot (R_3 - R_2 R_3) \cdot (R_4 + R_5 - R_4 R_5)$$

$$\cdot (R_6 + R_7 + R_8 - R_6R_7 - R_6R_8 - R_7R_8 + R_6R_7R_8)$$

同理，其他供应链成员的综合重要度都可以一一列出，这里不再赘述。

在算例模型中，假设时间 T=10 月，供应商、制造商、分销商、零售商的缺货率分别为 0.2、0.15、0.1、0.05，将数据代入对应的重要度计算公式，分别计算 Birnbaum 重要度和综合重要度，并对各成员的重要度进行排序，如表 2-2 所示。

表 2-2　混联供应链系统成员重要度对比

供应链成员	缺货率	Birnbaum 重要度	排序	综合重要度	排序
供应商	0.2	0.1088	2	0.0029	2
制造商	0.15	0.1423	1	0.0048	1
分销商	0.1	0.0334	3	0.0012	3
零售商	0.05	0.0052	4	0.0002	4

从两种重要度的计算结果可以看出对供应链系统影响最大的是制造商，可能是因为其处于系统中的串联位置，同时考虑到各成员缺货率对其重要度的影响，为了使结果更有说服力，另假设各成员的缺货率相同（$\lambda_i = 0.1$），同样地将数据代入计算，结果如表 2-3 所示。

表 2-3　混联供应链系统成员重要度对比

供应链成员	缺货率	Birnbaum 重要度	排序	综合重要度	排序
供应商	0.1	0.1044	2	0.0038	2
制造商	0.1	0.2695	1	0.0099	1
分销商	0.1	0.1044	2	0.0038	2
零售商	0.1	0.0530	3	0.0019	3

可以明显看出，当成员缺货率相同时，串联位置的成员重要度较大，并联模块中成员越多则其重要度越小，符合实际情况。通过 Birnbaum 重要度和综合重要度两种计算方式得到的结果可知，要识别供应链薄弱环节不仅要考虑成员在供应链中的位置，还需考虑成员的缺货率，并且供应链某环节的成员越少，该环节的成员重要度越大（即成员位置对其重要度影响较大）。

为了更好地分析成员缺货率和时间对 Birnbaum 重要度和综合重要度的动态影响，首先研究缺货率变化对供应链成员重要度的影响，以供应商为例，分析当供应商缺货率在[0, 0.5]区间变化时，各成员 Birnbaum 重要度和综合重要度的变化（制造商、分销商、零售商的缺货率保持不变）。

可以得到各成员 Birnbaum 重要度随供应商缺货率变化如图 2-17 所示，各成员综合重要度 IIM 随供应商缺货率变化如图 2-18 所示。

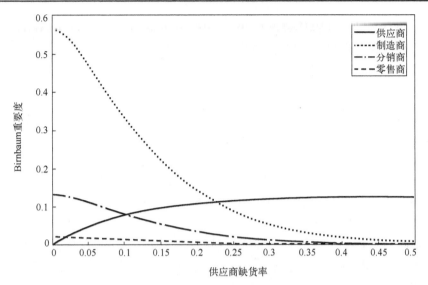

图 2-17　各成员 Birnbaum 重要度随供应商缺货率变化图

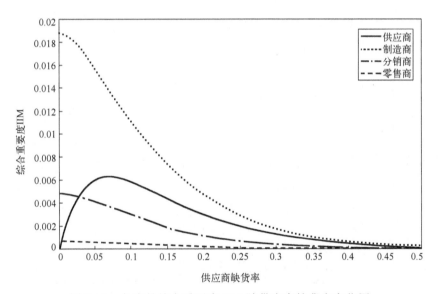

图 2-18　各成员综合重要度 IIM 随供应商缺货率变化图

从图 2-17 中可以看出，当供应商缺货率变化时，随着供应商缺货率的增加，显然供应商的 Birnbaum 重要度也相应地增加，到最后趋于稳定，相应的供应链其他成员在系统中的 Birnbaum 重要度逐渐降低至趋于 0。在整个供应商缺货率变化过程中，制造商始终比分销商重要，而分销商始终比零售商重要。

随着供应商缺货率的变化，供应商在供应链系统中的 Birnbaum 重要度变化很明显，当 $\lambda = 0.1$ 时，供应商和分销商具有相同的 Birnbaum 重要度，因为此时两者缺货率相同且都处于相似的并联模块；当 $\lambda > 0.25$ 时，供应商的 Birnbaum 重要度超过制造商成为供应链中最重要的角色。

从图 2-18 中可以看出，当供应商缺货率变化时，供应链其他成员综合重要度变化趋势与其对应的 Birnbaum 重要度基本相同，而供应商随着其缺货率的增加，它在供应链系统中的综合重要度先快速增加达到峰值后就开始缓慢下降，最终供应链所有成员的综合重要度都趋向于 0。

当 $\lambda > 0.05$ 时，在整个供应商缺货率变化过程中制造商始终比供应商重要，供应商始终比分销商重要，而分销商始终比零售商重要。对比 Birnbaum 重要度，可以发现考虑成员状态分布概率和状态转移率的综合重要度 IIM 能更好地分析成员缺货率对系统性能的影响。

在分析完缺货率 λ 变化对供应链成员重要度的影响后，再分析时间 T 变化对供应链成员重要度的影响，考虑实际情况，分析当供应链运行时间为两年，即 T 在 [0, 24] 区间内，各成员 Birnbaum 重要度和综合重要度 IIM 的变化（假设各成员缺货率均为 0.1）。

同样得到供应链各成员 Birnbaum 重要度随供应链运行时间变化如图 2-19 所示，各成员综合重要度 IIM 随时间变化如图 2-20 所示。

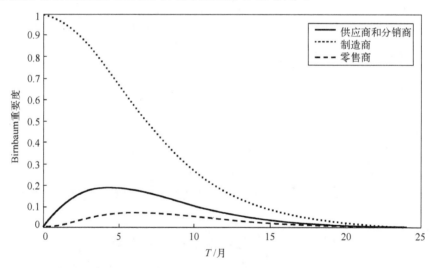

图 2-19　各成员 Birnbaum 重要度随时间变化图

从图 2-19 中可以看出，由于供应商和分销商在模型中的位置相似，并且均为两个单元的并联模块，所以在缺货率相同的情况下两者的 Birnbaum 重要度随时间变化图重合。在供应商、制造商、分销商、零售商的缺货率相同的情况下，两年时间内，供应商、分销商和零售商在前五个月内的 Birnbaum 重要度处于逐渐上升的状态，在第五个月达到峰值；而制造商两年内的 Birnbaum 重要度一直处于不断下降的状态，直至最终降低为零。

在整个周期内，Birnbaum 重要度的排序一直是制造商、供应商和分销商、零售商，这说明了时间的变化并不影响供应链成员 Birnbaum 重要度的相对大小，制造商一直处于最重要的位置。

从图 2-20 中可以明显看出，供应链各成员综合重要度 IIM 随时间变化趋势与 Birnbaum 重要度随时间变化图在整个结构与相对位置上大体相似，由于综合重要度考虑了动态影响，相应的成员会比 Birnbaum 重要度更快达到峰值（如供应商和分销商），也更快地趋于 0。通过两种重要度的验证使本书模型更具有可信性，同时也可以发现综合重要度比 Birnbaum 重要度更可靠些。

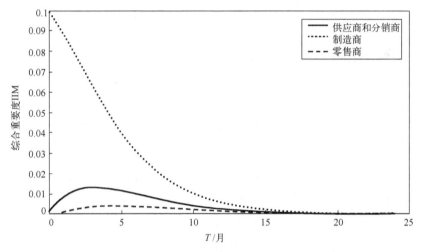

图 2-20　各成员综合重要度随时间变化图

此外，本书中简化模型中制造商只有一个，考虑到其特殊性，由 Birnbaum 重要度计算公式可以发现，在制造商缺货率发生变化时（其他成员缺货率均为 0.1，$T=10$），随着时间的改变，制造商的 Birnbaum 重要度在整个过程中一直保持不变（为 0.2695）。此时仅 Birnbaum 重要度来比较各成员重要程度存在一定局限性，所以综合重要度的优势就体现出来了，利用 MATLAB 得到各成员综合重要度随制造商缺货率变化如图 2-21 所示。

从图 2-21 中可以发现，当制造商缺货率发生变化时，制造商本身的综合重要度 IIM 的变化非常明显，不像其 Birnbaum 重要度一直保持不变。随着制造商缺货率的增大，制造商的综合重要度先快速增加，达到顶峰后再缓慢降低，当制造商缺货率为 0.1 时，制造商的 IIM 最大，在这之后虽然综合重要都有所下降但一直高于供应商、分销商和零售商的综合重要度。另外在整个过程中，供应商和分销商的综合重要度一直相同且始终高于零售商的综合重要度，这是因为成员缺货率相同时，其综合重要度受同类成员数量影响，同类成员数量越多则说明当某一成员不能满足供应链服务需求时，其他成员可以减小其带来的影响，所以相应地其综合重要度也会较小。

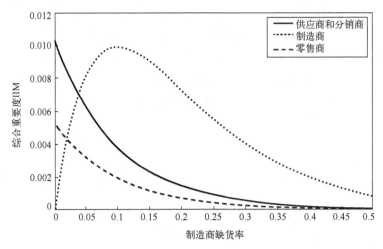

图 2-21　各成员综合重要度随制造商缺货率变化图

　　通过算例的分析可以发现，利用重要度理论能够较好地对供应链物流系统成员的重要性有所了解。同时结合 Birnbaum 重要度和综合重要度的结果，静态和动态分析了成员重要度的变化，有助于管理人员及时发现供应链物流系统中的关键环节并采取合理有效的措施，提高整个系统的可靠性和运作效率。

2.5　本章小结

　　本章基于系统可靠性分别给出了二态和多态系统的综合重要度的定义、物理意义及其性质，并利用算例分析验证了该重要度的正确性。本章主要内容已由作者发表于文献[62]～文献[64]。

第 3 章　基于系统性能的综合重要度

综合重要度评估了组件状态分布概率、状态转移率及其对系统性能的影响程度，其主要用来描述单位时间内组件状态转移对系统性能的影响。

3.1　劣化过程组件状态综合重要度

3.1.1　综合重要度

因为 a_j 表示对应系统状态 j 的系统性能，并且系统性能从完全失效状态到完好工作状态依次递增，所以 $a_0 \leqslant a_1 \leqslant \cdots \leqslant a_M$。因为 a_0 表示系统处于完全失效状态的性能，所以 $a_0 = 0$。那么系统的性能可以表示为[29]

$$U = \sum_{j=1}^{M} a_j \Pr(\Phi(X) = j) = \sum_{j=1}^{M} a_j \Pr(\Phi(x_1, x_2, \cdots, x_n) = j) \tag{3-1}$$

劣化过程中，组件相邻状态转移过程如图 3-1 所示。基于此，文献[29]提出了 Griffith 重要度为

$$I_m^G(i) = \sum_{j=1}^{M} (a_j - a_{j-1})[\Pr(\Phi(m_i, X) \geqslant j) - \Pr(\Phi((m-1)_i, X) \geqslant j)] \tag{3-2}$$

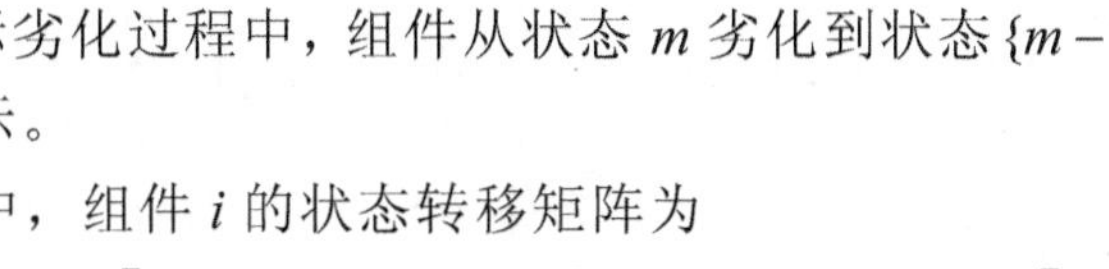

图 3-1　劣化过程组件 i 相邻状态转移图

其中，$I_m^G(i)$ 表示了当组件从状态 m 到状态 $m-1$ 劣化时，系统性能的变化。

然而，在实际劣化过程中，组件从状态 m 劣化到状态 $\{m-1, m-2, \cdots, 0\}$ 更为常见，如图 3-2 所示。

在劣化过程中，组件 i 的状态转移矩阵为

$$\Psi = \begin{bmatrix} \lambda_{M_i, M_i-1}^i & \lambda_{M_i, M_i-2}^i & \cdots & \lambda_{M_i, 1}^i & \lambda_{M_i, 0}^i \\ 0 & \lambda_{M_i-1, M_i-2}^i & \cdots & \lambda_{M_i-1, 1}^i & \lambda_{M_i-1, 0}^i \\ \vdots & \vdots & & \vdots & \vdots \\ 0 & 0 & \cdots & 0 & \lambda_{1, 0}^i \end{bmatrix} \tag{3-3}$$

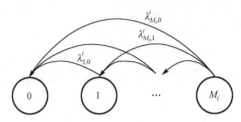

图 3-2　劣化过程组件 i 所有状态转移图

文献[36]提出了 Wu 重要度为

$$I_m^{\mathrm{Wu}}(i) = P_{im} \sum_{j=0}^{M} a_j \Pr(\Phi(m_i, X) = j) \tag{3-4}$$

其中，$I_m^{\mathrm{Wu}}(i)$ 表示了组件 i 的状态 m 对系统性能的贡献，$U = \sum_{m=0}^{M_i} I_m^{\mathrm{Wu}}(i)$。

文献[65]提出了 Natvig 重要度为

$$I_N(i) = \frac{E(Z_i)}{\sum_{j=1}^{n} E(Z_j)} \tag{3-5}$$

其中，E 表示期望，Z_i 表示由于对组件 i 的小修导致的系统寿命的增加，$I_N(i)$ 表示组件 i 对系统寿命的影响程度。

基于文献[29]的定理 4-1 和定理 4-2，有

$$U = \sum_{j=1}^{M} (a_j - a_{j-1}) \Pr[\Phi(0_i, X) \geqslant j] + I^G(i) \cdot \rho_i^{\mathrm{T}}, \quad \rho_i = (\rho_{i1}, \rho_{i2}, \cdots, \rho_{iM_i}) \tag{3-6}$$

其中，$I^G(i) = (I_1^G(i), I_2^G(i), \cdots, I_{M_i}^G(i)) = \left(\dfrac{\partial U}{\partial \rho_{i1}}, \dfrac{\partial U}{\partial \rho_{i2}}, \ldots, \dfrac{\partial U}{\partial \rho_{iM_i}} \right)$，所以 $I_m^G(i) = \dfrac{\partial U}{\partial \rho_{im}}$，则 $I_m^G(i)$ 能用来衡量 ρ_{im} 的变化对系统性能的影响程度。

x_i 的分布能用 $(P_{i1}, P_{i2}, \cdots, P_{iM_i})$ 来描述，其中，$P_{i0} = 1 - \sum_{j=1}^{M_i} P_{ij}$，所以

$$\begin{aligned} \frac{\partial U}{\partial P_{im}} &= \frac{\partial I^G(i) \cdot \rho_i^{\mathrm{T}}}{\partial P_{im}} = \sum_{k=1}^{m} I_k^G(i), \quad i > 0 \\ &= \sum_{k=1}^{m} \sum_{j=1}^{M} (a_j - a_{j-1}) [\Pr(\Phi(k_i, X) \geqslant j) - \Pr(\Phi((k-1)_i, X) \geqslant j)] \end{aligned}$$

$$= \sum_{j=1}^{M}(a_j - a_{j-1})\sum_{k=1}^{m}[\Pr(\varPhi(k_i,X) \geqslant j) - \Pr(\varPhi((k-1)_i,X) \geqslant j)]$$

$$= \sum_{j=1}^{M}(a_j - a_{j-1})[\Pr(\varPhi(m_i,X) \geqslant j) - \Pr(\varPhi(0_i,X) \geqslant j)] \tag{3-7}$$

$$= \sum_{j=1}^{M}a_j[\Pr(\varPhi(m_i,X) = j) - \Pr(\varPhi(0_i,X) = j)]$$

从式 (3-7) 可知，$I_m^G(i)$ 没有考虑组件的状态概率分布和状态转移率。因为组件的状态概率分布和状态转移率表述了组件状态的基本特性，所以将其引入综合重要度中来描述单位时间内，由于组件的劣化导致的系统性能的期望损失为

$$I_m^{\mathrm{IIM}}(i) = P_{im} \cdot \lambda_{m,0}^i \sum_{j=1}^{M}(a_j - a_{j-1})[\Pr(\varPhi(m_i,X) \geqslant j) - \Pr(\varPhi(0_i,X) \geqslant j)]$$

$$= P_{im} \cdot \lambda_{m,0}^i \sum_{j=1}^{M}a_j[\Pr(\varPhi(m_i,X) = j) - \Pr(\varPhi(0_i,X) = j)] \tag{3-8}$$

其中，$E(L_m^i)$ 表示当组件 i 从状态 m 劣化到状态 0 时，单位时间内系统性能的期望损失，$E(N_m^i)$ 表示单位时间内组件 i 从状态 m 劣化到状态 0 的期望次数，$E(C_m^i)$ 表示当组件 i 从状态 m 劣化到状态 0 时，系统性能的损失。所以 $E(L_m^i) = E(N_m^i) \cdot E(C_m^i)$。

定理 3-1　$I_m^{\mathrm{IIM}}(i) = E(L_m^i)$。

证明　基于式 (3-8)，$\sum_{j=1}^{M}(a_j - a_{j-1})[\Pr(\varPhi(m_i,X) \geqslant j) - \Pr(\varPhi(0_i,X) \geqslant j)]$ 表示了当组件 i 从状态 m 劣化到状态 0 时，系统性能的损失，所以

$$E(C_m^i) = P_{im}\sum_{j=1}^{M}(a_j - a_{j-1})[\Pr(\varPhi(m_i,X) \geqslant j) - \Pr(\varPhi(0_i,X) \geqslant j)]$$

因为 $E(N_m^i) = \lambda_{m,0}^i$，所以

$$E(L_m^i) = E(N_m^i) \cdot E(C_m^i) = \lambda_{m,0}^i P_{im}\sum_{j=1}^{M}(a_j - a_{j-1})$$

$$[\Pr(\varPhi(m_i,X) \geqslant j) - \Pr(\varPhi(0_i,X) \geqslant j)] = I_m^{\mathrm{IIM}}(i)$$

证毕。

根据定理 3-1，$I_m^{\mathrm{IIM}}(i)$ 表示了当组件 i 从状态 m 劣化到状态 0 时，单位时间内

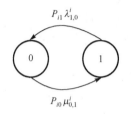

图 3-3　组件 i 的状态转移图

系统性能的期望损失。根据所有组件状态综合重要度的排序,综合重要度能衡量哪个组件状态对系统性能影响是最重要的。

当 $M_i = 1$ 时,组件 i 的状态转移如图 3-3 所示。

在图 3-3 中,$\mu_{0,1}^i$ 表示组件 i 的维修率。如果组件的寿命和维修时间满足指数分布,那么该过程具有马尔可夫特性[60, 61]。所以组件 i 的稳态概率分布为

$$P_{i1}\lambda_{1,0}^i - P_{i0}\mu_{0,1}^i = 0 \tag{3-9}$$

所以

$$U = \sum_{j=1}^{M} a_j \Pr(\Phi(X) = j) = a_1 \Pr(\Phi(X) = 1) \tag{3-10}$$

$$\begin{aligned}
I_1^G(i) &= (a_1 - a_0)[\Pr(\Phi(1_i, X) = 1) - \Pr(\Phi(0_i, X) = 1)] \\
&= a\partial_1[\Pr(\Phi(1_i, X) = 1) - \Pr(\Phi(0_i, X) = 1)]
\end{aligned} \tag{3-11}$$

$$\begin{aligned}
I_1^{\text{IIM}}(i) &= (a_1 - a_0)P_{i1} \cdot \lambda_{1,0}^i[\Pr(\Phi(1_i, X) = 1) - \Pr(\Phi(0_i, X) = 1)] \\
&= a_1 P_{i0} \cdot \mu_{0,1}^i \cdot [\Pr(\Phi(1_i, X) = 1) - \Pr(\Phi(0_i, X) = 1)] \\
&= a_1 \mu_{0,1}^i[\Pr(\Phi(1_i, X) = 1) - P_{i1}\Pr(\Phi(1_i, X) = 1) - P_{i0}\Pr(\Phi(0_i, X) = 1)] \\
&= a_1 \mu_{0,1}^i[\Pr(\Phi(1_i, X) = 1) - \Pr(\Phi(X) = 1)] \\
&= \mu_{0,1}^i[a_1 \Pr(\Phi(1_i, X) = 1) - a_1 \Pr(\Phi(X) = 1)] \\
&= \mu_{0,1}^i[a_1 \Pr(\Phi(1_i, X) = 1) - U]
\end{aligned} \tag{3-12}$$

式(3-11)的后半部分是组件 i 的 Birnbaum 重要度,所以 Griffith 重要度是 Birnbaum 重要度的扩展。从式(3-12)可知,$I_1^{\text{IIM}}(i)$ 表示当维修组件 i 时,系统性能的改善。如果 $\mu_{0,1}^i = 1$,那么 $I_1^{\text{IIM}}(i) = a_1 \cdot \Pr(\Phi(1_i, X) = 1) - U$。

3.1.2　综合重要度与典型重要度之间的关系

文献[36]给出了 $I_m^G(i)$ 和 $I_m^{\text{Wu}}(i)$ 的关系:$I_m^G(i) = \dfrac{\partial I_m^{\text{Wu}}(i)}{\partial P_{im}} - \dfrac{\partial I_{m-1}^{\text{Wu}}(i)}{\partial P_{i(m-1)}}$。

基于式(3-2)、式(3-7)和式(3-8),有

$$I_m^{\text{IIM}}(i) = P_{im} \cdot \lambda_{m,0}^i \sum_{k=1}^{m} I_k^G(i) \tag{3-13}$$

基于式 (3 6) 和式 (3-8)，有

$$I_m^{\text{IIM}}(i) = \lambda_{m,0}^i I_m^{\text{Wu}}(i) - P_{im} \cdot \lambda_{m,0}^i \sum_{j=1}^{M} a_j \Pr(\varPhi(0_i, X) = j)$$

$$= \lambda_{m,0}^i \left[I_m^{\text{Wu}}(i) - P_{im} \cdot \sum_{j=1}^{M} a_j \Pr(\varPhi(0_i, X) = j) \right] \tag{3-14}$$

另外，从式 (3-2)、式 (3-4) 和式 (3-8) 可知，$I_m^G(i)$ 表示了当组件 i 从状态 m 劣化到状态 $m-1$ 时，系统性能的变化；$I_m^{\text{IIM}}(i)$ 表示了当组件 i 从状态 m 劣化到状态 0 时，单位时间内系统性能的期望损失；$I_m^{\text{Wu}}(i)$ 表示了组件 i 的状态 m 对系统性能的贡献。$I_m^{\text{IIM}}(i)$ 和 $I_m^G(i)$ 是系统性能的动态指标，$I_m^{\text{Wu}}(i)$ 是系统性能的静态指标。

参考文献 [66] 给出了 $E(Z_i) = \int_0^{+\infty} I_B^i(t) R_i(t)(-\ln R_i(t)) \mathrm{d}t$，$I_B^i(t)$ 是在 t 时刻，组件 i 的 Birnbaum 重要度。$R_i(t)$ 是在 t 时刻，组件 i 的可用度。所以式 (3-5) 能被转化为

$$I_N(i) = \frac{\int_0^{+\infty} I_B^i(t) R_i(t)(-\ln R_i(t)) \mathrm{d}t}{\sum_{j=1}^n \int_0^{+\infty} I_B^j(t) R_j(t)(-\ln R_j(t)) \mathrm{d}t} = \frac{[I_B^i / (\text{ML}_i + \text{MR}_i)] \int_0^{+\infty} R_i(t)(-\ln R_i(t)) \mathrm{d}t}{\sum_{j=1}^n [I_B^j / (\text{ML}_j + \text{MR}_j)] \int_0^{+\infty} R_j(t)(-\ln R_j(t)) \mathrm{d}t}$$

$$\tag{3-15}$$

其中，ML_i 表示了组件 i 的平均失效时间，MR_i 表示了组件 i 的平均维修时间，$I_B^i = \lim_{t \to +\infty} I_B^i(t)$。

在二态系统中，有

$$I_1^{\text{IIM}}(i) = a_1 P_{i1} \cdot \lambda_{1,0}^i [\Pr(\varPhi(1_i, X) = 1) - \Pr(\varPhi(0_i, X) = 1)] = a_1 P_{i1} \cdot \lambda_{1,0}^i \cdot I_B^i(t)$$

如果 $a_1 = 1$，那么

$$I_1^{\text{IIM}}(i) = P_{i1} \cdot \lambda_{1,0}^i \cdot I_B^i(t) \tag{3-16}$$

从式 (3-15) 和式 (3-16) 可知，$I_N(i)$ 和 $I_1^{\text{IIM}}(i)$ 是 Birnbaum 重要度的扩展。$I_1^{\text{IIM}}(i)$ 关于寿命是动态的，$I_N(i)$ 是静态的。

3.1.3　组件状态综合重要度的评估

利用生成函数 (Universal Generating Function, UGF)[67] 来评估综合重要度。给出组件 i 的状态分布概率和失效率 $\lambda_{m,0}^i$，可以得到组件 i 的生成函数

$$u_i(z) = \sum_{k=0}^{M_i} P_{ik} z^k \tag{3-17}$$

通过组件 i 和组件 j 的合成运算，可以得到

$$u_i(z) \underset{\text{structure}}{\otimes} u_j(z) = \sum_{k=0}^{M_i} P_{ik} z^k \underset{\text{structure}}{\otimes} \sum_{h=0}^{M_j} P_{jh} z^h = \sum_{k=0}^{M_i} \sum_{h=0}^{M_j} P_{ik} P_{jh} z^{\text{structure}(k,h)} \tag{3-18}$$

图 3-4　一个简单的系统

其中，函数 $\text{structure}(\cdot, \cdot)$ 表示组件 i 和组件 j 组成的结构函数。

因为 $\Phi(m_i, X) = j$ 和 $\Phi(0_i, X) = j$ 是系统的结构函数，所以通过式 (3-17) 和式 (3-18)，可以得到它们的生成函数。然后基于式 (3-8)，可以得到组件 i 的综合重要度。

图 3-4 中的例子阐述了如何利用生成函数来计算综合重要度。

在图 3-4 中，组件 1 和 2 的状态空间是 $\{0, 1\}$，组件 3 的状态空间是 $\{0, 1, 2\}$。系统的结构函数为 $\Phi(X) = \Phi(x_1, x_2, x_3) = \min\{x_1 + x_2, x_3\}$。

组件 i 的生成函数为

$$u_1(z) = P_{10} z^0 + P_{11} z^1, \ u_2(z) = P_{20} z^0 + P_{21} z^1, \ u_3(z) = P_{30} z^0 + P_{31} z^1 + P_{32} z^2$$

利用合成运算 $\Phi_{1,2} = x_1 + x_2$ 和 $\Phi_S = \min\{\Phi_{1,2}, x_3\}$，可以得到整个系统的生成函数

$$U(z) = \Phi_S(\Phi_{1,2}(u_1(z), u_2(z)), u_3(z))$$

因为组件 1 和 2 组成了并联部分，所以合成运算 $\Phi_{1,2}$ 为

$$\Phi_{1,2}(u_1(z), u_2(z)) = \Phi_{1,2}(P_{10} z^0 + P_{11} z^1, \ P_{20} z^0 + P_{21} z^1) = P_{10} P_{20} z^0 + P_{11} P_{20} z^1 + P_{10} P_{21} z^1 + P_{11} P_{21} z^2$$

因为组件 3 与组件 1 和 2 组成了串联部分，所以合成运算 Φ_S 为

$$\begin{aligned}
U(z) &= \Phi_S(\Phi_{1,2}(u_1(z), u_2(z)), u_3(z)) \\
&= \Phi_S(P_{10} P_{20} z^0 + P_{11} P_{20} z^1 + P_{10} P_{21} z^1 + P_{11} P_{21} z^2, P_{30} z^0 + P_{31} z^1 + P_{32} z^2) \\
&= P_{10} P_{20} P_{30} z^0 + P_{11} P_{20} P_{30} z^0 + P_{10} P_{21} P_{30} z^0 + P_{11} P_{21} P_{30} z^0 \\
&\quad + P_{10} P_{20} P_{31} z^0 + P_{11} P_{20} P_{31} z^1 + P_{10} P_{21} P_{31} z^1 + P_{11} P_{21} P_{31} z^1 \\
&\quad + P_{10} P_{20} P_{32} z^0 + P_{11} P_{20} P_{32} z^1 + P_{10} P_{21} P_{32} z^1 + P_{11} P_{21} P_{32} z^2
\end{aligned} \tag{3-19}$$

在图 3-4 的系统中，式 (3-8) 可以转化为

$$I_m^{\text{IIM}}(i) = P_{im} \cdot \lambda_{m,0}^i \sum_{j=1}^{M} a_j [\Pr(\Phi(m_i, X) = j) - \Pr(\Phi(0_i, X) = j)]$$

$$= P_{im} \cdot \lambda_{m,0}^{i} \sum_{j=1}^{?} a_j [\Pr(\Phi(m_i, X) = j) - \Pr(\Phi(0_i, X) = j)]$$

所以 $\Pr(\Phi(m_i) = j)$ 是包含 P_{im} 的 z^j 的系数，并且令 $P_{im} = 1$。例如，基于式 (3-19)，有

$$I_2^{\mathrm{IIM}}(3) = P_{32} \cdot \lambda_{2,0}^{3} \sum_{j=1}^{2} a_j [\Pr(\Phi(2_3, X) = j) - \Pr(\Phi(0_3, X) = j)]$$

$$= P_{32} \cdot \lambda_{2,0}^{3} \left\{ \begin{array}{l} a_1 [\Pr(\Phi(2_3, X) = 1) - \Pr(\Phi(0_3, X) = 1)] \\ + a_2 [\Pr(\Phi(2_3, X) = 2) - \Pr(\Phi(0_3, X) = 2)] \end{array} \right\}$$

$$= P_{32} \cdot \lambda_{2,0}^{3} [a_1(P_{11}P_{20} + P_{10}P_{21} - 0) + a_2(P_{11}P_{21} - 0)]$$

$$= a_1 P_{32} \lambda_{2,0}^{3} (P_{11}P_{20} + P_{10}P_{21}) + a_2 P_{32} \lambda_{2,0}^{3} P_{11}P_{21}$$

3.1.4　组件状态综合重要度的性质

定理 3-2　如果组件 i 状态 m 的概率分布从 P_{im} 被提升到 P_{im}^*，$P_{im}^* \geqslant P_{im}$，那么系统性能的变化为 $I_m^{\mathrm{IIM}}(i) \cdot \dfrac{\Delta_{im}}{P_{im} \cdot \lambda_{m,0}^{i}}$，其中，$\Delta_{im} = P_{im}^* - P_{im}$，$m = 1, 2, \cdots, M_i$。

证明　基于式 (3-6)，有

$$U = \sum_{j=1}^{M} (a_j - a_{j-1}) \Pr[\Phi(0_i, X) \geqslant j] + I^G(i) \cdot \rho_i^{\mathrm{T}}$$

$$= \sum_{j=1}^{M} (a_j - a_{j-1}) \Pr[\Phi(0_i, X) \geqslant j] + \sum_{j=1}^{M_i} \sum_{k=1}^{j} I_k^G(i) \cdot P_{ij}$$

所以系统性能的变化为

$$U^* - U = \sum_{j=1, j \neq m}^{M_i} \sum_{k=1}^{j} I_k^G(i) \cdot P_{ij} + \sum_{k=1}^{m} I_k^G(i) \cdot P_{im}^* - \sum_{j=1}^{M_i} \sum_{k=1}^{j} I_k^G(i) \cdot P_{ij}$$

$$= \sum_{k=1}^{m} I_k^G(i) \cdot P_{im}^* - \sum_{k=1}^{m} I_k^G(i) \cdot P_{im} = (P_{im}^* - P_{im}) \sum_{k=1}^{m} I_k^G(i)$$

根据式 (3-7) 和式 (3-8)，有

$$U^* - U = (P_{im}^* - P_{im}) \sum_{k=1}^{m} I_k^G(i) = I_m^{\mathrm{IIM}}(i) \frac{P_{im}^* - P_{im}}{P_{im} \cdot \lambda_{m,0}^{i}} = I_m^{\mathrm{IIM}}(i) \frac{\Delta_{im}}{P_{im} \cdot \lambda_{m,0}^{i}}$$

证毕。

定理 3-3　假设组件 i 状态 m_1 的概率 P_{im_1} 的提升是 Δ_{im_1}，组件 i 状态 m_2 的概率

P_{im_2} 的提升是 Δ_{im_2}，且 $\Delta_{im_1} = \Delta_{im_2}$。如果 $\dfrac{I_{m_1}^{\mathrm{IIM}}(i)}{P_{im_1} \cdot \lambda_{m_1,0}^i} > \dfrac{I_{m_2}^{\mathrm{IIM}}(i)}{P_{im_2} \cdot \lambda_{m_2,0}^i}$，那么通过提高 P_{im_1} 导致的系统性能的增加大于通过提高 P_{im_2} 导致的系统性能的增加。

证明　由定理 3-2 可得。

定理 3-4　假设组件 i 状态 m_1 的概率 P_{im_1} 的提升是 Δ_{im_1}，组件 j 状态 m_2 的概率 P_{jm_2} 的提升是 Δ_{jm_2}，$i \neq j$，且 $\Delta_{im_1} = \Delta_{jm_2}$。如果 $\dfrac{I_{m_1}^{\mathrm{IIM}}(i)}{P_{im_1} \cdot \lambda_{m_1,0}^i} > \dfrac{I_{m_2}^{\mathrm{IIM}}(j)}{P_{jm_2} \cdot \lambda_{m_2,0}^j}$，那么通过提高 P_{im_1} 导致的系统性能的增加大于通过提高 P_{jm_2} 导致的系统性能的增加。

证明　由定理 3-2 可得。

定理 3-5　在串联系统中，组件 i 状态 m 的综合重要度是 $I_m^{\mathrm{IIM}}(i) = P_{im} \cdot \lambda_{m,0}^i \sum_{j=1}^m (a_j - a_{j-1}) \prod_{k=1, k \neq i}^n \rho_{kj}$。

证明　在串联系统中，$\Pr(\Phi(0_i, X) \geq j) = 0, j = 1, 2, \cdots, M$，$\Pr(\Phi(m_i, X) \geq j) = 0$，$j = m+1, \cdots, M$。根据式 (3-8)，有

$$\sum_{j=1}^M (a_j - a_{j-1}) \Pr(\Phi(m_i, X) \geq j)$$

$$= \sum_{j=1}^m (a_j - a_{j-1}) \Pr(\Phi(m_i, X) \geq j) + \sum_{j=m+1}^M (a_j - a_{j-1}) \Pr(\Phi(m_i, X) \geq j)$$

$$= \sum_{j=1}^m (a_j - a_{j-1}) \Pr(\Phi(m_i, X) \geq j)$$

$$= \sum_{j=1}^m (a_j - a_{j-1}) \Pr\{\min\{x_1, \cdots, x_{i-1}, m, x_{i+1}, \cdots, x_n\} \geq j\}$$

$$= \sum_{j=1}^m (a_j - a_{j-1}) \Pr\{x_1 \geq j, \cdots, x_{i-1} \geq j, m \geq j, x_{i+1} \geq j, \cdots, x_n \geq j\}$$

$$= \sum_{j=1}^m (a_j - a_{j-1}) \prod_{k=1, k \neq i}^n \Pr(x_k \geq j)$$

所以

$$I_m^{\mathrm{IIM}}(i) = P_{im} \cdot \lambda_{m,0}^i \sum_{j=1}^M (a_j - a_{j-1})[\Pr(\Phi(m_i, X) \geq j) - \Pr(\Phi(0_i, X) \geq j)]$$

$$= P_{im} \cdot \lambda_{m,0}^i \sum_{j=1}^m (a_j - a_{j-1}) \prod_{k=1, k \neq i}^n \rho_{kj}$$

证毕。

定理 3-6 在并联系统中，组件 i 状态 m 的综合重要度是 $I_m^{\text{IIM}}(i) = P_{im} \cdot \lambda_{m,0}^i$
$\sum\limits_{j=1}^{m} (a_j - a_{j-1}) \prod\limits_{k=1, k \neq i}^{n} (1 - \rho_{kj})$。

证明 在并联系统中，$\Pr(\Phi(m_i, X) < j) = 0, j = 1, 2, \cdots, m$。根据式（3-8），有

$$I_m^{\text{IIM}}(i) = P_{im} \cdot \lambda_{m,0}^i \sum_{j=1}^{M} (a_j - a_{j-1})[\Pr(\Phi(m_i, X) \geqslant j) - \Pr(\Phi(0_i, X) \geqslant j)]$$

$$= P_{im} \cdot \lambda_{m,0}^i \sum_{j=1}^{M} (a_j - a_{j-1})\{1 - \Pr(\Phi(m_i, X) < j) - [1 - \Pr(\Phi(0_i, X) < j)]\}$$

$$= P_{im} \cdot \lambda_{m,0}^i \sum_{j=1}^{M} (a_j - a_{j-1})[\Pr(\Phi(0_i, X) < j) - \Pr(\Phi(m_i, X) < j)]$$

因为

$$\sum_{j=1}^{M} (a_j - a_{j-1}) \Pr(\Phi(0_i, X) < j)$$

$$= \sum_{j=1}^{M} (a_j - a_{j-1}) \Pr\{\max\{x_1, \cdots, x_{i-1}, 0, x_{i+1}, \cdots, x_n\} < j\}$$

$$= \sum_{j=1}^{M} (a_j - a_{j-1}) \Pr(x_1 < j, \cdots, x_{i-1} < j, 0 < j, x_{i+1} < j, \cdots, x_n < j)$$

$$= \sum_{j=1}^{M} (a_j - a_{j-1}) \prod_{k=1, k \neq i}^{n} \Pr(x_k < j)$$

$$\sum_{j=1}^{M} (a_j - a_{j-1}) \Pr(\Phi(m_i, X) < j)$$

$$= \sum_{j=1}^{m} (a_j - a_{j-1}) \Pr(\Phi(m_i, X) < j) + \sum_{j=m+1}^{M} (a_j - a_{j-1}) \Pr(\Phi(m_i, X) < j)$$

$$= \sum_{j=m+1}^{M} (a_j - a_{j-1}) \Pr(\Phi(m_i, X) < j)$$

$$= \sum_{j=m+1}^{M} (a_j - a_{j-1}) \prod_{k=1, k \neq i}^{n} \Pr(x_k < j)$$

所以

$$I_m^{\mathrm{IIM}}(i) = P_{im} \cdot \lambda_{m,0}^i \left\{ \sum_{j=1}^{M} (a_j - a_{j-1}) \prod_{k=1,k \neq i}^{n} \Pr(x_k < j) - \sum_{j=m+1}^{M} (a_j - a_{j-1}) \prod_{k=1,k \neq i}^{n} \Pr(x_k < j) \right\}$$

$$= P_{im} \cdot \lambda_{m,0}^i \sum_{j=1}^{m} (a_j - a_{j-1}) \prod_{k=1,k \neq i}^{n} \Pr(x_k < j)$$

$$= P_{im} \cdot \lambda_{m,0}^i \sum_{j=1}^{m} (a_j - a_{j-1}) \prod_{k=1,k \neq i}^{n} (1 - \rho_{kj})$$

证毕。

3.1.5　算例分析

以文献[52]的油气生产模型为例来说明，如果利用综合重要度来识别系统的关键组件。

油气生产模型如图 3-5 所示。组件 1 是一个生产井，用来生产油气。组件 2 是水泵清理器，用来清洗油气。组件 3 和 4 是两个一样的发电机，用来给整个油气生产系统提供电力支持。组件 5 和 6 是两个一样的压缩机，用来压缩油气。组件 7 是一个乙二醇单元，用来对油气进行脱水。组件 8 是一个油气输出泵，用来输出油气。其中，组件 1、2、7、8 是在系统的串联部分，组件 3、4 和组件 5、6 是在系统的并联部分。

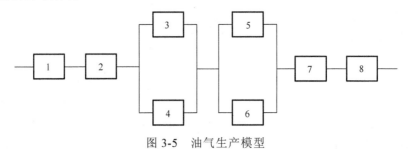

图 3-5　油气生产模型

表 3-1 给出了组件的失效率、平均维修时间和平均寿命。

表 3-1　组件的失效率、平均维修时间和平均寿命

组件	失效率/天	平均维修时间/天	平均寿命/天
1	2.736×10^{-4}	7.000	3654.97
2	8.208×10^{-3}	0.167	121.83
3、4	1.776×10^{-2}	1.167	56.31
5、6	1.882×10^{-2}	1.083	53.11
7	1.368×10^{-3}	0.125	730.99
8	5.496×10^{-4}	0.125	1819.51

假设组件的寿命和维修时间满足指数分布。这里设定时间区间为[0, 100000]天。组件 i 的失效率为 $\lambda_{1,0}^i = 1/$组件i的寿命，组件 i 的维修率为 $\mu_{0,1}^i = 1/$组件i的维修时间。因为组件的修时间相对于寿命来说很短，所以组件的失效率很小。

因为组件的寿命和维修时间满足指数分布，所以在稳态情况下可以得到

$$\begin{cases} 0 = P_{i1}\lambda_{1,0}^i - P_{i0}\mu_{0,1}^i \\ 1 = P_{i1} + P_{i0} \end{cases} \tag{3-20}$$

求解该方程，可以得到稳态情况下组件的可用度为 $P_{i1} = \mu_{0,1}^i / (\lambda_{1,0}^i + \mu_{0,1}^i)$，假设 $a_0 = 0, a_1 = 1$，可以得到组件的重要度，如表 3-2 所示。

表 3-2　稳态情况下组件的重要度

组件	可用度	Birnbaum 重要度	排序	综合重要度	排序	Natvig 重要度	排序
1	0.9979	0.9975	1	2.7234×10^{-4}	6	0.244	3
2	0.9986	0.9968	2	0.0082	1	0.249	1
3、4	0.9797	0.0202	5	3.5147×10^{-4}	5	0.005	5
5、6	0.9800	0.0199	6	3.6703×10^{-4}	4	0.005	5
7	0.9998	0.9956	2	0.0014	2	0.247	2
8	0.9999	0.9955	4	5.4707×10^{-4}	3	0.241	4

从表 3-2 可知，组件 1 有最大的 Birnbaum 重要度，这是因为在串联系统中，组件 1 是最不可靠的单元。Birnbaum 重要度没有考虑平均寿命和失效率。虽然组件 1 是最不可靠的单元，但是组件 2 的失效率比组件 1 的失效率大，所以从综合重要度和 Natvig 重要度的角度来看，组件 2 的重要度比组件 1 的重要度大。

在表 3-2 中，所有组件的可用度几乎为 1。串联部分的组件 3、4 和 5、6 有最小的 Birnbaum 重要度和 Natvig 重要度。但是从表 3-1 可知，组件 3、4 和 5、6 有最小的平均寿命，所以它们也是重要的。因为综合重要度考虑了组件的失效率，所以组件 1 的重要度最小。

当 $t=100$ 天时，组件 i 的可用度是 $P_{i1} = e^{-\lambda_{1,0}^i \cdot t}$，假设 $a_0 = 0, a_1 = 1$，可以得到组件的重要度，如表 3-3 所示。

表 3-3　$t=100$ 天情况下组件的重要度

组件	可用度	Birnbaum 重要度	排序	综合重要度	排序	Natvig 重要度	排序
1	0.9730	0.0317	6	8.4389×10^{-6}	6	0.244	3
2	0.4401	0.0700	3	2.5286×10^{-4}	2	0.249	1
3、4	0.1693	0.0827	2	2.4866×10^{-4}	3	0.005	5

组件	可用度	Birnbaum 重要度	排序	综合重要度	排序	Natvig 重要度	排序
5、6	0.1523	0.0928	1	2.6599×10^{-4}	1	0.005	5
7	0.8721	0.0353	4	4.2114×10^{-5}	4	0.247	2
8	0.9465	0.0326	5	1.6958×10^{-5}	5	0.241	4

从表 3-3 可知，当 $t=100$ 天时，组件 5、6 是最不可靠的单元，所以它们有最大的 Birnbaum 重要度。因为组件 5、6 有最小的平均寿命，所以它们有最大的综合重要度。虽然组件 3、4 的 Birnbaum 重要度比组件 2 的大，但是组件 3、4 的综合重要度比组件 2 的小，这是因为综合重要度考虑了组件的失效率和可用度，由表 3-3 可知，组件 3、4 的可用度比组件 2 的小。从表 3-2 和表 3-3 可知，Birnbaum 重要度和综合重要度随着时间变化，但是 Natvig 重要度是对整个寿命周期的一个静态衡量。

3.2　维修过程组件状态综合重要度

3.2.1　综合重要度

因为 c_j 表示当系统从状态 j 维修到完好工作状态 M 时系统的维修成本，所以系统的维修成本随着系统状态的递增而减少，即 $0 = c_M \leqslant c_{M-1} \leqslant \cdots \leqslant c_0$。

因为 $P_{il} = \Pr\{X_i = l\}$，$l = 0,1,\cdots,M-1$，并且 $P_{iM} = 1 - \sum_{j=0}^{M-1} P_{ij}$。那么向量 $(P_{i0}, P_{i1}, \cdots, P_{i(M-1)})$ 能够描述 X_i 的分布。令 $\rho_{ij} = P_{i0} + \cdots + P_{ij}$，$j < M$，那么 $0 \leqslant \rho_{i0} \leqslant \rho_{i1} \leqslant \cdots \leqslant \rho_{i(M-1)} \leqslant 1$，所以 $(P_{i0}, P_{i1}, \cdots, P_{i(M-1)})$ 和 $(\rho_{i0}, \rho_{i1}, \cdots, \rho_{i(M-1)})$ 互相确定。

系统的期望维修成本为

$$C = \sum_{j=0}^{M-1} c_j \Pr(\Phi(X) = j) = \sum_{j=0}^{M-1} (c_j - c_{j+1}) \Pr(\Phi(X) \leqslant j)$$
$$= \sum_{j=0}^{M-1} d_j \Pr(\Phi(X) \leqslant j) \tag{3-21}$$

其中，$d_j = c_j - c_{j+1}$。

因为

$$\Pr(\Phi(X) \leqslant j) = \sum_{m=0}^{M} P_{im} \Pr(\Phi(m_i, X) \leqslant j)$$

$$= \Pr(\Phi(M_i, X) \le j) + \sum_{l=0}^{M-1} [\Pr(\Phi(l_i, X) \le j) \tag{3-22}$$
$$- \Pr(\Phi((l+1)_i, X) \le j)] \cdot \rho_{il}$$

令 $I_{lj}(i) = \Pr(\Phi(l_i, X) \le j) - \Pr(\Phi((l+1)_i, X) \le j)$，并且

$$I_l(i) = \sum_{j=0}^{M-1} d_j I_{lj}(i) = \sum_{j=0}^{M-1} (c_j - c_{j+1})[\Pr(\Phi(l_i, X) \le j) - \Pr(\Phi((l+1)_i, X) \le j)] \tag{3-23}$$

$I(i) = (I_0(i), I_1(i), \cdots, I_{M-1}(i))$。那么 $I(i)$ 是组件 i 关于状态的重要度向量。

$I_l(i)$ 表示了当组件 i 从状态 l 提升到状态 $l+1$ 时，系统维修成本的减少。所以当组件 i 从状态 l 提升到状态 $q(q > l)$ 时，组件 i 的重要度为

$$I_{l,q}(i) = I_l(i) + I_{l+1}(i) + \cdots + I_{q-1}(i)$$
$$= \sum_{j=0}^{M-1} (c_j - c_{j+1})[\Pr(\Phi(l_i, X) \le j) - \Pr(\Phi(q_i, X) \le j)] \tag{3-24}$$
$$= \sum_{j=0}^{M-1} c_j[\Pr(\Phi(l_i, X) = j) - \Pr(\Phi(q_i, X) = j)]$$

其中，$l+1 \le q \le M$，$I_{l,l+1}(i) = I_l(i)$。

定理 3-7　系统维修成本 $C = \sum\limits_{j=0}^{M-1} d_j \Pr(\Phi(M_i, X) \le j) + I(i) \cdot \rho_i^{\mathrm{T}}$，$\rho_i = (\rho_{i0}, \rho_{i1}, \cdots,$ $\rho_{i(M-1)})$，并且 $\partial C / \partial \rho_{il} = I_l(i)$，$l = 0, 1, \cdots, M-1$。

证明　因为

$$\Pr(\Phi(X) \le j) = \Pr(\Phi(M_i, X) \le j) + \sum_{l=0}^{M-1} [\Pr(\Phi(l_i, X) \le j) - \Pr(\Phi((l+1)_i, X) \le j)] \cdot \rho_{il}$$

所以

$$C = \sum_{j=0}^{M-1} d_j \Pr(\Phi(X) \le j)$$
$$= \sum_{j=0}^{M-1} d_j \Pr(\Phi(M_i, X) \le j) + \sum_{j=0}^{M-1}\sum_{l=0}^{M-1} [\Pr(\Phi(l_i, X) \le j) - \Pr(\Phi((l+1)_i, X) \le j)]\rho_{il} d_j$$
$$= \sum_{j=0}^{M-1} d_j \Pr(\Phi(M_i, X) \le j) + \sum_{l=0}^{M-1} I_l(i)\rho_{il}$$
$$= \sum_{j=0}^{M-1} d_j \Pr(\Phi(M_i, X) \le j) + I(i) \cdot \rho_i^{\mathrm{T}}$$

那么 $\partial C / \partial \rho_{il} = I_l(i)$，证毕。

$I_{l,q}(i)$ 表示了当组件 i 从状态 l 提升到状态 q 时，系统维修成本的变化。系统的期望维修成本能被表示为

$$C = \sum_{j=0}^{M-1} c_j \Pr(\Phi(X)=j) = \sum_{j=0}^{M-1}\sum_{l=0}^{M} c_j P_{il} \Pr(\Phi(l_i,X)=j) = \sum_{l=0}^{M}\sum_{j=0}^{M-1} c_j P_{il} \Pr(\Phi(l_i,X)=j)$$

$$(3\text{-}25)$$

所以

$$I_l^C(i) = \sum_{j=0}^{M-1} c_j P_{il} \Pr(\Phi(l_i,X)=j) \qquad (3\text{-}26)$$

$I_l^C(i)$ 表示了组件 i 的状态 l 对系统维修成本的贡献。因为根据式 (3-25) 和式 (3-26)，$C = \sum_{l=0}^{M} I_l^C(i)$。

组件 i 的状态维修率为

$$\Psi = \begin{bmatrix} \mu_{0,1}^i & \mu_{0,2}^i & \cdots & \mu_{0,M-1}^i & \mu_{0,M}^i \\ 0 & \mu_{1,2}^i & \cdots & \mu_{1,M-1}^i & \mu_{1,M}^i \\ \vdots & \vdots & & \vdots & \vdots \\ 0 & 0 & \cdots & 0 & \mu_{M-1,M}^i \end{bmatrix}$$

其中，$\mu_{l,q}^i$ 表示组件 i 从状态 l 提升到状态 $q (q>l)$ 的维修率。

基于组件的状态分布概率和维修率，提出综合重要度 $I_{l,q}^{\mathrm{IIM}}(i)$，用来描述当组件 i 从状态 l 提升到状态 q 时，单位时间内系统维修成本的变化，即

$$\begin{aligned} I_{l,q}^{\mathrm{IIM}}(i) &= P_{il} \cdot \mu_{l,q}^i \cdot I_{l,q}(i) \\ &= P_{il} \cdot \mu_{l,q}^i \sum_{j=0}^{M-1}(c_j - c_{j+1})[\Pr(\Phi(l_i,X)\leqslant j) - \Pr(\Phi(q_i,X)\leqslant j)] \qquad (3\text{-}27) \\ &= P_{il} \cdot \mu_{l,q}^i \sum_{j=0}^{M-1} c_j[\Pr(\Phi(l_i,X)=j) - \Pr(\Phi(q_i,X)=j)] \end{aligned}$$

基于式 (3-24)、式 (3-26) 和式 (3-27)，有

$$I_{l,q}^{\mathrm{IIM}}(i) = P_{il} \cdot \mu_{l,q}^i \cdot I_{l,q}(i), \; I_{l,q}(i) = \partial I_l^C(i)/\partial P_{il} - \partial I_q^C(i)/\partial P_{iq} \qquad (3\text{-}28)$$

当 $M=1$ 时，$l=0$，$q=1$，所以

$$I_{0,1}^{\mathrm{IIM}}(i) = P_{i0} \cdot \mu_{0,1}^i c_0[\Pr(\Phi(0_i,X)=0) - \Pr(\Phi(1_i,X)=0)] \qquad (3\text{-}29)$$

那么

$$I_{0,1}^{\text{IIM}}(i) = P_{i0} \cdot \mu_{0,1}^{i} c_0 [\Pr(\Phi(0_i, X) = 0) - \Pr(\Phi(1_i, X) = 0)]$$

$$= \mu_{0,1}^{i} c_0 [P_{i0} \Pr(\Phi(0_i, X) = 0) - \Pr(\Phi(1_i, X) = 0) + P_{i1} \Pr(\Phi(1_i, X) = 0)]$$

$$= \mu_{0,1}^{i} c_0 [\Pr(\Phi(X) = 0) - \Pr(\Phi(1_i, X) = 0)] \tag{3-30}$$

$$= \mu_{0,1}^{i} [c_0 \Pr(\Phi(X) = 0) - c_0 \Pr(\Phi(1_i, X) = 0)]$$

$$= \mu_{0,1}^{i} [C - c_0 \Pr(\Phi(1_i, X) = 0)]$$

从式 (3-29) 可知，$I_{0,1}^{\text{IIM}}(i)$ 表示了当组件 i 从失效状态维修到工作状态时，单位时间内系统维修成本的减少。

3.2.2　综合重要度与典型重要度之间的关系

文献[29]给出了 Griffith 重要度

$$I_l^G(i) = \sum_{j=1}^{M} (a_j - a_{j-1})[\Pr(\Phi(l_i, X) \geq j) - \Pr(\Phi((l-1)_i, X) \geq j)] \tag{3-31}$$

文献[19]给出了 MAD（Mean Absolute Deviation）重要度

$$I^{\text{MAD}}(i) = \sum_{l=0}^{M} P_{il} \left| \Pr(\Phi(l_i, X) \geq d) - \Pr(\Phi(X) \geq d) \right| \tag{3-32}$$

文献[68]给出了 MRI（Multi-state Redundancy Importance）重要度

$$I^{\text{MRI}}(i) = \Pr(\Phi(X_i^+, X) \geq d) - \Pr(\Phi(X) \geq d) \tag{3-33}$$

其中，d 表示系统的需求，X_i^+ 表示组件 i 的备件。

基于式 (3-23)、式 (3-27) 和式 (3-30)，$I_l(i)$ 是关于维修过程的，$I_l^G(i)$ 是关于劣化过程的。基于式 (3-26)、式 (3-28) 和式 (3-31)，$I_l^C(i)$ 延伸了 Wu 重要度到系统维修成本。

根据式 (3-32)，MAD 重要度的后半部分能被转化为

$$\Pr(\Phi(l_i, X) \geq d) - \Pr(\Phi(X) \geq d)$$

$$= \Pr(\Phi(l_i, X) \geq d) - \sum_{m=0}^{M} P_{im} \Pr(\Phi(m_i, X) \geq d)$$

$$= \Pr(\Phi(l_i, X) \geq d) - P_{il} \Pr(\Phi(l_i, X) \geq d) - \sum_{m=0, m \neq l}^{M} P_{im} \Pr(\Phi(m_i, X) \geq d)$$

$$= \sum_{m=0,m\neq l}^{M} P_{im}[\Pr(\varPhi(l_i,X)\geqslant d)-\Pr(\varPhi(m_i,X)\geqslant d)] \qquad (3\text{-}34)$$

如果系统需求是系统的状态，那么式(3-34)能被转化为

$$\Pr(\varPhi(l_i,X)\geqslant d)-\Pr(\varPhi(X)\geqslant d)$$

$$= \sum_{m=0,m\neq l}^{M} P_{im}[\Pr(\varPhi(l_i,X)\geqslant d)-\Pr(\varPhi(m_i,X)\geqslant d)] \qquad (3\text{-}35)$$

$$= \sum_{m=0,m\neq l}^{M} P_{im}\sum_{j=0}^{M}[\Pr(\varPhi(l_i,X)=j)-\Pr(\varPhi(m_i,X)=j)]$$

所以

$$I^{\mathrm{MAD}}(i)=\sum_{l=0}^{M} P_{il}\left|\Pr(\varPhi(l_i,X)\geqslant d)-\Pr(\varPhi(X)\geqslant d)\right|$$

$$= \sum_{l=0}^{M} P_{il}\left|\sum_{m=0,m\neq l}^{M} P_{im}\sum_{j=0}^{M}[\Pr(\varPhi(l_i,X)=j)-\Pr(\varPhi(m_i,X)=j)]\right| \qquad (3\text{-}36)$$

$$= \sum_{l=0}^{M}\left|\sum_{m=0,m\neq l}^{M} P_{il}P_{im}\sum_{j=0}^{M}[\Pr(\varPhi(l_i,X)=j)-\Pr(\varPhi(m_i,X)=j)]\right|$$

如果 $c_0=c_1=\cdots=c_M=1$，那么

$$I_{l,q}^{\mathrm{IIM}}(i)=P_{il}\cdot\mu_{l,q}^{i}\sum_{j=0}^{M-1}[\Pr(\varPhi(l_i,X)=j)-\Pr(\varPhi(q_i,X)=j)] \qquad (3\text{-}37)$$

通过式(3-36)和式(3-37)可知，MAD 重要度强调的是组件 i 状态 l 和状态 q 的概率。但是综合重要度强调的是组件 i 状态 l 的概率和组件 i 从状态 l 转移到状态 q 的转移率。

如果系统需求 d 是系统状态，那么式(3-33)能被转化为

$$I^{\mathrm{MRI}}(i)=\sum_{m=0,m\neq X_i^+}^{M} P_{im}\sum_{j=0}^{M}[\Pr(\varPhi(X_i^+,X)=j)-\Pr(\varPhi(m_i,X)=j)] \qquad (3\text{-}38)$$

所以 MRI 重要度强调的是组件 i 原始状态的概率，但是没有考虑组件 i 改善后的状态概率。

3.2.3　组件状态综合重要度的性质

定理 3-8　在串联系统中，组件 i 从状态 l 提升到状态 $q\,(q>l)$ 时的综合重要度是 $I_{l,q}^{\mathrm{IIM}}(i)=P_{il}\cdot\mu_{l,q}^{i}\cdot\sum_{j=l}^{q-1}(c_j-c_{j+1})\prod_{k=1,k\neq i}^{n}(1-\rho_{kj})$。

证明　在串联系统中，$\Pr(\Phi(q_i,X)>j)=0, j=q,q+1,\cdots,M-1$，$\Pr(\Phi(l_i,X)>j)=0, j=l,l+1,\cdots,M-1$。式 (3-27) 能被转化成

$$I_{l,q}^{\text{IIM}}(i) = P_{il} \cdot \mu_{l,q}^i \sum_{j=0}^{M-1}(c_j - c_{j+1})[\Pr(\Phi(l_i,X)\leqslant j) - \Pr(\Phi(q_i,X)\leqslant j)]$$

$$= P_{il} \cdot \mu_{l,q}^i \sum_{j=0}^{M-1}(c_j - c_{j+1})[1 - \Pr(\Phi(l_i,X)>j) - (1 - \Pr(\Phi(q_i,X)>j))]$$

$$= P_{il} \cdot \mu_{l,q}^i \sum_{j=0}^{M-1}(c_j - c_{j+1})[\Pr(\Phi(q_i,X)>j) - \Pr(\Phi(l_i,X)>j)]$$

所以

$$\sum_{j=0}^{M-1}(c_j - c_{j+1})\Pr(\Phi(q_i,X)>j)$$

$$= \sum_{j=0}^{q-1}(c_j - c_{j+1})\Pr(\Phi(q_i,X)>j) + \sum_{j=q}^{M-1}(c_j - c_{j+1})\Pr(\Phi(q_i,X)>j)$$

$$= \sum_{j=0}^{q-1}(c_j - c_{j+1})\Pr(\Phi(q_i,X)>j)$$

$$= \sum_{j=0}^{q-1}(c_j - c_{j+1})\Pr\{\min\{X_1,\cdots,X_{i-1},q,X_{i+1},\cdots,X_n\}>j\}$$

$$= \sum_{j=0}^{q-1}(c_j - c_{j+1})\Pr\{X_1>j,\cdots,X_{i-1}>j,q>j,X_{i+1}>j,\cdots,X_n>j\}$$

$$= \sum_{j=0}^{q-1}(c_j - c_{j+1})\prod_{k=1,k\neq i}^{n}\Pr(X_k>j)$$

$$= \sum_{j=0}^{q-1}(c_j - c_{j+1})\prod_{k=1,k\neq i}^{n}(1-\rho_{kj})$$

同理，$\displaystyle\sum_{j=0}^{M-1}(c_j - c_{j+1})\Pr(\Phi(l_i,X)>j) = \sum_{j=0}^{l-1}(c_j - c_{j+1})\prod_{k=1,k\neq i}^{n}(1-\rho_{kj})$。

所以

$$I_{l,q}^{\text{IIM}}(i) = P_{il} \cdot \mu_{l,q}^i \left[\sum_{j=0}^{q-1}(c_j - c_{j+1})\prod_{k=1,k\neq i}^{n}(1-\rho_{kj}) - \sum_{j=0}^{l-1}(c_j - c_{j+1})\prod_{k=1,k\neq i}^{n}(1-\rho_{kj})\right]$$

$$= P_{il} \cdot \mu_{l,q}^i \cdot \sum_{j=l}^{q-1}(c_j - c_{j+1})\prod_{k=1,k\neq i}^{n}(1-\rho_{kj})$$

证毕。

定理 3-9　在并联系统中，组件 i 从状态 l 提升到状态 q $(q>l)$ 时的综合重要度是 $I_{l,q}^{\mathrm{IIM}}(i) = P_{il} \cdot \mu_{l,q}^{i} \cdot \sum_{j=l}^{q-1}(c_j - c_{j+1}) \prod_{k=1,k \neq i}^{n} \rho_{kj}$ 。

证明　在并联系统中，$\Pr(\Phi(l_i, X) \leq j) = 0$，$j = 0,1,\cdots,l-1$，$\Pr(\Phi(q_i, X) \leq j) = 0$，$j = 0,1,\cdots,q-1$。

根据式（3-27），有

$$\sum_{j=0}^{M-1}(c_j - c_{j+1})\Pr(\Phi(l_i, X) \leq j)$$

$$= \sum_{j=0}^{l-1}(c_j - c_{j+1})\Pr(\Phi(l_i, X) \leq j) + \sum_{j=l}^{M-1}(c_j - c_{j+1})\Pr(\Phi(l_i, X) \leq j)$$

$$= \sum_{j=l}^{M-1}(c_j - c_{j+1})\Pr(\Phi(m_i, X) \leq j)$$

$$= \sum_{j=l}^{M-1}(c_j - c_{j+1})\prod_{k=1,k \neq i}^{n}\Pr(X_k \leq j)$$

$$= \sum_{j=l}^{M-1}(c_j - c_{j+1})\prod_{k=1,k \neq i}^{n}\rho_{kj}$$

同理，$\sum_{j=0}^{M-1}(c_j - c_{j+1})\Pr(\Phi(q_i, X) \leq j) = \sum_{j=q}^{M-1}(c_j - c_{j+1})\prod_{k=1,k \neq i}^{n}\rho_{kj}$ 。

所以

$$I_{l,q}^{\mathrm{IIM}}(i) = P_{il} \cdot \mu_{l,q}^{i}\left[\sum_{j=l}^{M-1}(c_j - c_{j+1})\prod_{k=1,k \neq i}^{n}\rho_{kj} - \sum_{j=q}^{M-1}(c_j - c_{j+1})\prod_{k=1,k \neq i}^{n}\rho_{kj}\right]$$

$$= P_{il} \cdot \mu_{l,q}^{i} \cdot \sum_{j=l}^{q-1}(c_j - c_{j+1})\prod_{k=1,k \neq i}^{n}\rho_{kj}$$

证毕。

3.3　组件综合重要度

3.3.1　综合重要度

综合重要度表达式为

$$I_{m,0}^{\mathrm{IIM}}(i) = P_m^i \cdot \lambda_{m,0}^i \sum_{k=1}^{M} (a_k - a_{k-1})[\Pr(\varPhi(m_i, X) \geqslant k) - \Pr(\varPhi(0_i, X) \geqslant k)]$$

$$= P_m^i \cdot \lambda_{m,0}^i \sum_{k=1}^{M} a_k [\Pr(\varPhi(m_i, X) = k) - \Pr(\varPhi(0_i, X) = k)]$$

其中，$P_m^i = \Pr\{X_i = m\}$。$I_{m,0}^{\mathrm{IIM}}(i)$ 表示当组件 i 从状态 m 劣化到状态 0 时，单位时间内系统性能的损失。$I_{m,0}^{\mathrm{IIM}}(i)$ 仅仅考虑了组件 i 从状态 m 到状态 0 的转移。在系统设计、运行阶段，任何行为的变化都将导致组件的状态转移率成组的变化。为了评估所有组件状态对系统性能的影响，扩展了综合重要度，来分析整个组件对系统性能的影响。

组件 i 从状态 m 劣化到状态 $\{m-1, m-2, \cdots, 0\}$，如图 3-6 所示。

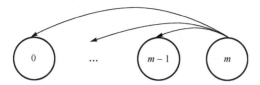

图 3-6　组件 i 从状态 m 到低于状态 m 的劣化形式

基于图 3-6，扩展的综合重要度为

$$I_m(i) = P_m^i \sum_{l=0}^{m-1} \lambda_{m,l}^i \sum_{k=1}^{M} (a_k - a_{k-1})(\Pr(\varPhi(m_i, X) \geqslant k) - \Pr(\varPhi(l_i, X) \geqslant k)$$

$$= P_m^i \sum_{l=0}^{m-1} \lambda_{m,l}^i \sum_{k=1}^{M} a_k (\Pr(\varPhi(m_i, X) = k) - \Pr(\varPhi(l_i, X) = k)) \qquad (3\text{-}39)$$

其中，$I_m(i)$ 表示当组件 i 从状态 m 到低于状态 m 劣化时，单位时间内系统性能的变化。组件 i 从高于状态 j 劣化到低于状态 $j-1$，如图 3-7 所示。

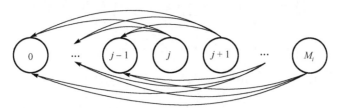

图 3-7　组件 i 从高于状态 j 到低于状态 $j-1$ 的劣化形式

基于图 3-7，扩展的综合重要度为

$$I_{j\uparrow}(i) = \sum_{m=j}^{M_i} P_m^i \sum_{l=0}^{j-1} \lambda_{m,l}^i \sum_{k=1}^{M} (a_k - a_{k-1})(\Pr(\varPhi(m_i, X) \geqslant k) - \Pr(\varPhi(l_i, X) \geqslant k))$$

$$= \sum_{m=j}^{M_i} P_m^i \sum_{l=0}^{j-1} \lambda_{m,l}^i \sum_{k=1}^{M} a_k (\Pr(\Phi(m_i, X) = k) - \Pr(\Phi(l_i, X) = k)) \qquad (3\text{-}40)$$

其中，$I_{j\uparrow}(i)$ 表示当组件 i 从高于状态 j 劣化到低于状态 $j-1$ 时，单位时间内系统性能的变化。

3.3.2　综合重要度的性质

定理 3-10　在串联系统中

$$I_m(i) = P_m^i \sum_{l=0}^{m-1} \lambda_{m,l}^i \sum_{k=l+1}^{m} (a_k - a_{k-1}) \prod_{q=1,q\neq i}^{n} \rho_{qk}, \quad I_{j\uparrow}(i) = \sum_{m=j}^{M} P_m^i \sum_{l=0}^{j-1} \lambda_{m,l}^i \sum_{k=l+1}^{m} (a_k - a_{k-1}) \prod_{q=1,q\neq i}^{n} \rho_{qk}$$

证明　在串联系统，$\Pr(\Phi(m_i, X) \geq k) = 0, k = m+1, \cdots, M$，$\Pr(\Phi(l_i, X) \geq k) = 0, k = l+1, \cdots, M$。根据式(3-39)和式(3-40)，有

$$\sum_{k=1}^{M} (a_k - a_{k-1}) \Pr(\Phi(m_i, X) \geq k)$$

$$= \sum_{k=1}^{m} (a_k - a_{k-1}) \Pr(\Phi(m_i, X) \geq k)$$

$$= \sum_{k=1}^{m} (a_k - a_{k-1}) \Pr\{\min\{X_1, \cdots, X_{i-1}, m, X_{i+1}, \cdots, X_n\} \geq k\}$$

$$= \sum_{k=1}^{m} (a_k - a_{k-1}) \Pr\{X_1 \geq k, \cdots, X_{i-1} \geq k, m \geq k, X_{i+1} \geq k, \cdots, X_n \geq k\}$$

$$= \sum_{k=1}^{m} (a_k - a_{k-1}) \prod_{q=1,q\neq i}^{n} \Pr(X_q \geq k)$$

同理，$\displaystyle \sum_{k=1}^{M} (a_k - a_{k-1}) \Pr(\Phi(l_i, X) \geq k) = \sum_{k=1}^{l} (a_k - a_{k-1}) \prod_{q=1,q\neq i}^{n} \Pr(X_q \geq k)$。

所以

$$\sum_{k=1}^{M} (a_k - a_{k-1})(\Pr(\Phi(m_i, X) \geq k) - \Pr(\Phi(l_i, X) \geq k))$$

$$= \sum_{k=1}^{m} (a_k - a_{k-1}) \prod_{q=1,q\neq i}^{n} \Pr(X_q \geq k) - \sum_{k=1}^{l} (a_k - a_{k-1}) \prod_{q=1,q\neq i}^{n} \Pr(X_q \geq k)$$

$$= \sum_{k=l+1}^{m} (a_k - a_{k-1}) \prod_{q=1,q\neq i}^{n} \Pr(X_q \geq k)$$

则

$$I_m(i) = P_m^i \sum_{l=0}^{m-1} \lambda_{m,l}^i \sum_{k=l+1}^{m} (a_k - a_{k-1}) \prod_{q=1,q\neq i}^{n} \rho_{qk}, \quad I_{j\uparrow}(i) = \sum_{m=j}^{M} P_m^i \sum_{l=0}^{j-1} \lambda_{m,l}^i \sum_{k=l+1}^{m} (a_k - a_{k-1}) \prod_{q=1,q\neq i}^{n} \rho_{qk}$$

证毕。

例如，根据定理 3-10，在一个由两个组件 1 和 2 组成的串联系统中

$$I_m(1) = P_m^1 \sum_{l=0}^{m-1} \lambda_{m,l}^1 \sum_{k=l+1}^{m} (a_k - a_{k-1})\rho_{2k}, \quad I_{j\uparrow}(1) = \sum_{m=j}^{M} P_m^1 \sum_{l=0}^{j-1} \lambda_{m,l}^1 \sum_{k=l+1}^{m} (a_k - a_{k-1})\rho_{2k}$$

$$I_m(2) = P_m^2 \sum_{l=0}^{m-1} \lambda_{m,l}^2 \sum_{k=l+1}^{m} (a_k - a_{k-1})\rho_{1k}, \quad I_{j\uparrow}(2) = \sum_{m=j}^{M} P_m^2 \sum_{l=0}^{j-1} \lambda_{m,l}^2 \sum_{k=l+1}^{m} (a_k - a_{k-1})\rho_{1k}$$

定理 3-11 在并联系统中，当系统的结构函数为 $\Phi(X) = \max\{X_1, X_2, \cdots, X_n\}$ 时，有

$$I_m(i) = P_m^i \sum_{l=0}^{m-1} \lambda_{m,l}^i \sum_{k=l+1}^{m} (a_k - a_{k-1}) \prod_{q=1,q\neq i}^{n} (1-\rho_{qk}),$$

$$I_{j\uparrow}(i) = \sum_{m=j}^{M} P_m^i \sum_{l=0}^{j-1} \lambda_{m,l}^i \sum_{k=l+1}^{m} (a_k - a_{k-1}) \prod_{q=1,q\neq i}^{n} (1-\rho_{qk})$$

证明 在并联系统中，当系统的结构函数为 $\Phi(X) = \max\{X_1, X_2, \cdots, X_n\}$ 时，$\Pr(\Phi(m_i, X) < k) = 0, k = 1, 2, \cdots, m$，$\Pr(\Phi(l_i, X) < k) = 0, k = 1, 2, \cdots, l$。根据式 (3-39) 和式 (3-40)，有

$$I_m(i) = P_m^i \sum_{l=0}^{m-1} \lambda_{m,l}^i \sum_{k=1}^{M} (a_k - a_{k-1})(\Pr(\Phi(l_i, X) < k - \Pr(\Phi(m_i, X) < k))$$

$$I_{j\uparrow}(i) = \sum_{m=j}^{M} P_m^i \sum_{l=0}^{j-1} \lambda_{m,l}^i \sum_{k=1}^{M} (a_k - a_{k-1})(\Pr(\Phi(l_i, X) < k - \Pr(\Phi(m_i, X) < k))$$

所以

$$\sum_{k=1}^{M} (a_k - a_{k-1})\Pr(\Phi(m_i, X) < k)$$

$$= \sum_{k=m+1}^{M} (a_k - a_{k-1})\Pr(\Phi(m_i, X) < k)$$

$$= \sum_{k=m+1}^{M} (a_k - a_{k-1})\Pr\{\max\{X_1, \cdots, X_{i-1}, m, X_{i+1}, \cdots, X_n\} < k\}$$

$$= \sum_{k=m+1}^{M} (a_k - a_{k-1}) \Pr\{X_1 < k, \cdots, X_{i-1} < k, m < k, X_{i+1} < k, \cdots, X_n < k\}$$

$$= \sum_{k=m+1}^{M} (a_k - a_{k-1}) \prod_{q=1,q \neq i}^{n} \Pr(X_q < k)$$

同理，$\displaystyle\sum_{k=1}^{M} (a_k - a_{k-1}) \Pr(\Phi(l_i, X) < k) = \sum_{k=l+1}^{M} (a_k - a_{k-1}) \prod_{q=1,q \neq i}^{n} \Pr(X_q < k)$。

所以

$$\sum_{k=1}^{M} (a_k - a_{k-1})(\Pr(\Phi(l_i, X) < k) - \Pr(\Phi(m_i, X) < k))$$

$$= \sum_{k=l+1}^{M} (a_k - a_{k-1}) \prod_{q=1,q \neq i}^{n} \Pr(X_q < k) - \sum_{k=m+1}^{M} (a_k - a_{k-1}) \prod_{q=1,q \neq i}^{n} \Pr(X_q < k)$$

$$= \sum_{k=l+1}^{m} (a_k - a_{k-1}) \prod_{q=1,q \neq i}^{n} \Pr(X_q < k)$$

则

$$I_m(i) = P_m^i \sum_{l=0}^{m-1} \lambda_{m,l}^i \sum_{k=l+1}^{m} (a_k - a_{k-1}) \prod_{q=1,q \neq i}^{n} (1 - \rho_{qk}),$$

$$I_{j\uparrow}(i) = \sum_{m=j}^{M} P_m^i \sum_{l=0}^{j-1} \lambda_{m,l}^i \sum_{k=l+1}^{m} (a_k - a_{k-1}) \prod_{q=1,q \neq i}^{n} (1 - \rho_{qk})$$

证毕。

例如，根据定理 3-11，在一个由两个组件 1 和 2 组成的并联系统中，有

$$I_m(1) = P_m^1 \sum_{l=0}^{m-1} \lambda_{m,l}^1 \sum_{k=l+1}^{m} (a_k - a_{k-1})(1 - \rho_{2k}),$$

$$I_{j\uparrow}(1) = \sum_{m=j}^{M} P_m^1 \sum_{l=0}^{j-1} \lambda_{m,l}^1 \sum_{k=l+1}^{m} (a_k - a_{k-1})(1 - \rho_{2k})$$

$$I_m(2) = P_m^2 \sum_{l=0}^{m-1} \lambda_{m,l}^2 \sum_{k=l+1}^{m} (a_k - a_{k-1})(1 - \rho_{1k}),$$

$$I_{j\uparrow}(2) = \sum_{m=j}^{M} P_m^2 \sum_{l=0}^{j-1} \lambda_{m,l}^2 \sum_{k=l+1}^{m} (a_k - a_{k-1})(1 - \rho_{1k})$$

定理 3-12　在并联系统中，当系统的结构函数为 $\Phi(X) = X_1 + X_2 + \cdots + X_n$ 时，有

$$I_m(i) = \sum_{l=0}^{m-1} \lambda_{m,l}^i \cdot P_m^i \cdot \left[P_m^i \cdot \sum_{r=0}^{M-m} a_{m+r} \Pr\left(\sum_{s=1,s\neq i}^{n} X_s = r \right) - P_l^i \cdot \sum_{r=0}^{M-l} a_{l+r} \Pr\left(\sum_{s=1,s\neq i}^{n} X_s = r \right) \right]$$

$$I_{j\uparrow}(i) = \sum_{m=j}^{M} P_m^i \sum_{l=0}^{j-1} \lambda_{m,l}^i \left[P_m^i \cdot \sum_{r=0}^{M-m} a_{m+r} \Pr\left(\sum_{s=1,s\neq i}^{n} X_s = r \right) - P_l^i \cdot \sum_{r=0}^{M-l} a_{l+r} \Pr\left(\sum_{s=1,s\neq i}^{n} X_s = r \right) \right]$$

证明　　在并联系统中，当系统的结构函数为 $\Phi(X) = X_1 + X_2 + \cdots + X_n$ 时，$\Pr(\Phi(m_i, X) = k) = 0, k = 1, 2, \cdots, m-1$，$\Pr(\Phi(l_i, X) = k) = 0, k = 1, 2, \cdots, l-1$，所以有

$$\sum_{k=1}^{M} a_k \Pr(\Phi(m_i, X) = k) = \sum_{k=m}^{M} a_k \Pr(\Phi(m_i, X) = k) = \sum_{k=m}^{M} a_k P_m^i \Pr\left(\sum_{s=1,s\neq i}^{n} X_s = k - m \right)$$

$$= P_m^i \cdot \sum_{r=0}^{M-m} a_{m+r} \Pr\left(\sum_{s=1,s\neq i}^{n} X_s = r \right)$$

同理，$\displaystyle\sum_{k=1}^{M} a_k \Pr(\Phi(l_i, X) = k) = P_l^i \cdot \sum_{r=0}^{M-l} a_{l+r} \Pr\left(\sum_{s=1,s\neq i}^{n} X_s = r \right)$。

根据式(3-39)和式(3-40)，有

$$I_m(i) = \sum_{l=0}^{m-1} \lambda_{m,l}^i \cdot P_m^i \cdot \left[P_m^i \cdot \sum_{r=0}^{M-m} a_{m+r} \Pr\left(\sum_{s=1,s\neq i}^{n} X_s = r \right) - P_l^i \cdot \sum_{r=0}^{M-l} a_{l+r} \Pr\left(\sum_{s=1,s\neq i}^{n} X_s = r \right) \right]$$

$$I_{j\uparrow}(i) = \sum_{m=j}^{M} P_m^i \sum_{l=0}^{j-1} \lambda_{m,l}^i \left[P_m^i \cdot \sum_{r=0}^{M-m} a_{m+r} \Pr\left(\sum_{s=1,s\neq i}^{n} X_s = r \right) - P_l^i \cdot \sum_{r=0}^{M-l} a_{l+r} \Pr\left(\sum_{s=1,s\neq i}^{n} X_s = r \right) \right]$$

证毕。

例如，根据定理 3-12，在一个由两个组件 1 和 2 组成的并联系统中，有

$$I_m(1) = \sum_{l=0}^{m-1} \lambda_{m,l}^1 \cdot P_m^1 \cdot \left(P_m^1 \cdot \sum_{r=0}^{M-m} a_{m+r} P_r^2 - P_l^1 \cdot \sum_{r=0}^{M-l} a_{l+r} P_r^2 \right)$$

$$I_{j\uparrow}(1) = \sum_{m=j}^{M} P_m^1 \sum_{l=0}^{j-1} \lambda_{m,l}^1 \left(P_m^1 \cdot \sum_{r=0}^{M-m} a_{m+r} P_r^2 - P_l^1 \cdot \sum_{r=0}^{M-l} a_{l+r} P_r^2 \right)$$

$$I_m(2) = \sum_{l=0}^{m-1} \lambda_{m,l}^2 \cdot P_m^2 \cdot \left(P_m^2 \cdot \sum_{r=0}^{M-m} a_{m+r} P_r^1 - P_l^2 \cdot \sum_{r=0}^{M-l} a_{l+r} P_r^1 \right)$$

$$I_{j\uparrow}(2) = \sum_{m=j}^{M} P_m^2 \sum_{l=0}^{j-1} \lambda_{m,l}^2 \left(P_m^2 \cdot \sum_{r=0}^{M-m} a_{m+r} P_r^1 - P_l^2 \cdot \sum_{r=0}^{M-l} a_{l+r} P_r^1 \right)$$

下面讨论 $I_{j+1\uparrow}(i)$、$I_{j\uparrow}(i)$ 和 $I_{j-1\uparrow}(i)$ 之间的关系。

因为

$$I_{j\uparrow}(i) = \sum_{m=j}^{M_i} P_m^i \sum_{l=0}^{j-1} \lambda_{m,l}^i \sum_{k=1}^{M} a_k (\Pr(\Phi(m_i, X) = k) - \Pr(\Phi(l_i, X) = k))$$

$$I_{j+1\uparrow}(i) = \sum_{m=j+1}^{M_i} P_m^i \sum_{l=0}^{j} \lambda_{m,l}^i \sum_{k=1}^{M} a_k (\Pr(\Phi(m_i, X) = k) - \Pr(\Phi(l_i, X) = k))$$

$$I_{j-1\uparrow}(i) = \sum_{m=j-1}^{M_i} P_m^i \sum_{l=0}^{j-2} \lambda_{m,l}^i \sum_{k=1}^{M} a_k (\Pr(\Phi(m_i, X) = k) - \Pr(\Phi(l_i, X) = k))$$

所以

$$I_{j+1\uparrow}(i) - I_{j\uparrow}(i) = \sum_{m=j+1}^{M_i} P_m^i \lambda_{m,j}^i \sum_{k=1}^{M} a_k (\Pr(\Phi(m_i, X) = k) - \Pr(\Phi(j_i, X) = k))$$

$$- P_j^i \sum_{l=0}^{j-1} \lambda_{j,l}^i \sum_{k=1}^{M} a_k (\Pr(\Phi(j_i, X) = k) - \Pr(\Phi(l_i, X) = k))$$

$$I_{j\uparrow}(i) - I_{j-1\uparrow}(i) = \sum_{m=j}^{M_i} P_m^i \lambda_{m,j-1}^i \sum_{k=1}^{M} a_k (\Pr(\Phi(m_i, X) = k) - \Pr(\Phi((j-1)_i, X) = k))$$

$$- P_{j-1}^i \sum_{l=0}^{j-2} \lambda_{j-1,l}^i \Phi \sum_{k=1}^{M} a_k (\Pr(\Phi((j-1)_i, X) = k) - \Pr(\Phi(l_i, X) = k))$$

基于定理 3-10，有

$$I_{j+1\uparrow}(i) - I_{j\uparrow}(i) = \sum_{m=j+1}^{M} P_m^i \lambda_{m,j}^i \sum_{k=j+1}^{m} (a_k - a_{k-1}) \prod_{q=1,q\neq i}^{n} \rho_{qk} - P_j^i \sum_{l=0}^{j-1} \lambda_{j,l}^i \sum_{k=l+1}^{j} (a_k - a_{k-1}) \prod_{q=1,q\neq i}^{n} \rho_{qk}$$

$$I_{j\uparrow}(i) - I_{j-1\uparrow}(i) = \sum_{m=j}^{M} P_m^i \lambda_{m,j-1}^i \sum_{k=j}^{m} (a_k - a_{k-1}) \prod_{q=1,q\neq i}^{n} \rho_{qk} - P_{j-1}^i \sum_{l=0}^{j-2} \lambda_{j-1,l}^i \sum_{k=l+1}^{j-1} (a_k - a_{k-1}) \prod_{q=1,q\neq i}^{n} \rho_{qk}$$

基于定理 3-11，有

$$I_{j+1\uparrow}(i) - I_{j\uparrow}(i) = \sum_{m=j+1}^{M} P_m^i \lambda_{m,j}^i \sum_{k=j+1}^{m} (a_k - a_{k-1}) \prod_{q=1,q\neq i}^{n} (1 - \rho_{qk})$$

$$- P_j^i \sum_{l=0}^{j-1} \lambda_{j,l}^i \sum_{k=l+1}^{j} (a_k - a_{k-1}) \prod_{q=1,q\neq i}^{n} (1 - \rho_{qk})$$

$$I_{j\uparrow}(i) - I_{j-1\uparrow}(i) = \sum_{m=j}^{M} P_m^i \lambda_{m,j-1}^i \sum_{k=j}^{m} (a_k - a_{k-1}) \prod_{q=1,q\neq i}^{n} (1-\rho_{qk})$$
$$- P_{j-1}^i \sum_{l=0}^{j-2} \lambda_{j-1,l}^i \sum_{k=l+1}^{j-1} (a_k - a_{k-1}) \prod_{q=1,q\neq i}^{n} (1-\rho_{qk})$$

基于定理 3-12, 有

$$I_{j+1\uparrow}(i) - I_{j\uparrow}(i) = \sum_{m=j+1}^{M} P_m^i \lambda_{m,j}^i \left[P_m^i \cdot \sum_{r=0}^{M-m} a_{m+r} \Pr\left(\sum_{s=1,s\neq i}^{n} X_s = r \right) \right.$$
$$\left. - P_j^i \cdot \sum_{r=0}^{M-j} a_{j+r} \Pr\left(\sum_{s=1,s\neq i}^{n} X_s = r \right) \right]$$
$$- P_j^i \sum_{l=0}^{j-1} \lambda_{j,l}^i \left[P_j^i \cdot \sum_{r=0}^{M-j} a_{j+r} \Pr\left(\sum_{s=1,s\neq i}^{n} X_s = r \right) \right.$$
$$\left. - P_l^i \cdot \sum_{r=0}^{M-l} a_{l+r} \Pr\left(\sum_{s=1,s\neq i}^{n} X_s = r \right) \right]$$

$$I_{j\uparrow}(i) - I_{j-1\uparrow}(i) = \sum_{m=j}^{M} P_m^i \lambda_{m,j-1}^i \left[P_m^i \cdot \sum_{r=0}^{M-m} a_{m+r} \Pr\left(\sum_{s=1,s\neq i}^{n} X_s = r \right) \right.$$
$$\left. - P_{j-1}^i \cdot \sum_{r=0}^{M-j-1} a_{j+r-1} \Pr\left(\sum_{s=1,s\neq i}^{n} X_s = r \right) \right] - P_{j-1}^i \sum_{l=0}^{j-2} \lambda_{j-1,l}^i$$
$$\left[P_{j-1}^i \cdot \sum_{r=0}^{M-j-1} a_{j+r-1} \Pr\left(\sum_{s=1,s\neq i}^{n} X_s = r \right) - P_l^i \cdot \sum_{r=0}^{M-l} a_{l+r} \Pr\left(\sum_{s=1,s\neq i}^{n} X_s = r \right) \right]$$

3.4　全寿命周期综合重要度

3.4.1　综合重要度

综合重要度表达式为

$$I_{m,0}^{\text{IIM}}(i,t) = P_m^i(t) \cdot \lambda_{m,0}^i(t) \sum_{k=1}^{M} (a_k - a_{k-1})[\Pr(\Phi(m_i, X(t)) \geq k) - \Pr(\Phi(0_i, X(t)) \geq k)] \quad (3-41)$$

其中, $P_m^i(t) = \Pr\{X_i(t) = m\}$。 $I_{m,0}^{\text{IIM}}(i,t)$ 表示当组件 i 从状态 m 劣化到状态 0 时, 单位时间内系统性能的损失。

当组件 i 从状态 m 劣化到状态 $l(m>l)$ 时的综合重要度为

$$I_{m,l}^{\text{IIM}}(i,t) = P_m^i(t) \cdot \lambda_{m,l}^i(t) \sum_{k=1}^{M} (a_k - a_{k-1})[\Pr(\varPhi(m_i, X(t)) \geqslant k) - \Pr(\varPhi(l_i, X(t)) \geqslant k)] \quad (3\text{-}42)$$

式 (3-41) 和式 (3-42) 都是在某个特定时刻的重要度。然而系统设计人员更关注在全寿命周期中，哪个组件对系统性能影响最大，从而可以延长系统的寿命。系统的全寿命周期按照时间的不同被分成不同的阶段：初始阶段、发展阶段、稳定阶段、故障阶段、维修阶段、报废阶段。在不同的阶段，各个组件对系统性能的影响也是不同的，所以为了更有效地延长系统的寿命，系统优化人员需要关注在不同的阶段中，哪个组件对系统性能影响最大。

下面把综合重要度从单位时间扩展到全寿命周期。利用综合重要度评估面向全生命周期的组件及其状态对系统性能的影响。

在可维修系统中，一旦组件失效就能被立即检测。假设组件 i 的维修时间满足一个连续时间的分布函数 $G_i(t)$，其维修率为 $\mu_i(t)$，密度函数为 $g_i(t)$；组件 i 的寿命满足一个连续时间的分布函数 $F_i(t)$，其失效率为 $\lambda_i(t)$，密度函数为 $f_i(t)$。

在 t 时刻，组件 i 状态转移矩阵为

$$\varPsi_i(t) = \begin{bmatrix} a_{M_i,M_i}^i(t) & \lambda_{M_i,M_i-1}^i(t) & \cdots & \lambda_{M_i,1}^i(t) & \lambda_{M_i,0}^i(t) \\ \mu_{M_i-1,M}^i(t) & a_{M_i-1,M_i-1}^i(t) & \cdots & \lambda_{M_i-1,1}^i(t) & \lambda_{M_i-1,0}^i(t) \\ \vdots & \vdots & & \vdots & \vdots \\ \mu_{0,M_i}^i(t) & \mu_{0,M_i-1}^i(t) & \cdots & \mu_{0,1}^i(t) & a_{0,0}^i(t) \end{bmatrix}$$

其中，$a_{k,k}^i(t), k \in \{0,1,\cdots,M_i\}$ 表示单位时间内，组件 i 停留在状态 k 的平均次数。维修率 $\mu_i(t)$ 表示单位时间内，组件 i 从低于状态 l 提升到高于状态 l 的平均次数，$\mu_i(t) = \sum_{x=0}^{l-1} \sum_{y=l}^{M_i} \mu_{x,y}^i(t)$。失效率 $\lambda_i(t)$ 表示单位时间内，组件 i 从高于状态 l 劣化到低于状态 l 的平均次数，$\lambda_i(t) = \sum_{x=l}^{M_i} \sum_{y=0}^{l-1} \lambda_{x,y}^i(t)$。

假设当一个组件维修后的剩余寿命分布和新组件的一样，分别用 X_{ij} 和 Y_{ij} 表示第 j 个失效周期内，组件 i 的寿命和维修时间。令 $Z_{ij} = X_{ij} + Y_{ij}$，那么 $\{Z_{ij}, j=1,2,\cdots\}$ 构成了一串随机变量序列，其更新寿命分布为

$$Q_i(t) = \Pr\{Z_{ij} \leqslant t\} = \Pr\{X_{ij} + Y_{ij} \leqslant t\} = \int_0^t G_i(t-u)\mathrm{d}F_i(u) = F_i(t) * G_i(t) \quad (3\text{-}43)$$

其中，$*$ 表示卷积运算。

令 $N_i(t)$ 为 $(0, t]$ 中，组件 i 失效的次数。那么 $M_i(t) = E\{N_i(t)\}$ 表示了在 $(0, t]$ 中，组件 i 失效的平均次数。$M_i(t)$ 是组件 i 的更新函数，利用全概率公式可以得到

$$
\begin{aligned}
M_i(t) = {} & E\{N_i(t) \mid X_{i1} > t\} \Pr\{X_{i1} > t\} \\
& + E\{N_i(t) \mid X_{i1} \leqslant t < X_{i1} + Y_{i1}\} \Pr\{X_{i1} \leqslant t < X_{i1} + Y_{i1}\} \\
& + \int_0^t E\{N_i(t) \mid X_{i1} + Y_{i1} = u\} d\Pr\{X_{i1} + Y_{i1} \leqslant u\}
\end{aligned}
\tag{3-44}
$$

在式 (3-44) 中，在 $X_{i1} > t$ 的条件下，$(0, t)$ 内组件 i 失效的次数为 0，所以 $E\{N_i(t) \mid X_{i1} > t\} = 0$；在 $X_{i1} \leqslant t < X_{i1} + Y_{i1}$ 的条件下，$(0, t)$ 内组件 i 失效的次数为 1，所以 $E\{N_i(t) \mid X_{i1} \leqslant t < X_{i1} + Y_{i1}\} = 1$；在 $X_{i1} + Y_{i1} = u$ 的条件下，$(0, u)$ 内组件 i 已经失效一次，所以 $(0, t)$ 内组件 i 的平均失效次数等于 (u, t) 内组件 i 的平均失效次数加 1，$E\{N_i(t) \mid X_{i1} + Y_{i1} = u\} = E\{N_i(t-u)\} + 1 = M(t-u) + 1$。根据式 (3-43)，式 (3-44) 可以转化为

$$
\begin{aligned}
M_i(t) &= \Pr\{X_{i1} \leqslant t < X_{i1} + Y_{i1}\} + \int_0^t [M_i(t-u) + 1] d\Pr\{X_{i1} + Y_{i1} \leqslant u\} \\
&= F_i(t) - F_i(t) * G_i(t) + Q_i(t) * [M_i(t) + 1] = F_i(t) + Q_i(t) * M_i(t)
\end{aligned}
\tag{3-45}
$$

利用拉普拉斯变换可以得到

$$
\hat{M}_i(s) = \int_0^\infty e^{-st} dM_i(t)
\tag{3-46}
$$

所以 $M_i(t)$ 可以通过拉普拉斯逆变换得到。

Griffith 重要度描述了在 t 时刻，当组件 i 从状态 m 到状态 $m-1$ 时，系统性能的变化，即

$$
\begin{aligned}
I_m^G(i,t) = \frac{\partial U}{\partial \rho_{im}(t)} = {} & \sum_{k=1}^M (a_k - a_{k-1})[\Pr(\Phi(m_i, X(t)) \geqslant k) \\
& - \Pr(\Phi((m-1)_i, X(t)) \geqslant k)]
\end{aligned}
\tag{3-47}
$$

其中，$\rho_{im}(t) = \Pr\{X_i(t) \geqslant m\}$，$U = \sum_{k=1}^M a_k \Pr(\Phi(X(t)) = k)$。但是在式 (3-47) 中，Griffith 重要度考虑了组件 i 从状态 m 到状态 $m-1$ 的情况。当在 t 时刻，组件 i 从状态 m 到状态 $j (m>j)$ 时，可以得到

$$
\begin{aligned}
I_{m,j}^G(i,t) &= I_m^G(i,t) + I_{m-1}^G(i,t) + \cdots + I_{j+1}^G(i,t) \\
&= \sum_{k=1}^M (a_k - a_{k-1})[\Pr(\Phi(m_i, X(t)) \geqslant k) - \Pr(\Phi(j_i, X(t)) \geqslant k)]
\end{aligned}
\tag{3-48}
$$

$I_{m,j}^G(i,t)$ 表示了当组件 i 从状态 m 到状态 j 时，系统性能的变化。

假设当组件 i 的状态低于 l 时，组件 i 处于失效状态，如图 3-8 所示。

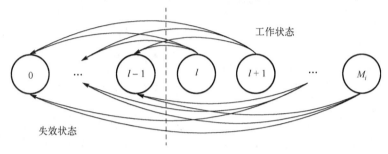

图 3-8　组件 i 的失效形式

那么可以得到当组件 i 从工作状态转移到失效状态时，系统性能的减少为

$$
\begin{aligned}
I_l(i,t) &= \sum_{m=l}^{M_i} \sum_{j=0}^{l-1} \sum_{k=1}^{M} I_{m,j}^G(i,t) \\
&= \sum_{m=l}^{M_i} \sum_{j=0}^{l-1} \sum_{k=1}^{M} (a_k - a_{k-1})(\Pr(\Phi(m_i, X(t)) \geq k) - \Pr(\Phi(j_i, X(t)) \geq k))
\end{aligned}
\tag{3-49}
$$

因为 $\mathrm{d}M_i(t)$ 是单位时间内组件 i 失效的次数，所以 $(0, t]$ 内由于组件 i 的失效，系统性能的期望减少为

$$
\begin{aligned}
I(i,t) &= \int_0^t I_l(i,u)\mathrm{d}M_i(u) \\
&= \int_0^t \sum_{m=l}^{M_i} \sum_{j=0}^{l-1} \sum_{k=1}^{M} (a_k - a_{k-1})(\Pr(\Phi(m_i, X(u)) \geq k) - \Pr(\Phi(j_i, X(u)) \geq k))\mathrm{d}M_i(u)
\end{aligned}
$$

那么 $(0, t]$ 内组件 i 促使系统性能减少的概率为 $\dfrac{I(i,t)}{\sum\limits_{i=1}^{n} I(i,t)}$ ，如下

$$
\begin{aligned}
I^{\mathrm{IIM}}(i,t) &= \frac{I(i,t)}{\sum\limits_{i=1}^{n} I(i,t)} \\
&= \frac{\int_0^t \sum\limits_{m=l}^{M_i} \sum\limits_{j=0}^{l-1} \sum\limits_{k=1}^{M} (a_k - a_{k-1})(\Pr(\Phi(m_i, X(u)) \geq k) - \Pr(\Phi(j_i, X(u)) \geq k))\mathrm{d}M_i(u)}{\sum\limits_{i=1}^{n} \int_0^t \sum\limits_{m=l}^{M_i} \sum\limits_{j=0}^{l-1} \sum\limits_{k=1}^{M} (a_k - a_{k-1})(\Pr(\Phi(m_i, X(u)) \geq k) - \Pr(\Phi(j_i, X(u)) \geq k))\mathrm{d}M_i(u)}
\end{aligned}
$$

$$\tag{3-50}$$

在式(3 50)中，令 $t \to \infty$，全寿命周期中组件 i 促使系统性能减少的概率为

$$I^{\mathrm{IIM}}(i) = \frac{\int_0^\infty \sum_{m=l}^{M_i} \sum_{j=0}^{l-1} \sum_{k=1}^{M} (a_k - a_{k-1})(\Pr(\Phi(m_i, X(t)) \geq k) - \Pr(\Phi(j_i, X(t)) \geq k)) \mathrm{d}M_i(t)}{\sum_{i=1}^{n} \int_0^\infty \sum_{m=l}^{M_i} \sum_{j=0}^{l-1} \sum_{k=1}^{M} (a_k - a_{k-1})(\Pr(\Phi(m_i, X(t)) \geq k) - \Pr(\Phi(j_i, X(t)) \geq k)) \mathrm{d}M_i(t)}$$

$$(3\text{-}51)$$

$I^{\mathrm{IIM}}(i)$ 被称为全寿命周期中组件 i 的综合重要度。系统的全寿命周期按照时间的不同被分成不同的阶段，如果 t_1 表示一个阶段的开始，t_2 表示一个阶段的结束，那么 $[t_1, t_2]$ 内，组件 i 的综合重要度为

$$I^{\mathrm{IIM}}(i, t_1, t_2) = \frac{\int_{t_1}^{t_2} \sum_{m=l}^{M_i} \sum_{j=0}^{l-1} \sum_{k=1}^{M} (a_k - a_{k-1})(\Pr(\Phi(m_i, X(t)) \geq k) - \Pr(\Phi(j_i, X(t)) \geq k)) \mathrm{d}M_i(t)}{\sum_{i=1}^{n} \int_{t_1}^{t_2} \sum_{m=l}^{M_i} \sum_{j=0}^{l-1} \sum_{k=1}^{M} (a_k - a_{k-1})(\Pr(\Phi(m_i, X(t)) \geq k) - \Pr(\Phi(j_i, X(t)) \geq k)) \mathrm{d}M_i(t)}$$

3.4.2　综合重要度性质

令 $\mu_i(t) = \mu_i$，$\lambda_i(t) = \lambda_i$。当组件 i 的寿命和维修时间满足指数分布时，可以得到 $F_i(t) = 1 - \mathrm{e}^{-\lambda_i t}$，$G_i(t) = 1 - \mathrm{e}^{-\mu_i t}$。可以计算得出

$$M_i(t) = \frac{\lambda_i \mu_i}{\lambda_i + \mu_i} t + \frac{\lambda_i^2}{(\lambda_i + \mu_i)^2} [1 - \mathrm{e}^{-(\lambda_i + \mu_i)t}]$$

所以

$$\mathrm{d}M_i(t) = \left[\frac{\lambda_i \mu_i}{\lambda_i + \mu_i} + \frac{\lambda_i^2}{\lambda_i + \mu_i} \mathrm{e}^{-(\lambda_i + \mu_i)t} \right] \mathrm{d}t \qquad (3\text{-}52)$$

那么

$$I^{\mathrm{IIM}}(i) = \frac{\begin{aligned}&\int_0^\infty \sum_{m=l}^{M_i} \sum_{j=0}^{l-1} \sum_{k=1}^{M} (a_k - a_{k-1})(\Pr(\Phi(m_i, X(t)) \geq k)\\&- \Pr(\Phi(j_i, X(t)) \geq k)) \cdot \left[\frac{\lambda_i \mu_i}{\lambda_i + \mu_i} + \frac{\lambda_i^2}{\lambda_i + \mu_i} \mathrm{e}^{-(\lambda_i + \mu_i)t} \right] \mathrm{d}t\end{aligned}}{\begin{aligned}&\sum_{i=1}^{n} \int_0^\infty \sum_{m=l}^{M_i} \sum_{j=0}^{l-1} \sum_{k=1}^{M} (a_k - a_{k-1})(\Pr(\Phi(m_i, X(t)) \geq k)\\&- \Pr(\Phi(j_i, X(t)) \geq k)) \cdot \left[\frac{\lambda_i \mu_i}{\lambda_i + \mu_i} + \frac{\lambda_i^2}{\lambda_i + \mu_i} \mathrm{e}^{-(\lambda_i + \mu_i)t} \right] \mathrm{d}t\end{aligned}}$$

当 $M_i = M = 1$ 时，$l=1$。所以 $\lambda_i(t) = \lambda_{1,0}^i(t)$，$\mu_i(t) = \mu_{0,1}^i(t)$。那么

$$\sum_{m=l}^{M_i}\sum_{j=0}^{l-1}\sum_{k=1}^{M}(a_k - a_{k-1})(\Pr(\Phi(m_i, X(t)) \geq k) - \Pr(\Phi(j_i, X(t)) \geq k))$$

$$= (a_1 - a_0)\big(\Pr(\Phi(1_i, X(t)) = 1) - \Pr(\Phi(0_i, X(t)) = 1)\big)$$

所以式 (3-50) 可以转换成

$$I^{\text{IIM}}(i,t) = \frac{\int_0^t (a_1 - a_0)(\Pr(\Phi(1_i, X(u)) = 1) - \Pr(\Phi(0_i, X(u)) = 1))\mathrm{d}M_i(u)}{\sum_{i=1}^{n}\int_0^t (a_1 - a_0)(\Pr(\Phi(1_i, X(u)) = 1) - \Pr(\Phi(0_i, X(u)) = 1))\mathrm{d}M_i(u)}$$

当 $t \to \infty$，有

$$I^{\text{IIM}}(i) = \frac{\int_0^\infty (a_1 - a_0)(\Pr(\Phi(1_i, X(t)) = 1) - \Pr(\Phi(0_i, X(t)) = 1))\mathrm{d}M_i(t)}{\sum_{i=1}^{n}\int_0^\infty (a_1 - a_0)(\Pr(\Phi(1_i, X(t)) = 1) - \Pr(\Phi(0_i, X(t)) = 1))\mathrm{d}M_i(t)}$$

根据式 (3-43) 和式 (3-45)，$M_i(t) = F_i(t)$。所以基于式 (3-41)，有

$$\begin{aligned}
I(i) &= \int_0^\infty (a_1 - a_0)(\Pr(\Phi(1_i, X(t)) = 1) - \Pr(\Phi(0_i, X(t)) = 1))\mathrm{d}M_i(t) \\
&= \int_0^\infty (a_1 - a_0)(\Pr(\Phi(1_i, X(t)) = 1) - \Pr(\Phi(0_i, X(t)) = 1))\mathrm{d}F_i(t) \\
&= \int_0^\infty (a_1 - a_0)(\Pr(\Phi(1_i, X(t)) = 1) - \Pr(\Phi(0_i, X(t)) = 1))f_i(t)\mathrm{d}t \qquad (3\text{-}53) \\
&= \int_0^\infty (a_1 - a_0)(\Pr(\Phi(1_i, X(t)) = 1) - \Pr(\Phi(0_i, X(t)) = 1))\lambda_{1,0}^i(t)P_1^i(t)\mathrm{d}t \\
&= \int_0^\infty I_{1,0}^{\text{IIM}}(i,t)\mathrm{d}t
\end{aligned}$$

从式 (3-53) 可知，$I(i)$ 表示了全寿命周期中，当组件 i 失效促使系统性能的期望减少，并且 $I(i)$ 是 $I_{1,0}^{\text{IIM}}(i,t)$ 在 $(0, \infty)$ 上的积分。

Barlow-Proschan (B-P) 重要度[5]描述了全寿命周期中，组件 i 促使系统失效的概率为

$$I_{\text{B-P}}(i) = \int_0^\infty (\Pr(\Phi(1_i, X(t)) = 1) - \Pr(\Phi(0_i, X(t)) = 1))f_i(t)\mathrm{d}t$$

因为 Birnbaum 重要度 $I_{\text{B}}(i,t) = \Pr(\Phi(1_i, X(t)) = 1) - \Pr(\Phi(0_i, X(t)) = 1)$，所以基于式 (3-53)，有

$$I(i) = \int_0^\infty I_B(i,t)(a_1 - a_0) f_i(t) \mathrm{d}t = (a_1 - a_0) I_{B\text{-}P}(i) \tag{3-54}$$

式(3-54)表示了 $I(i)$ 是 Birnbaum 重要度的一个加权平均，权重是 $(a_1 - a_0) f_i(t)$。

定理 3-13 在二态系统中，$I^{\mathrm{IIM}}(i) = I_{B\text{-}P}(i)$。

证明 根据式(3-51)和式(3-54)，有

$$I^{\mathrm{IIM}}(i) = \frac{I(i)}{\sum\limits_{i=1}^{n} I(i)} = \frac{(a_1 - a_0) I_{B\text{-}P}(i)}{\sum\limits_{i=1}^{n} (a_1 - a_0) I_{B\text{-}P}(i)} = \frac{(a_1 - a_0) I_{B\text{-}P}(i)}{(a_1 - a_0)\sum\limits_{i=1}^{n} I_{B\text{-}P}(i)} = \frac{I_{B\text{-}P}(i)}{\sum\limits_{i=1}^{n} I_{B\text{-}P}(i)}$$

在二态系统中，有

$$I_{B\text{-}P}(i) = \int_0^\infty \big(\Pr(\Phi(1_i, X(t)) = 1) - \Pr(\Phi(0_i, X(t)) = 1) \big) f_i(t) \mathrm{d}t$$

其中，$I_{B\text{-}P}(i)$ 表示了组件 i 促使系统失效的概率，所以 $\sum\limits_{i=1}^{n} I_{B\text{-}P}(i) = 1$。那么 $I^{\mathrm{IIM}}(i) = I_{B\text{-}P}(i)$，证毕。

在定理 3-13 中，B-P 重要度是对系统可靠性的一个衡量，综合重要度是对系统性能的一个衡量。

定理 3-14 在串联系统中，有

$$I^{\mathrm{IIM}}(i) = \frac{\displaystyle\int_0^\infty \sum_{m=l}^{M_i} \sum_{j=0}^{l-1} \sum_{k=j+1}^{m} (a_k - a_{k-1}) \prod_{q=1,q\neq i}^{n} \Pr(X_q(t) \geqslant k) \mathrm{d}M_i(t)}{\displaystyle\sum_{i=1}^{n} \int_0^\infty \sum_{m=l}^{M_i} \sum_{j=0}^{l-1} \sum_{k=j+1}^{m} (a_k - a_{k-1}) \prod_{q=1,q\neq i}^{n} \Pr(X_q(t) \geqslant k) \mathrm{d}M_i(t)}$$

证明 在串联系统中，$\Pr(\Phi(m_i, X(t)) \geqslant k) = 0, k = m+1, \cdots, M$，所以

$$\sum_{k=1}^{M} (a_k - a_{k-1}) \Pr(\Phi(m_i, X(t)) \geqslant k)$$

$$= \sum_{k=1}^{m} (a_k - a_{k-1}) \Pr(\Phi(m_i, X(t)) \geqslant k) + \sum_{k=m+1}^{M} (a_k - a_{k-1}) \Pr(\Phi(m_i, X(t)) \geqslant k)$$

$$= \sum_{k=1}^{m} (a_k - a_{k-1}) \Pr(\Phi(m_i, X(t)) \geqslant k)$$

$$= \sum_{k=1}^{m} (a_k - a_{k-1}) \Pr\{\min\{X_1(t), \cdots, X_{i-1}(t), m, X_{i+1}(t), \cdots, X_n(t)\} \geqslant k\}$$

$$= \sum_{k=1}^{m} (a_k - a_{k-1}) \Pr\{X_1(t) \geqslant k, \cdots, X_{i-1}(t) \geqslant k, m \geqslant k, X_{i+1}(t) \geqslant k, \cdots, X_n(t) \geqslant k\}$$

$$= \sum_{k=1}^{m} (a_k - a_{k-1}) \prod_{q=1,q\neq i}^{n} \mathrm{Pr}(X_q(t) \geqslant k)$$

同理

$$\sum_{k=1}^{M} (a_k - a_{k-1}) \mathrm{Pr}(\Phi(j_i, X(t)) \geqslant k) = \sum_{k=1}^{j} (a_k - a_{k-1}) \prod_{q=1,q\neq i}^{n} \mathrm{Pr}(X_q(t) \geqslant k)$$

所以

$$\sum_{k=1}^{M} (a_k - a_{k-1}) \big(\mathrm{Pr}(\Phi(m_i, X(t)) \geqslant k) - \mathrm{Pr}(\Phi(j_i, X(t)) \geqslant k)$$

$$= \sum_{k=1}^{m} (a_k - a_{k-1}) \prod_{q=1,q\neq i}^{n} \mathrm{Pr}(X_q(t) \geqslant k) - \sum_{k=1}^{j} (a_k - a_{k-1}) \prod_{q=1,q\neq i}^{n} \mathrm{Pr}(X_q(t) \geqslant k)$$

$$= \sum_{k=j+1}^{m} (a_k - a_{k-1}) \prod_{q=1,q\neq i}^{n} \mathrm{Pr}(X_q(t) \geqslant k)$$

根据式(3-51),有

$$I^{\mathrm{IIM}}(i) = \frac{\displaystyle\int_0^{\infty} \sum_{m=l}^{M_i} \sum_{j=0}^{l-1} \sum_{k=j+1}^{m} (a_k - a_{k-1}) \prod_{q=1,q\neq i}^{n} \mathrm{Pr}(X_q(t) \geqslant k) \mathrm{d}M_i(t)}{\displaystyle\sum_{i=1}^{n} \int_0^{\infty} \sum_{m=l}^{M_i} \sum_{j=0}^{l-1} \sum_{k=j+1}^{m} (a_k - a_{k-1}) \prod_{q=1,q\neq i}^{n} \mathrm{Pr}(X_q(t) \geqslant k) \mathrm{d}M_i(t)}$$

证毕。

从定理3-14可知,在串联系统中,系统全寿命周期的综合重要度能被简化为关于$\mathrm{Pr}(X_q(t) \geqslant k)$的函数,这为工程师提供了方便来计算综合重要度。

定理3-15 在并联系统中,有

$$I^{\mathrm{IIM}}(i) = \frac{\displaystyle\int_0^{\infty} \sum_{m=l}^{M_i} \sum_{j=0}^{l-1} \sum_{k=j+1}^{m} (a_k - a_{k-1}) \prod_{q=1,q\neq i}^{n} \mathrm{Pr}(X_q(t) < k) \mathrm{d}M_i(t)}{\displaystyle\sum_{i=1}^{n} \int_0^{\infty} \sum_{m=l}^{M_i} \sum_{j=0}^{l-1} \sum_{k=j+1}^{m} (a_k - a_{k-1}) \prod_{q=1,q\neq i}^{n} \mathrm{Pr}(X_q(t) < k) \mathrm{d}M_i(t)}$$

证明 在并联系统中, $\mathrm{Pr}(\Phi(m_i, X(t)) < k) = 0, k = 1, 2, \cdots, m$。根据式(3-51),有

$$I^{\mathrm{IIM}}(i) = \int_0^{\infty} \sum_{m=l}^{M_i} \sum_{j=0}^{l-1} \sum_{k=1}^{M} (a_k - a_{k-1})(\mathrm{Pr}(\Phi(m_i, X(t)) \geqslant k) - \mathrm{Pr}(\Phi(j_i, X(t)) \geqslant k)) \mathrm{d}M_i(t)$$

$$= \int_0^{\infty} \sum_{m=l}^{M_i} \sum_{j=0}^{l-1} \sum_{k=1}^{M} (a_k - a_{k-1})(1 - \mathrm{Pr}(\Phi(m_i, X(t)) < k) - \big(1 - \mathrm{Pr}(\Phi(j_i, X(t)) < k)\big)) \mathrm{d}M_i(t)$$

$$= \int_0^\infty \sum_{m=l}^{M_i} \sum_{j=0}^{l-1} \sum_{k=1}^{M} (a_k - a_{k-1})(\Pr(\Phi(j_i, X(t)) < k) - \Pr(\Phi(m_i, X(t)) < k)) \mathrm{d}M_i(t)$$

那么

$$\sum_{k=1}^{M} (a_k - a_{k-1}) \Pr(\Phi(m_i, X(t)) < k)$$

$$= \sum_{k=1}^{m} (a_k - a_{k-1}) \Pr(\Phi(m_i, X(t)) < k) + \sum_{k=m+1}^{M} (a_k - a_{k-1}) \Pr(\Phi(m_i, X(t)) < k)$$

$$= \sum_{k=m+1}^{M} (a_k - a_{k-1}) \Pr(\Phi(m_i, X(t)) < k)$$

$$= \sum_{k=m+1}^{M} (a_k - a_{k-1}) \Pr\{\max\{X_1(t), \cdots, X_{i-1}(t), m, X_{i+1}(t), \cdots, X_n(t)\} < k\}$$

$$= \sum_{k=m+1}^{M} (a_k - a_{k-1}) \Pr\{X_1(t) < k, \cdots, X_{i-1}(t) < k, m < k, X_{i+1}(t) < k, \cdots, X_n(t) < k\}$$

$$= \sum_{k=m+1}^{M} (a_k - a_{k-1}) \prod_{q=1, q \neq i}^{n} \Pr(X_q(t) < k)$$

同理

$$\sum_{k=1}^{M} (a_k - a_{k-1}) \Pr(\Phi(j_i, X(t)) < k) = \sum_{k=j+1}^{M} (a_k - a_{k-1}) \prod_{q=1, q \neq i}^{n} \Pr(X_q(t) < k)$$

所以

$$\sum_{k=1}^{M} (a_k - a_{k-1})(\Pr(\Phi(j_i, X(t)) < k) - \Pr(\Phi(m_i, X(t)) < k))$$

$$= \sum_{k=j+1}^{M} (a_k - a_{k-1}) \prod_{q=1, q \neq i}^{n} \Pr(X_q(t) < k) - \sum_{k=m+1}^{M} (a_k - a_{k-1}) \prod_{q=1, q \neq i}^{n} \Pr(X_q(t) < k)$$

$$= \sum_{k=j+1}^{m} (a_k - a_{k-1}) \prod_{q=1, q \neq i}^{n} \Pr(X_q(t) < k)$$

则

$$I^{\mathrm{IIM}}(i) = \frac{\int_0^\infty \sum_{m=l}^{M_i} \sum_{j=0}^{l-1} \sum_{k=j+1}^{m} (a_k - a_{k-1}) \prod_{q=1, q \neq i}^{n} \Pr(X_q(t) < k) \mathrm{d}M_i(t)}{\sum_{i=1}^{n} \int_0^\infty \sum_{m=l}^{M_i} \sum_{j=0}^{l-1} \sum_{k=j+1}^{m} (a_k - a_{k-1}) \prod_{q=1, q \neq i}^{n} \Pr(X_q(t) < k) \mathrm{d}M_i(t)}$$

从定理 3-15 可知，在并联系统中，系统全寿命周期的综合重要度能被简化为关于 $\Pr(X_q(t) < k)$ 的函数，这为工程师计算综合重要度提供了方便。

3.5　联合综合重要度

联合重要度评估了两个组件可靠性联合交互变化对系统性能的影响程度。Wu 给出了基于系统性能的两组件的联合重要度[17]

$$
\begin{aligned}
\text{JPIM}(i,j;m,k) = \sum_{l=1}^{M} (a_l - a_{l-1}) & \{\Pr[\Phi(m_i, k_j, X) \geq l] - \Pr[\Phi(m_i, (k-1)_j, X) \geq l] \\
& - \Pr[\Phi((m-1)_i, k_j, X) \geq l] + \Pr[\Phi((m-1)_i, (k-1)_j, X) \geq l]\}
\end{aligned}
\tag{3-55}
$$

$\text{JPIM}(i,j;m,k)$ 表示当组件 j 从状态 k 劣化到状态 $k-1$ 时，组件 i 的变化对系统性能的影响。基于此，下面分别给出劣化过程和维修过程两组件的联合综合重要度的定义，并分析其对应的性质。

3.5.1　劣化过程联合综合重要度

定义 3-1　在劣化过程中，组件 i 从状态 m 劣化到状态 q 和组件 j 从状态 k 劣化到状态 o 的联合综合重要度为

$$
\begin{aligned}
& \text{JIIMDP}(i,j;m,q;k,o) \\
& = P_{jk} \cdot P_{im} \cdot \lambda_{k,o}^i \cdot \lambda_{m,q}^i \sum_{l=1}^{M} (a_l - a_{l-1}) \{\Pr(\Phi(m_i, k_j, X) \geq l) \\
& \quad - \Pr(\Phi(m_i, o_j, X) \geq l) - \Pr(\Phi(q_i, k_j, X) \geq l) + \Pr(\Phi(q_i, o_j, X) \geq l)\}
\end{aligned}
\tag{3-56}
$$

$\text{JIIMDP}(i,j;m,q;k,o)$ 表示当组件 j 从状态 k 劣化到状态 o 时，组件 i 从状态 m 劣化到状态 q 变化对系统性能的影响程度。

定义 3-2　在劣化过程中，组件 i 的状态 m 和组件 j 的状态 k 的联合综合重要度是

$$
\text{JIIMDP}(i,j;m,k) = \sum_{q=0}^{m-1} \sum_{o=0}^{k-1} \text{JIIMDP}(i,j;m,q;k,o)
\tag{3-57}
$$

定义 3-3　在劣化过程中，组件 i 和组件 j 的联合综合重要度是

$$
\text{JIIMDP}(i,j) = \sum_{k=1}^{M} \sum_{m=1}^{M} \text{JIIMDP}(i,j;m,k)
\tag{3-58}
$$

定义 3-1 描述了不同组件不同状态转移的联合综合重要度；定义 3-2 描述

了不同组件不同状态的联合综合重要度；定义 3-3 描述了不同组件的联合综合重要度。

当 $q=o=0$ 时，式 (3-56) 可以转化为

$$\text{JIIMDP}(i,j;m,0;k,0)$$

$$= P_{jk} \cdot P_{im} \cdot \lambda_{k,0}^i \cdot \lambda_{m,0}^i \sum_{l=1}^{M} (a_l - a_{l-1}) \{ \Pr(\Phi(m_i, k_j, X) \ge l) \tag{3-59}$$

$$- \Pr(\Phi(m_i, 0_j, X) \ge l) - \Pr(\Phi(0_i, k_j, X) \ge l) + \Pr(\Phi(0_i, 0_j, X) \ge l) \}$$

定理 3-16　在串联系统中，有

$$\text{JIIMDP}(i,j;m,0;k,0) = \begin{cases} P_{jk} \cdot P_{im} \cdot \lambda_{k,0}^i \cdot \lambda_{m,0}^i \sum_{l=1}^{k} (a_l - a_{l-1}) \prod_{x=1, x \ne i, j}^{n} \rho_{xl}, m \ge k \\ P_{jk} \cdot P_{im} \cdot \lambda_{k,0}^i \cdot \lambda_{m,0}^i \sum_{l=1}^{m} (a_l - a_{l-1}) \prod_{x=1, x \ne i, j}^{n} \rho_{xl}, m < k \end{cases}$$

其中，$\rho_{im} = \Pr\{x_i \ge m\} = P_{im} + P_{i(m+1)} + \cdots + P_{iM_i}$。

证明　因为串联系统的结构函数为 $\Phi(X) = \min\{x_1, x_2, \cdots, x_n\}$，所以可以得到 $\Pr(\Phi(m_i, 0_j, X) \ge l) = \Pr(\Phi(0_i, k_j, X) \ge l) = \Pr(\Phi(0_i, 0_j, X) \ge l) = 0$。基于式 (3-59)，可以得到

$$\text{JIIMDP}(i,j;m,0;k,0) = P_{jk} \cdot P_{im} \cdot \lambda_{k,0}^i \cdot \lambda_{m,0}^i \sum_{l=1}^{M} (a_l - a_{l-1}) \Pr(\Phi(m_i, k_j, X) \ge l) \tag{3-60}$$

如果 $m \ge k$，那么 $\Pr(\Phi(m_i, 0_j, X) \ge l) = \Pr(\Phi(0_i, k_j, X) \ge l) = \Pr(\Phi(0_i, 0_j, X) \ge l) = 0$。
所以

$$\sum_{l=1}^{M} (a_l - a_{l-1}) \Pr(\Phi(m_i, k_j, X) \ge l)$$

$$= \sum_{l=1}^{k} (a_l - a_{l-1}) \Pr(\Phi(m_i, k_j, X) \ge l) + \sum_{l=k+1}^{M} (a_l - a_{l-1}) \Pr(\Phi(m_i, k_j, X) \ge l)$$

$$= \sum_{l=1}^{k} (a_l - a_{l-1}) \Pr(\Phi(m_i, k_j, X) \ge l) = \sum_{l=1}^{k} (a_l - a_{l-1}) \prod_{x=1, x \ne i, j}^{n} \rho_{xl}$$

如果 $m < k$，那么 $\Pr(\Phi(m_i, k_j, X) \ge l) = 0, l = m+1, \cdots, M$。同理

$$\sum_{l=1}^{M} (a_l - a_{l-1}) \Pr(\Phi(m_i, k_j, X) \ge l) = \sum_{l=1}^{m} (a_l - a_{l-1}) \prod_{x=1, x \ne i, j}^{n} \rho_{xl}$$

所以根据式 (3-60)，有

$$\mathrm{JIIMDP}(i,j;m,0;k,0) = \begin{cases} P_{jk} \cdot P_{im} \cdot \lambda_{k,0}^i \cdot \lambda_{m,0}^i \sum_{l=1}^{k} (a_l - a_{l-1}) \prod_{x=1,x\neq i,j}^{n} \rho_{xl}, m \geqslant k \\ P_{jk} \cdot P_{im} \cdot \lambda_{k,0}^i \cdot \lambda_{m,0}^i \sum_{l=1}^{m} (a_l - a_{l-1}) \prod_{x=1,x\neq i,j}^{n} \rho_{xl}, m < k \end{cases}$$

证毕。

定理 3-17　在并联系统中，有

$$\mathrm{JIIMDP}(i,j;m,0;k,0) = \begin{cases} -P_{jk} \cdot P_{im} \cdot \lambda_{k,0}^i \cdot \lambda_{m,0}^i \sum_{l=1}^{k} (a_l - a_{l-1}) \prod_{x=1,x\neq i,j}^{n} (1-\rho_{xl}), m \geqslant k \\ -P_{jk} \cdot P_{im} \cdot \lambda_{k,0}^i \cdot \lambda_{m,0}^i \sum_{l=1}^{m} (a_l - a_{l-1}) \prod_{x=1,x\neq i,j}^{n} (1-\rho_{xl}), m < k \end{cases}$$

证明　式 (3-59) 可以转化为

$$\mathrm{JIIMDP}(i,j;m,0;k,0)$$
$$= P_{jk} \cdot P_{im} \cdot \lambda_{k,0}^i \cdot \lambda_{m,0}^i \sum_{l=1}^{M} (a_l - a_{l-1})\{\Pr(\Phi(m_i,0_j,X)<l \tag{3-61}$$
$$- \Pr(\Phi(m_i,k_j,X)<l)) + \Pr(\Phi(0_i,k_j,X)<l) - \Pr(\Phi(0_i,0_j,X)<l)\}$$

因为并联系统的结构函数为 $\Phi(X) = \max\{x_1, x_2, \cdots, x_n\}$，所以可以得到

$$\sum_{l=1}^{M} (a_l - a_{l-1}) \Pr(\Phi(m_i,0_j,X)<l)$$
$$= \sum_{l=1}^{m} (a_l - a_{l-1}) \Pr(\Phi(m_i,0_j,X)<l) + \sum_{l=m+1}^{M} (a_l - a_{l-1}) \Pr(\Phi(m_i,0_j,X)<l)$$
$$= \sum_{l=m+1}^{M} (a_l - a_{l-1}) \Pr(\Phi(m_i,0_j,X)<l) = \sum_{l=m+1}^{M} (a_l - a_{l-1}) \prod_{x=1,x\neq i,j}^{n} (1-\rho_{xl})$$

$$\sum_{l=1}^{M} (a_l - a_{l-1}) \Pr(\Phi(0_i,k_j,X)<l)$$
$$= \sum_{l=1}^{k} (a_l - a_{l-1}) \Pr(\Phi(0_i,k_j,X)<l) + \sum_{l=k+1}^{M} (a_l - a_{l-1}) \Pr(\Phi(0_i,k_j,X)<l)$$
$$= \sum_{l=k+1}^{M} (a_l - a_{l-1}) \Pr(\Phi(0_i,k_j,X)<l) = \sum_{l=k+1}^{M} (a_l - a_{l-1}) \prod_{x=1,x\neq i,j}^{n} (1-\rho_{xl})$$

$$\sum_{l=1}^{M} (a_l - a_{l-1}) \Pr(\Phi(0_i,0_j,X)<l) = \sum_{l=1}^{M} (a_l - a_{l-1}) \prod_{x=1,x\neq i,j}^{n} (1-\rho_{xl})$$

如果 $m \geq k$ ，那么 $\Pr(\varPhi(m_i, k_j, X) < l) = 0, l = 1, \cdots, m$ 。所以

$$\sum_{l=1}^{M} (a_l - a_{l-1}) \Pr(\varPhi(m_i, k_j, X) < l)$$

$$= \sum_{l=1}^{m} (a_l - a_{l-1}) \Pr(\varPhi(m_i, k_j, X) < l) + \sum_{l=m+1}^{M} (a_l - a_{l-1}) \Pr(\varPhi(m_i, k_j, X) < l)$$

$$= \sum_{l=m+1}^{M} (a_l - a_{l-1}) \Pr(\varPhi(m_i, k_j, X) < l) = \sum_{l=m+1}^{M} (a_l - a_{l-1}) \prod_{x=1, x \neq i, j}^{n} (1 - \rho_{xl})$$

如果 $m < k$ ，那么 $\Pr(\varPhi(m_i, k_j, X) < l) = 0, l = 1, \cdots, k$ 。同理

$$\sum_{l=1}^{M} (a_l - a_{l-1}) \Pr(\varPhi(m_i, k_j, X) \geq l) = \sum_{l=k+1}^{M} (a_l - a_{l-1}) \prod_{x=1, x \neq i, j}^{n} \rho_{xl}$$

根据（3-61），如果 $m \geq k$ ，那么

$$\text{JIIMDP}(i, j; m, 0; k, 0)$$

$$= P_{jk} \cdot P_{im} \cdot \lambda_{k,0}^{i} \cdot \lambda_{m,0}^{i} \sum_{l=1}^{M} (a_l - a_{l-1}) \{ \Pr(\varPhi(0_i, k_j, X) < l) - \Pr(\varPhi(0_i, 0_j, X) < l) \}$$

$$= P_{jk} \cdot P_{im} \cdot \lambda_{k,0}^{i} \cdot \lambda_{m,0}^{i} \left[\sum_{l=k+1}^{M} (a_l - a_{l-1}) \prod_{x=1, x \neq i, j}^{n} (1 - \rho_{xl}) - \sum_{l=1}^{M} (a_l - a_{l-1}) \prod_{x=1, x \neq i, j}^{n} (1 - \rho_{xl}) \right]$$

$$= -P_{jk} \cdot P_{im} \cdot \lambda_{k,0}^{i} \cdot \lambda_{m,0}^{i} \sum_{l=1}^{k} (a_l - a_{l-1}) \prod_{x=1, x \neq i, j}^{n} (1 - \rho_{xl})$$

如果 $m < k$ ，那么

$$\text{JIIMDP}(i, j; m, 0; k, 0)$$

$$= P_{jk} \cdot P_{im} \cdot \lambda_{k,0}^{i} \cdot \lambda_{m,0}^{i} \sum_{l=1}^{M} (a_l - a_{l-1}) \{ \Pr(\varPhi(m_i, 0_j, X) < l) - \Pr(\varPhi(0_i, 0_j, X) < l) \}$$

$$= P_{jk} \cdot P_{im} \cdot \lambda_{k,0}^{i} \cdot \lambda_{m,0}^{i} \left[\sum_{l=m+1}^{M} (a_l - a_{l-1}) \prod_{x=1, x \neq i, j}^{n} (1 - \rho_{xl}) - \sum_{l=1}^{M} (a_l - a_{l-1}) \prod_{x=1, x \neq i, j}^{n} (1 - \rho_{xl}) \right]$$

$$= -P_{jk} \cdot P_{im} \cdot \lambda_{k,0}^{i} \cdot \lambda_{m,0}^{i} \sum_{l=1}^{m} (a_l - a_{l-1}) \prod_{x=1, x \neq i, j}^{n} (1 - \rho_{xl})$$

所以

$$\text{JIIMDP}(i, j; m, 0; k, 0) = \begin{cases} -P_{jk} \cdot P_{im} \cdot \lambda_{k,0}^{i} \cdot \lambda_{m,0}^{i} \sum_{l=1}^{k} (a_l - a_{l-1}) \prod_{x=1, x \neq i, j}^{n} (1 - \rho_{xl}), m \geq k \\ -P_{jk} \cdot P_{im} \cdot \lambda_{k,0}^{i} \cdot \lambda_{m,0}^{i} \sum_{l=1}^{m} (a_l - a_{l-1}) \prod_{x=1, x \neq i, j}^{n} (1 - \rho_{xl}), m < k \end{cases}$$

证毕。

3.5.2　维修过程联合综合重要度

定义 3-4　在维修过程中,组件 i 从状态 m 提升到状态 q 和组件 j 从状态 k 提升到状态 o 的联合综合重要度为

$$
\begin{aligned}
&\text{JIIMMP}(i,j;m,q;k,o)\\
&= P_{jk} \cdot P_{im} \cdot \mu_{k,o}^{i} \cdot \mu_{m,q}^{i} \sum_{l=0}^{M-1}(c_l - c_{l+1})\{\Pr(\Phi(m_i,k_j,X) \leqslant l)\\
&\quad - \Pr(\Phi(m_i,o_j,X) \leqslant l) - \Pr(\Phi(q_i,k_j,X) \leqslant l) + \Pr(\Phi(q_i,o_j,X) \leqslant l)\}
\end{aligned}
\tag{3-62}
$$

$\text{JIIMMP}(i,j;m,k)$ 表示当组件 j 从状态 k 提升到状态 o 时,组件 i 从状态 m 提升到状态 q 变化对系统性能的影响程度。

定义 3-5　在维修过程中,组件 i 的状态 m 和组件 j 的状态 k 的联合综合重要度是

$$
\text{JIIMMP}(i,j;m,k) = \sum_{q=m+1}^{M} \sum_{o=k+1}^{M} \text{JIIMMP}(i,j;m,q;k,o)
\tag{3-63}
$$

定义 3-6　在维修过程中,组件 i 和组件 j 的联合综合重要度是

$$
\text{JIIMMP}(i,j) = \sum_{k=0}^{M-1} \sum_{m=0}^{M-1} \text{JIIMMP}(i,j;m,k)
\tag{3-64}
$$

当 $q=o=m$ 时,有

$$
\begin{aligned}
&\text{JIIMMP}(i,j;m,M;k,M)\\
&= P_{jk} \cdot P_{im} \cdot \mu_{k,M}^{i} \cdot \mu_{m,M}^{i} \sum_{l=0}^{M-1}(c_l - c_{l+1})\{\Pr(\Phi(m_i,k_j,X) \leqslant l)\\
&\quad - \Pr(\Phi(m_i,M_j,X) \leqslant l) - \Pr(\Phi(M_i,k_j,X) \leqslant l) + \Pr(\Phi(M_i,M_j,X) \leqslant l)\}
\end{aligned}
\tag{3-65}
$$

定理 3-18　在串联系统中,有

$$
\text{JIIMMP}(i,j;m,M;k,M) = \begin{cases}
-P_{jk} \cdot P_{im} \cdot \mu_{k,M}^{i} \cdot \mu_{m,M}^{i} \displaystyle\sum_{l=m}^{M-1}(c_l - c_{l+1}) \prod_{x=1,x\neq i,j}^{n}(1-Q_{xl}), & m \geqslant k\\[3mm]
-P_{jk} \cdot P_{im} \cdot \mu_{k,M}^{i} \cdot \mu_{m,M}^{i} \displaystyle\sum_{l=k}^{M-1}(c_l - c_{l+1}) \prod_{x=1,x\neq i,j}^{n}(1-Q_{xl}), & m < k
\end{cases}
$$

其中,　$Q_{im} = \Pr\{x_i \leqslant m\} = P_{i0} + \cdots + P_{im}$。

证明　式(3-65)可以转化为

$$\text{JIIMMP}(i,j;m,M;k,M)$$

$$= P_{jk} \cdot P_{im} \cdot \mu_{k,M}^i \cdot \mu_{m,M}^i \sum_{l=0}^{M-1} (c_l - c_{l+1})\{\Pr(\Phi(m_i, M_j, X) > l \tag{3-66}$$

$$- \Pr(\Phi(m_i, k_j, X) > l)) + \Pr(\Phi(M_i, k_j, X) > l) - \Pr(\Phi(M_i, M_j, X) > l)\}$$

因为串联系统的结构函数为 $\Phi(X) = \min\{x_1, x_2, \cdots, x_n\}$，所以可以得到

$$\sum_{l=0}^{M-1} (c_l - c_{l+1}) \Pr(\Phi(m_i, M_j, X) > l)$$

$$= \sum_{l=0}^{m-1} (c_l - c_{l+1}) \Pr(\Phi(m_i, M_j, X) > l) + \sum_{l=m}^{M-1} (c_l - c_{l+1}) \Pr(\Phi(m_i, M_j, X) > l)$$

$$= \sum_{l=0}^{m-1} (c_l - c_{l+1}) \Pr(\Phi(m_i, M_j, X) > l) = \sum_{l=0}^{m-1} (c_l - c_{l+1}) \prod_{x=1, x \neq i, j}^{n} (1 - Q_{xl})$$

$$\sum_{l=0}^{M-1} (c_l - c_{l+1}) \Pr(\Phi(M_i, k_j, X) > l)$$

$$= \sum_{l=0}^{k-1} (c_l - c_{l+1}) \Pr(\Phi(M_i, k_j, X) > l) + \sum_{l=k}^{M-1} (c_l - c_{l+1}) \Pr(\Phi(M_i, k_j, X) > l)$$

$$= \sum_{l=0}^{k-1} (c_l - c_{l+1}) \Pr(\Phi(M_i, k_j, X) > l) = \sum_{l=0}^{k-1} (c_l - c_{l+1}) \prod_{x=1, x \neq i, j}^{n} (1 - Q_{xl})$$

$$\sum_{l=0}^{M-1} (c_l - c_{l+1}) \Pr(\Phi(M_i, M_j, X) > l) = \sum_{l=0}^{M-1} (c_l - c_{l+1}) \prod_{x=1, x \neq i, j}^{n} (1 - Q_{xl})$$

如果 $m \geqslant k$，那么 $\sum_{l=0}^{M-1} (c_l - c_{l+1}) \Pr(\Phi(m_i, k_j, X) > l) = 0, l = k, \cdots, M-1$。所以

$$\sum_{l=0}^{M-1} (c_l - c_{l+1}) \Pr(\Phi(m_i, k_j, X) > l)$$

$$= \sum_{l=0}^{k-1} (c_l - c_{l+1}) \Pr(\Phi(m_i, k_j, X) > l) + \sum_{l=k}^{M-1} (c_l - c_{l+1}) \Pr(\Phi(m_i, k_j, X) > l)$$

$$= \sum_{l=0}^{k-1} (c_l - c_{l+1}) \Pr(\Phi(m_i, k_j, X) > l) = \sum_{l=0}^{k-1} (c_l - c_{l+1}) \prod_{x=1, x \neq i, j}^{n} (1 - Q_{xl})$$

如果 $m < k$，那么 $\sum_{l=0}^{M-1} (c_l - c_{l+1}) \Pr(\Phi(m_i, k_j, X) > l) = 0, l = m, \cdots, M-1$。同理

$$\sum_{l=0}^{M-1} (c_l - c_{l+1}) \Pr(\Phi(m_i, k_j, X) > l) = \sum_{l=0}^{m-1} (c_l - c_{l+1}) \prod_{x=1, x \neq i,j}^{n} (1 - Q_{xl})$$

根据式(3-66)，如果 $m \geqslant k$，那么

$\text{JIIMMP}(i, j; m, M; k, M)$

$$= P_{jk} \cdot P_{im} \cdot \mu_{k,M}^i \cdot \mu_{m,M}^i \sum_{l=0}^{M-1} (c_l - c_{l+1}) \{ \Pr(\Phi(m_i, M_j, X) > l - \Pr(\Phi(M_i, M_j, X) > l) \}$$

$$= P_{jk} \cdot P_{im} \cdot \mu_{k,M}^i \cdot \mu_{m,M}^i \left[\sum_{l=0}^{m-1} (c_l - c_{l+1}) \prod_{x=1, x \neq i,j}^{n} (1 - Q_{xl}) - \sum_{l=0}^{M-1} (c_l - c_{l+1}) \prod_{x=1, x \neq i,j}^{n} (1 - Q_{xl}) \right]$$

$$= -P_{jk} \cdot P_{im} \cdot \mu_{k,M}^i \cdot \mu_{m,M}^i \sum_{l=m}^{M-1} (c_l - c_{l+1}) \prod_{x=1, x \neq i,j}^{n} (1 - Q_{xl})$$

如果 $m < k$，那么

$\text{JIIMMP}(i, j; m, M; k, M)$

$$= P_{jk} \cdot P_{im} \cdot \mu_{k,M}^i \cdot \mu_{m,M}^i \sum_{l=0}^{M-1} (c_l - c_{l+1}) \{ \Pr(\Phi(M_i, k_j, X) > l) - \Pr(\Phi(M_i, M_j, X) > l) \}$$

$$= P_{jk} \cdot P_{im} \cdot \mu_{k,M}^i \cdot \mu_{m,M}^i \left[\sum_{l=0}^{k-1} (c_l - c_{l+1}) \prod_{x=1, x \neq i,j}^{n} (1 - Q_{xl}) - \sum_{l=0}^{M-1} (c_l - c_{l+1}) \prod_{x=1, x \neq i,j}^{n} (1 - Q_{xl}) \right]$$

$$= -P_{jk} \cdot P_{im} \cdot \mu_{k,M}^i \cdot \mu_{m,M}^i \sum_{l=k}^{M-1} (c_l - c_{l+1}) \prod_{x=1, x \neq i,j}^{n} (1 - Q_{xl})$$

所以

$$\text{JIIMMP}(i, j; m, M; k, M) = \begin{cases} -P_{jk} \cdot P_{im} \cdot \mu_{k,M}^i \cdot \mu_{m,M}^i \sum_{l=m}^{M-1} (c_l - c_{l+1}) \prod_{x=1, x \neq i,j}^{n} (1 - Q_{xl}), m \geqslant k \\ -P_{jk} \cdot P_{im} \cdot \mu_{k,M}^i \cdot \mu_{m,M}^i \sum_{l=k}^{M-1} (c_l - c_{l+1}) \prod_{x=1, x \neq i,j}^{n} (1 - Q_{xl}), m < k \end{cases}$$

证毕。

定理 3-19　在并联系统中，有

$$\text{JIIMMP}(i, j; m, M; k, M) = \begin{cases} P_{jk} \cdot P_{im} \cdot \mu_{k,M}^i \cdot \mu_{m,M}^i \sum_{l=m}^{M-1} (c_l - c_{l+1}) \prod_{x=1, x \neq i,j}^{n} Q_{xl}, m \geqslant k \\ P_{jk} \cdot P_{im} \cdot \mu_{k,M}^i \cdot \mu_{m,M}^i \sum_{l=k}^{M-1} (c_l - c_{l+1}) \prod_{x=1, x \neq i,j}^{n} Q_{xl}, m < k \end{cases}$$

证明　因为并联系统的结构函数为 $\Phi(X) = \max\{x_1, x_2, \cdots, x_n\}$，所以 $\Pr(\Psi(m_i,$ $M_j, X) \leqslant l = \Pr(\Phi(M_i, k_j, X) \leqslant l) = \Pr(\Phi(M_i, M_j, X) \leqslant l) = 0$。那么

$$\text{JIIMMP}(i, j; m, M; k, M) = P_{jk} \cdot P_{im} \cdot \mu_{k,M}^i \cdot \mu_{m,M}^i \sum_{l=0}^{M-1} (c_l - c_{l+1}) \Pr(\Phi(m_i, k_j, X) \leqslant l) \quad (3\text{-}67)$$

如果 $m \geqslant k$，那么 $\Pr(\Phi(m_i, k_j, X) \leqslant l) = 0, l = 0, 1, \cdots, m-1$。所以

$$\sum_{l=0}^{M-1} (c_l - c_{l+1}) \Pr(\Phi(m_i, k_j, X) \leqslant l)$$

$$= \sum_{l=0}^{m-1} (c_l - c_{l+1}) \Pr(\Phi(m_i, k_j, X) \leqslant l) + \sum_{l=m}^{M-1} (c_l - c_{l+1}) \Pr(\Phi(m_i, k_j, X) \leqslant l)$$

$$= \sum_{l=m}^{M-1} (c_l - c_{l+1}) \Pr(\Phi(m_i, k_j, X) \leqslant l) = \sum_{l=m}^{M-1} (c_l - c_{l+1}) \prod_{x=1, x \neq i, j}^{n} Q_{xl}$$

如果 $m < k$，那么 $\Pr(\Phi(m_i, k_j, X) \geqslant l) = 0, l = 0, 1, \cdots, k-1$。同理

$$\sum_{l=0}^{M-1} (c_l - c_{l+1}) \Pr(\Phi(m_i, k_j, X) \leqslant l) = \sum_{l=k}^{M-1} (c_l - c_{l+1}) \prod_{x=1, x \neq i, j}^{n} Q_{xl}$$

基于式 (3-67)，有

$$\text{JIIMMP}(i, j; m, M; k, M) = \begin{cases} P_{jk} \cdot P_{im} \cdot \mu_{k,M}^i \cdot \mu_{m,M}^i \sum\limits_{l=m}^{M-1} (c_l - c_{l+1}) \prod\limits_{x=1, x \neq i, j}^{n} Q_{xl}, m \geqslant k \\ \\ P_{jk} \cdot P_{im} \cdot \mu_{k,M}^i \cdot \mu_{m,M}^i \sum\limits_{l=k}^{M-1} (c_l - c_{l+1}) \prod\limits_{x=1, x \neq i, j}^{n} Q_{xl}, m < k \end{cases}$$

证毕。

3.5.3　算例分析

以参考文献 [17] 和 [69] 中的海上电力站系统为例说明如何利用联合综合重要度来分析组件对系统性能的影响。海上电力站系统结构如图 3-9 所示，发电量供应石油钻塔的正常运行，其主要由三个组件组成：控制器 U、发电机 A_1、发电机 A_2，假设所有组件都有三个状态 $\{0, 1, 2\}$。

所有组件的状态分布概率和系统性能如表 3-4 所示。

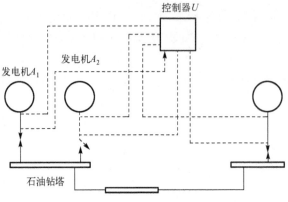

图 3-9　海上电力站系统

表 3-4　所有组件的状态分布概率和系统性能

	状态 0	状态 1	状态 2
组件 1: U	0.182	0.572	0.246
组件 2: A_1	0.138	0.808	0.054
组件 3: A_2	0.138	0.808	0.054
系统	0.266	0.516	0.218
a_i	0	1000	2000
c_i	5000	3000	0

组件的状态转移率如下

$$
\begin{pmatrix}
\lambda_{1,0}^1 = 0.0192, \lambda_{2,1}^1 = 0.0374, \lambda_{2,0}^1 = 0.0262 \\
\lambda_{1,0}^2 = 0.0453, \lambda_{2,1}^2 = 0.0556, \lambda_{2,0}^2 = 0.0392 \\
\lambda_{1,0}^3 = 0.0453, \lambda_{2,1}^3 = 0.0556, \lambda_{2,0}^3 = 0.0392
\end{pmatrix}
$$
$$
\begin{pmatrix}
\mu_{0,1}^1 = 0.5480, \mu_{0,2}^1 = 0.4384, \mu_{1,2}^1 = 0.6576 \\
\mu_{0,1}^2 = 0.3358, \mu_{0,2}^2 = 0.3976, \mu_{1,2}^2 = 0.4862 \\
\mu_{0,1}^3 = 0.3358, \mu_{0,2}^3 = 0.3976, \mu_{1,2}^3 = 0.4862
\end{pmatrix}
\tag{3-68}
$$

劣化过程中组件状态的联合重要度如表 3-5 所示。

表 3-5　$\mathrm{JPIM}(i,j;m,k)$ 和 $\mathrm{JIIMDP}(i,j;m,0;k,0)$ 的比较

	$\mathrm{JPIM}(i,j;m,k)$	排序	$\mathrm{JIIMDP}(i,j;m,0;k,0)$	排序
$(U, A_1; 1, 1)$	460.56	1	0.1851	2
$(U, A_1; 1, 2)$	−399.00	8	−0.0177	8

续表

	JPIM(i,j,m,k)	排序	JIIMDP($i,j,m,0;k,0$)	排序
$(U,A_1;2,2)$	55.46	5	0.00799	4
$(U,A_2;1,1)$	349.82	3	0.1406	3
$(U,A_2;1,2)$	−393.68	7	−0.01517	7
$(U,A_2;2,2)$	50.14	6	0.00173	6
$(A_1,A_2;1,1)$	388.45	2	0.5208	1
$(A_1,A_2;1,2)$	−425.08	9	−0.0507	9
$(A_1,A_2;2,2)$	153.72	4	0.0035	5

从表 3-5 可知，JPIM($U,A_1;1,1$) 是最大的。因为组件 A_2 的状态转移率大于组件 U 的状态转移率，所以 JIIMDP($A_1,A_2;1,1$) 是最大的，JPIM($A_1,A_2;1,2$) 和 JIIMDP($A_1,A_2;1,2$) 是最小的。这是因为 JIIMDP 不仅与组件的状态分布概率有关，还与组件的状态转移率有关。

劣化过程中组件的联合重要度如表 3-6 所示。

表 3-6　JPIM(i,j) 和 JIIMDP(i,j) 的比较

	JPIM(i,j)	排序	JIIMDP(i,j)	排序
(U,A_1)	117.02	2	0.17539	2
(U,A_2)	6.28	3	0.12716	3
(A_1,A_2)	117.39	1	0.4736	1

从表 3-6 可知，组件 (A_1,A_2) 的联合重要度最大，组件 (U,A_2) 的联合重要度最小。

维修过程中组件状态的联合重要度如表 3-7 所示。

表 3-7　组件状态的 JIIMMP($i,j;m,k$)

	JIIMMP($i,j;m,k$)	排序
$(U,A_1;1,1)$	31.6984	1
$(U,A_1;0,1)$	−2.526	9
$(U,A_1;0,0)$	0.6684	4
$(U,A_2;1,1)$	7.5452	3
$(U,A_2;0,1)$	−0.5623	7
$(U,A_2;0,0)$	0.0877	6
$(A_1,A_2;1,1)$	27.9485	2
$(A_1,A_2;0,1)$	−1.8791	8
$(A_1,A_2;0,0)$	0.1775	5

从表 3-7 可知，JIIMMP$(U, A_1; 1, 1)$ 是最大的，JIIMMP$(U, A_1; 0, 1)$ 是最小的。维修过程中组件的联合重要度如表 3-8 所示。

表 3-8　组件的 JIIMMP(i, j)

	JIIMMP(i, j)	排序
(U, A_1)	29.8408	1
(U, A_2)	7.0706	3
(A_1, A_2)	26.2469	2

从表 3-8 可知，JIIMMP(U, A_1) 是最大的，JIIMMP(U, A_2) 是最小的。

3.6　综合重要度梯度表示的几何意义

梯度是多元连续函数对各个参数求偏导，由各个偏导数组成的一个向量，沿着梯度方向该函数值增加最快，其可以用来描述各个参数的变化率。梯度不仅能判断对函数值影响最大的参数，还能反映函数值增加最快的方向。梯度在功能材料的压制[70]、医用炭/炭复合材料涂层的制备[71]、各向异性材料特征的表现[72]、本征半导体材料的结构分析[73]、纳米晶体材料的力学特征抽取[74]等领域得到了广泛的应用。

综合重要度综合评估了组件状态分布概率、状态转移率及其对系统性能的影响程度，主要用来描述单位时间内组件状态转移对系统性能影响的数学期望。偏导数是梯度和综合重要度计算方法的基础和纽带，基于偏导数重点研究综合重要度的梯度数学表示方法及其关联关系，分析综合重要度的几何意义，给出综合重要度物理意义的梯度解释。

3.6.1　梯度

设 $\Omega \in \mathbf{R}^n$ 是一个区域，Ω 中的每个点 $(x_1, x_2, \cdots, x_n)$ 都有一个确定的数值 $f(x_1, x_2, \cdots, x_n)$ 与它对应，则多元函数 $f(x_1, x_2, \cdots, x_n)$ 可以看成是 Ω 上的一个数量场。若 $f(x_1, x_2, \cdots, x_n)$ 在 Ω 上具有连续的偏导数，则梯度 grad$f$ 在 n 维直角坐标系中可以表示为 grad$f = f_{x_1} i_1 + f_{x_2} i_2 + \cdots + f_{x_n} i_n$，其中，$f_{x_k}, k = 1, 2, \cdots, n$ 表示多元函数 $f(x_1, x_2, \cdots, x_n)$ 对参数 x_k 求偏导数，i_k 表示坐标 k，与参数 x_k 对应，并且 $i_k, k = 1, 2, \cdots, n$ 两两垂直。

3.6.2　综合重要度在梯度中的表示方法

在多态系统中，系统性能函数 U 是系统处于各个状态性能的期望，即

$$U = \sum_{j=0}^{M} a_j \Pr(\Phi(X) = j) = \sum_{j=1}^{M} a_j \Pr(\Phi(X) = j) = \sum_{j=1}^{M} a_j \Pr(\Phi(X_1, X_2, \cdots, X_n) = j) \quad (3\text{-}69)$$

其中，a_j 表示系统处于状态 $j(j = 0, 1, \cdots, M)$ 的性能，X_i 表示组件 i 的状态，$X = (X_1, X_2, \cdots, X_n)$，$\Phi(X)$ 表示系统的结构函数。因为 0 状态表示系统完全故障，所以 $a_0 = 0$。

综合重要度考虑了组件状态分布概率、状态转移率及其对系统性能的影响，其物理意义是当组件从某个状态劣化到完全故障状态时，单位时间内系统性能变化的期望。

$$
\begin{aligned}
I_m^{\mathrm{IIM}}(i) &= P_{im} \lambda_{m,0}^i \sum_{j=1}^{M} (a_j - a_{j-1})[\Pr(\Phi(m_i, X) \geqslant j) - \Pr(\Phi(0_i, X) \geqslant j)] \\
&= P_{im} \lambda_{m,0}^i \sum_{j=1}^{M} a_j [\Pr(\Phi(m_i, X) = j) - \Pr(\Phi(0_i, X) = j)] = P_{im} \lambda_{m,0}^i \frac{\partial U}{\partial P_{im}}
\end{aligned}
\quad (3\text{-}70)
$$

其中，$P_{im} = \Pr\{X_i = m\}$，$(\cdot_i, X) = (X_1, \cdots, X_{i-1}, \cdot, X_{i+1}, \cdots, X_n)$，$\lambda_{m,0}^i$ 表示组件 i 从状态 m 到状态 0 的转移率。

式(3-70)是组件 i 状态 m 的综合重要度，在系统运行阶段，任何系统性能的改变将导致组件的状态转移率成组的改变，为了衡量组件 i 对系统性能的整体影响，组件 i 的综合重要度可以计算如下

$$I^{\mathrm{IIM}}(i) = \sum_{m=1}^{M_i} I_m^{\mathrm{IIM}}(i) = \sum_{m=1}^{M_i} P_{im} \lambda_{m,0}^i \frac{\partial U}{\partial P_{im}} \quad (3\text{-}71)$$

在式(3-69)中，如果把 $P_{im}(m = 1, \cdots, M_i)$ 看成参数 x_m，则系统性能函数 U 可以表示成关于参数 $P_{i1}, P_{i2}, \cdots, P_{iM_i}$ 的函数，记为 $U = f(P_{i1}, P_{i2}, \cdots, P_{iM_i}) = \sum_{j=1}^{M} a_j \Pr(\Phi(X) = j)$，则系统性能函数关于组件 i 状态分布概率的梯度在 M_i 维直角坐标系中可以表示为

$$\mathrm{grad}U = \frac{\partial U}{\partial P_{i1}} i_1 + \frac{\partial U}{\partial P_{i2}} i_2 + \cdots + \frac{\partial U}{\partial P_{iM_i}} i_{M_i} \quad (3\text{-}72)$$

记向量 $l = P_{i1} \lambda_{1,0}^i i_1 + P_{i2} \lambda_{2,0}^i i_2 + \cdots + P_{iM_i} \lambda_{M_i,0}^i i_{M_i}$。

定理 3-20　在 M_i 维直角坐标系中，组件 i 的综合重要度 $I^{\mathrm{IIM}}(i) = \mathrm{grad}U \cdot l$。

证明　基于式(3-71)，有 $I^{\mathrm{IIM}}(i) = \sum_{m=1}^{M_i} P_{im} \lambda_{m,0}^i \frac{\partial U}{\partial P_{im}}$。

因为

$$\text{grad}U \cdot l = \left(\frac{\partial U}{\partial P_{i1}} i_1 + \frac{\partial U}{\partial P_{i2}} i_2 + \cdots + \frac{\partial U}{\partial P_{iM_i}} i_{M_i} \right) \left(P_{i1} \lambda_{1,0}^i i_1 + P_{i2} \lambda_{2,0}^i i_2 + \cdots + P_{iM_i} \lambda_{M_i,0}^i i_{M_i} \right)$$

而在 M_i 维直角坐标系中，$i_k^2 = 1, i_k \cdot i_j = 0 (k \neq j)$，所以可以得到

$$\text{grad}U \cdot l = \sum_{m=1}^{M_i} \frac{\partial U}{\partial P_{im}} P_{im} \lambda_{m,0}^i i_k^2 = \sum_{m=1}^{M_i} \frac{\partial U}{\partial P_{im}} P_{im} \lambda_{m,0}^i = I^{\text{IIM}}(i)$$

证毕。

定理 3-20 表示组件 i 的 IIM 为系统性能函数关于组件 i 状态分布概率的梯度与向量 $l = P_{i1} \lambda_{1,0}^i i_1 + P_{i2} \lambda_{2,0}^i i_2 + \cdots + P_{iM_i} \lambda_{M_i,0}^i i_{M_i}$ 的内积，即向量 l 在梯度方向上的投影长度与该梯度模的乘积。向量 l 的每一个分量元素由组件 i 所处状态分布概率与状态转移率的乘积组成。

定理 3-21　在由 n 个组件组成的串联系统中，假设组件和系统的状态都为 $\{0,1,\cdots,M\}$，则 $\text{grad}U = \sum_{m=1}^{M} \sum_{j=1}^{m} (a_j - a_{j-1}) \prod_{k=1, k \neq i}^{n} \rho_{kj} i_m$，其中，$\rho_{kj} = \text{Pr}\{X_k \geq j\}$。

证明　因为 $I_m^{\text{IIM}}(i) = P_{im} \lambda_{m,0}^i \sum_{j=1}^{m} (a_j - a_{j-1}) \prod_{k=1, k \neq i}^{n} \rho_{kj}$。基于式 (3-70)，$I_m^{\text{IIM}}(i) = P_{im} \lambda_{m,0}^i \frac{\partial U}{\partial P_{im}}$，所以可以得到 $\frac{\partial U}{\partial P_{im}} = \sum_{j=1}^{m} (a_j - a_{j-1}) \prod_{k=1, k \neq i}^{n} \rho_{kj}$。基于式 (3-72)，可以得到 $\text{grad}U = \sum_{m=1}^{M} \sum_{j=1}^{m} (a_j - a_{j-1}) \prod_{k=1, k \neq i}^{n} \rho_{kj} i_m$，证毕。

由定理 3-20 和定理 3-21 可知，在由 n 个组件组成的串联系统中，假设组件和系统的状态都为 $\{0,1,\cdots,M\}$，则 $I^{\text{IIM}}(i) = \sum_{m=1}^{M} \sum_{j=1}^{m} (a_j - a_{j-1}) \prod_{k=1, k \neq i}^{n} \rho_{kj} i_m \cdot l$。

定理 3-22　在由 n 个组件组成的并联系统中，假设组件和系统的状态都为 $\{0, 1, \cdots, M\}$，则 $\text{grad}U = \sum_{m=1}^{M} \sum_{j=1}^{m} (a_j - a_{j-1}) \prod_{k=1, k \neq i}^{n} (1 - \rho_{kj}) i_m$，其中，$\rho_{kj} = \text{Pr}\{X_k \geq j\}$。

证明　因为 $I_m^{\text{IIM}}(i) = P_{im} \lambda_{m,0}^i \sum_{j=1}^{m} (a_j - a_{j-1}) \prod_{k=1, k \neq i}^{n} (1 - \rho_{kj})$。基于式 (3-70)，$I_m^{\text{IIM}}(i) = P_{im} \lambda_{m,0}^i \frac{\partial U}{\partial P_{im}}$，所以可以得到 $\frac{\partial U}{\partial P_{im}} = \sum_{j=1}^{m} (a_j - a_{j-1}) \prod_{k=1, k \neq i}^{n} (1 - \rho_{kj})$。基于式 (3-72)，可以得到 $\text{grad}U = \sum_{m=1}^{M} \sum_{j=1}^{m} (a_j - a_{j-1}) \prod_{k=1, k \neq i}^{n} (1 - \rho_{kj}) i_m$，证毕。

由定理 3 20 和定理 3-22 可知，在由 n 个组件组成的并联系统中，假设组件和系统的状态都为 $\{0,1,\cdots,M\}$，则 $I^{\mathrm{IIM}}(i)=\sum_{m=1}^{M}\sum_{j=1}^{m}(a_j-a_{j-1})\prod_{k=1,k\neq i}^{n}(1-\rho_{kj})i_m\cdot l$。

3.6.3 综合重要度的几何意义

在几何空间中，$U=f(P_{i1},P_{i2},\cdots,P_{iM_i})$ 表示一个曲面，曲面被平面 $U=u$（u 为常数），所截得的曲面 $\begin{cases}U=f(P_{i1},P_{i2},\cdots,P_{iM_i})\\U=u\end{cases}$ 在 M_i 维空间上的投影。$\mathrm{grad}U$ 表示为等值面 $f(P_{i1},P_{i2},\cdots,P_{iM_i})=u$ 上的法线，且随着 u 的变化从数值较低的等值面指向数值较高的等值面。l 在该 M_i 维空间上表示一个方向向量。在等值面 $f(P_{i1},P_{i2},\cdots,P_{iM_i})=u$ 上的某点 $(P_{i1},P_{i2},\cdots,P_{iM_i})$，其中 $\sum_{j=1}^{M_i}P_{ij}\leqslant 1$，系统性能函数 U 在该点沿着梯度 $\mathrm{grad}U$ 方向才能使得函数 U 值增加最快，沿着梯度方向的该点的方向导数能取最大值，为该点的梯度模。

组件 i 在该点 $(P_{i1},P_{i2},\cdots,P_{iM_i})$ 的综合重要度表示沿着梯度方向，变化率的值为向量 l 在梯度 $\mathrm{grad}U$ 方向上的投影长度与该点的梯度模的乘积。梯度 $\mathrm{grad}U$ 的方向表示系统性能变化最大的方向，向量 l 在梯度方向上的投影长度正表现了组件的状态转移率的特征，梯度模表示了该点在梯度方向上的变化率值，这体现了 IIM 的物理意义，可以用来描述单位时间内系统性能变化的期望。

3.7 本 章 小 结

本章基于系统性能分别给出了劣化过程组件状态综合重要度、维修过程组件状态综合重要度、组件综合重要度、全寿命周期综合重要度、联合综合重要度、分别讨论其对应的性质和定理，最后利用梯度给出了综合重要度的几何意义，算例分析验证了其正确性。本章主要内容已由作者发表于文献[75]～文献[79]。

第4章　冗余系统综合重要度

n 中选 k 系统和连续 n 中选 k 系统是冗余系统中的两种典型的系统，综合重要度主要用来识别系统中的关键组件，从而对系统性能的提升提供支撑，本节主要把综合重要度应用到 n 中选 k 系统和连续 n 中选 k 系统中，用来指导系统性能的优化设计。

4.1　n 中选 k 系统综合重要度

Kuo 和 Zuo[80]给出了 n 中选 k 系统在工业和军事领域的应用，例如，多引擎的飞机系统和油泵的输油管道系统等。Boedigheimer 和 Kapur[81]给出了 n 中选 k 系统的定义。随后 n 中选 k 系统的可靠性的性质被深入研究[82-85]。Huang 等[86]提出了多态 n 中选 k 系统的推广定义。Zuo 和 Tian[87]提出了一种递归算法来计算多态 n 中选 k 系统的性能。Zhao 和 Cui[88, 89]用有限马尔可夫链的方法来计算多态 n 中选 k 系统的状态分布概率。Frostig 和 Levikson[90]利用马尔可夫更新过程来分析 n 中选 k 系统。Barron 等[91]和 Khatab 等[92]研究了维修过程下的 n 中选 k 系统。Ding 等[93,94]提出了加权多态 n 中选 k 系统的结构和框架。下面给出 n 中选 k 系统中的综合重要度。

4.1.1　综合重要度

定义 4-1[86]　如果存在一个正整数 $m(j \leqslant m \leqslant M)$，至少有 k_m 个组件的状态 $X_i(t) \geqslant m$，那么系统结构函数 $\Phi(X(t)) \geqslant j(j = 1, 2, \cdots, M)$，把满足这种条件的系统称为多态 n 中选 $k{:}G$ 系统，其中，k_m 随着 m 的变化而不一样。

在时刻 t，n 中选 $k{:}G$ 系统的可靠性函数为

$$\Pr(\Phi(X(t)) \geqslant m) = \sum_{X_1 + \cdots + X_n \geqslant k_m} \prod_{i=1}^{n} (p_{i,m}(t))^{X_i} \prod_{i=1}^{n} (1 - p_{i,m}(t))^{1-X_i} \tag{4-1}$$

其中，$p_{i,m}(t) = \Pr\{X_i(t) \geqslant m\}$。基于式 (4-1)，在 n 中选 $k{:}G$ 系统中，组件 i 的 Birnbaum 重要度为

$$I_i^{\mathrm{BM}}(t) = \Pr\{\Phi(X(t)) \geqslant m \mid X_i(t) \geqslant m\} - \Pr\{\Phi(X(t)) \geqslant m \mid X_i(t) < m\}$$

$$= \sum_{X_1+\cdots+X_{i-1}+X_{i+1}+\cdots+X_n \geq k_m-1} \prod_{j=1, j\neq i}^{n} (p_{j,m}(t))^{X_j} \prod_{j=1, j\neq i}^{n} (1-p_{j,m}(t))^{1-X_j}$$

$$- \sum_{X_1+\cdots+X_{i-1}+X_{i+1}+\cdots+X_n \geq k_m} \prod_{j=1, j\neq i}^{n} (p_{j,m}(t))^{X_j} \prod_{j=1, j\neq i}^{n} (1-p_{j,m}(t))^{1-X_j} \qquad (4\text{-}2)$$

$$= \sum_{X_1+\cdots+X_{i-1}+X_{i+1}+\cdots+X_n = k_m-1} \prod_{j=1, j\neq i}^{n} (p_{j,m}(t))^{X_j} \prod_{j=1, j\neq i}^{n} (1-p_{j,m}(t))^{1-X_j}$$

假设组件 i 的状态转移率矩阵为

$$\Psi = \begin{bmatrix} a^i_{M,M} & a^i_{M,M-1} & \cdots & a^i_{M,1} & a^i_{M,0} \\ a^i_{M-1,M} & a^i_{M-1,M-1} & \cdots & a^i_{M-1,1} & a^i_{M-1,0} \\ \vdots & \vdots & & \vdots & \vdots \\ a^i_{0,M} & a^i_{0,M-1} & \cdots & a^i_{0,1} & a^i_{0,0} \end{bmatrix} \qquad (4\text{-}3)$$

其中，$a^i_{u,v}$ 表示单位时间内，组件 i 从状态 u 转移到状态 v 的平均次数。维修率 μ_i 表示单位时间内，组件 i 从低于状态 m 提升到高于状态 m 的平均次数，$\mu_i = \sum_{x=0}^{m-1}\sum_{y=m}^{M} a^i_{x,y}$。所以组件 i 的综合重要度为

$$I_i^{\mathrm{IIM}}(t) = \mu_i(\Pr\{\Phi(X(t)) \geq m \mid X_i(t) \geq m\} - \Pr\{\Phi(X(t)) \geq m\}) \qquad (4\text{-}4)$$

从式 (4-4) 可知，$\Pr\{\Phi(X(t)) \geq m \mid X_i(t) \geq m\} - \Pr\{\Phi(X(t)) \geq m\}$ 表示了当组件 i 的可靠性提升后，系统可靠性的变化。因为 μ_i 表示组件的维修率，所以 $I_i^{\mathrm{IIM}}(t)$ 表示单位时间内，当组件 i 的可靠性提升后，系统可靠性的期望变化。

定理 4-1　$I_i^{\mathrm{IIM}}(t) = \mu_i(1-p_{i,m}(t))I_i^{\mathrm{BM}}(t)$。

证明　基于式 (4-4)，有

$$\Pr\{\Phi(X(t)) \geq m \mid X_i(t) = M\} - \Pr\{\Phi(X(t)) \geq m\}$$

$$= \sum_{X_1+\cdots+X_{i-1}+X_{i+1}+\cdots+X_n \geq k_m-1} \prod_{j=1, j\neq i}^{n} (p_{j,m}(t))^{X_j} \prod_{j=1, j\neq i}^{n} (1-p_{j,m}(t))^{1-X_j}$$

$$- \sum_{X_1+\cdots+X_n \geq k_m} \prod_{i=1}^{n} (p_{i,m}(t))^{X_i} \prod_{i=1}^{n} (1-p_{i,m}(t))^{1-X_i}$$

$$= \sum_{X_1+\cdots+X_{i-1}+X_{i+1}+\cdots+X_n \geq k_m-1} \prod_{j=1, j\neq i}^{n} (p_{j,m}(t))^{X_j} \prod_{j=1, j\neq i}^{n} (1-p_{j,m}(t))^{1-X_j}$$

$$- p_{i,m}(t) \sum_{X_1+\cdots+X_{i-1}+X_{i+1}+\cdots+X_n \geq k_m-1} \prod_{j=1, j\neq i}^{n} (p_{j,m}(t))^{X_j} \prod_{j=1, j\neq i}^{n} (1-p_{j,m}(t))^{1-X_j}$$

$$-(1-p_{i,m}(t))\sum_{X_1+\cdots+X_{i-1}+X_{i+1}+\cdots+X_n\geqslant k_m}\prod_{j=1,j\neq i}^{n}(p_{j,m}(t))^{X_j}\prod_{j=1,j\neq i}^{n}(1-p_{j,m}(t))^{1-X_j}$$

$$=(1-p_{i,m}(t))\left[\sum_{X_1+\cdots+X_{i-1}+X_{i+1}+\cdots+X_n\geqslant k_m-1}\prod_{j=1,j\neq i}^{n}(p_{j,m}(t))^{X_j}\prod_{j=1,j\neq i}^{n}(1-p_{j,m}(t))^{1-X_j}\right.$$

$$\left.-\sum_{X_1+\cdots+X_{i-1}+X_{i+1}+\cdots+X_n\geqslant k_m}\prod_{j=1,j\neq i}^{n}(p_{j,m}(t))^{X_j}\prod_{j=1,j\neq i}^{n}(1-p_{j,m}(t))^{1-X_j}\right]$$

$$=(1-p_{i,m}(t))\sum_{X_1+\cdots+X_{i-1}+X_{i+1}+\cdots+X_n=k_m-1}\prod_{j=1,j\neq i}^{n}(p_{j,m}(t))^{X_j}\prod_{j=1,j\neq i}^{n}(1-p_{j,m}(t))^{1-X_j}$$

所以 $\Pr\{\Phi(X(t))\geqslant m\,|\,X_i(t)=M\}-\Pr\{\Phi(X(t))\geqslant m\}=(1-p_{i,m}(t))I_i^{\mathrm{BM}}(t)$。

那么 $I_i^{\mathrm{IIM}}(t)=\mu_i(1-p_{i,m}(t))I_i^{\mathrm{BM}}(t)$，证毕。

4.1.2　综合重要度性质

如果所有组件的维修率是一样的，即 $\mu_1=\mu_2=\cdots=\mu_n=\mu$，那么

$$I_i^{\mathrm{IIM}}(t)=\mu(1-p_{i,m}(t))I_i^{\mathrm{BM}}(t) \tag{4-5}$$

定理 4-2　当所有组件的维修率一样时，如果 $p_{j,m}(t)>p_{i,m}(t)$，那么 $I_i^{\mathrm{IIM}}(t)>I_j^{\mathrm{IIM}}(t)$。

证明　式(4-5)能被转换为

$$I_i^{\mathrm{IIM}}(t)=\mu(1-p_{i,m}(t))[\Pr\{\Phi(X(t))\geqslant m\,|\,X_i(t)\geqslant m\}-\Pr\{\Phi(X(t))\geqslant m\,|\,X_i(t)<m\}]$$

$$=\mu(1-p_{i,m}(t))\sum_{X_1+\cdots+X_{i-1}+X_{i+1}+\cdots+X_n=k_m-1}\prod_{j=1,j\neq i}^{n}(p_{j,m}(t))^{X_j}\prod_{j=1,j\neq i}^{n}(1-p_{j,m}(t))^{1-X_j}$$

$$=\mu(1-p_{i,m}(t))\left[p_{j,m}(t)\sum_{\sum_{q=1,q\neq i,j}^{n}X_q=k_m-2}\prod_{l=1,l\neq i,j}^{n}(p_{l,m}(t))^{X_l}\prod_{l=1,l\neq i,j}^{n}(1-p_{l,m}(t))^{1-X_l}\right.$$

$$\left.+(1-p_{j,m}(t))\sum_{\sum_{q=1,q\neq i,j}^{n}X_q=k_m-1}\prod_{l=1,l\neq i,j}^{n}(p_{l,m}(t))^{X_l}\prod_{l=1,l\neq i,j}^{n}(1-p_{l,m}(t))^{1-X_l}\right]$$

同理

$$I_j^{\mathrm{IIM}}(t)=\mu(1-p_{j,m}(t))\left[p_{i,m}(t)\sum_{\sum_{q=1,q\neq i,j}^{n}X_q=k_m-2}\prod_{l=1,l\neq i,j}^{n}(p_{l,m}(t))^{X_l}\prod_{l=1,l\neq i,j}^{n}(1-p_{l,m}(t))^{1-X_l}\right.$$

$$+(1-p_{i,m}(t))\sum_{\substack{\sum\limits_{q=1,q\neq i,j}^{n}X_q=k_m-1}}\prod_{l=1,l\neq i,j}^{n}(p_{l,m}(t))^{X_l}\prod_{l=1,l\neq i,j}^{n}(1-p_{l,m}(t))^{1-X_l}\Bigg]$$

则

$$I_i^{\text{IIM}}(t)-I_j^{\text{IIM}}(t)=\mu(p_{j,m}(t)-p_{i,m}(t))\sum_{\substack{\sum\limits_{q=1,q\neq i,j}^{n}X_q=k_m-2}}\prod_{l=1,l\neq i,j}^{n}(p_{l,m}(t))^{X_l}\prod_{l=1,l\neq i,j}^{n}(1-p_{l,m}(t))^{1-X_l}$$

所以，如果 $p_{j,m}(t)>p_{i,m}(t)$ ，那么 $I_i^{\text{IIM}}(t)>I_j^{\text{IIM}}(t)$ ，证毕。

组件 i 的失效率 λ_i 表示了单位时间内，组件 i 从高于状态 m 劣化到低于状态 m 的平均次数， $\lambda_i=\sum\limits_{x=m}^{M}\sum\limits_{y=0}^{m-1}a_{x,y}^i$ 。所以当组件的寿命和维修时间满足指数分布时，有

$$\frac{\mathrm{d}\Pr\{X_i(t)\geqslant m\}}{\mathrm{d}t}=\Pr\{X_i(t)\geqslant m\}\cdot\lambda_i-\Pr\{X_i(t)<m\}\cdot\mu_i \tag{4-6}$$

当组件处于稳态时， $\dfrac{\mathrm{d}\Pr\{X_i(t)\geqslant m\}}{\mathrm{d}t}=0$ ，所以在稳态情况下，有

$$\Pr\{X_i(t)\geqslant k\}\cdot\lambda_i-\Pr\{X_i(t)<k\}\cdot\mu_i=0 \tag{4-7}$$

定理 4-3 当组件处于稳态时，如果 $\lambda_i>\lambda_j,\mu_i>\mu_j$ ，那么 $I_i^{\text{IIM}}(t)>I_j^{\text{IIM}}(t)$ 。

证明 根据定理 4-1，有

$$I_i^{\text{IIM}}(t)=\mu_i(1-p_{i,m}(t))[\Pr\{\Phi(X(t))\geqslant m\mid X_i(t)\geqslant m\}-\Pr\{\Phi(X(t))\geqslant m\mid X_i(t)<m\}]$$

$$=\mu_i(1-p_{i,m}(t))\sum_{X_1+\cdots+X_{i-1}+X_{i+1}+\cdots+X_n=k_m-1}\prod_{j=1,j\neq i}^{n}(p_{j,m}(t))^{X_j}\prod_{j=1,j\neq i}^{n}(1-p_{j,m}(t))^{1-X_j}$$

$$=\mu_i(1-p_{i,m}(t))\Bigg[p_{j,m}(t)\sum_{\substack{\sum\limits_{q=1,q\neq i,j}^{n}X_q=k_m-2}}\prod_{l=1,l\neq i,j}^{n}(p_{l,m}(t))^{X_l}\prod_{l=1,l\neq i,j}^{n}(1-p_{l,m}(t))^{1-X_l}$$

$$+(1-p_{j,m}(t))\sum_{\substack{\sum\limits_{q=1,q\neq i,j}^{n}X_q=k_m-1}}\prod_{l=1,l\neq i,j}^{n}(p_{l,m}(t))^{X_l}\prod_{l=1,l\neq i,j}^{n}(1-p_{l,m}(t))^{1-X_l}\Bigg]$$

同理

$$I_j^{\text{IIM}}(t)=\mu_j(1-p_{j,m}(t))\Bigg[p_{i,m}(t)\sum_{\substack{\sum\limits_{q=1,q\neq i,j}^{n}X_q=k_m-2}}\prod_{l=1,l\neq i,j}^{n}(p_{l,m}(t))^{X_l}\prod_{l=1,l\neq i,j}^{n}(1-p_{l,m}(t))^{1-X_l}$$

$$+(1-p_{i,m}(t))\sum_{\sum_{q=1,q\neq i,j}^{n}X_q=k_m-1}\prod_{l=1,l\neq i,j}^{n}(p_{l,m}(t))^{X_l}\prod_{l=1,l\neq i,j}^{n}(1-p_{l,m}(t))^{1-X_l}\Bigg]$$

那么

$$I_i^{\mathrm{IIM}}(t)-I_j^{\mathrm{IIM}}(t)=[\mu_i(1-p_{i,m}(t))p_{j,m}(t)-\mu_j(1-p_{j,m}(t))p_{i,m}(t)]$$

$$\sum_{\sum_{q=1,q\neq i,j}^{n}X_q=k_m-2}\prod_{l=1,l\neq i,j}^{n}(p_{l,m}(t))^{X_l}\prod_{l=1,l\neq i,j}^{n}(1-p_{l,m}(t))^{1-X_l}$$

$$+(\mu_i-\mu_j)(1-p_{i,m}(t))(1-p_{j,m}(t))$$

$$\sum_{\sum_{q=1,q\neq i,j}^{n}X_q=k_m-1}\prod_{l=1,l\neq i,j}^{n}(p_{l,m}(t))^{X_l}\prod_{l=1,l\neq i,j}^{n}(1-p_{l,m}(t))^{1-X_l}$$

根据式(4-7)，$\mu_i(1-p_{i,m}(t))=\lambda_i p_{i,m}(t)$ 和 $\mu_j(1-p_{j,m}(t))=\lambda_j p_{j,m}(t)$。

所以

$$I_i^{\mathrm{IIM}}(t)-I_j^{\mathrm{IIM}}(t)=(\lambda_i-\lambda_j)p_{i,m}(t)p_{j,m}(t)\sum_{\sum_{q=1,q\neq i,j}^{n}X_q=k_m-2}\prod_{l=1,l\neq i,j}^{n}(p_{l,m}(t))^{X_l}$$

$$\prod_{l=1,l\neq i,j}^{n}(1-p_{l,m}(t))^{1-X_l}+(\mu_i-\mu_j)(1-p_{i,m}(t))(1-p_{j,m}(t))$$

$$\sum_{\sum_{q=1,q\neq i,j}^{n}X_q=k_m-1}\prod_{l=1,l\neq i,j}^{n}(p_{l,m}(t))^{X_l}\prod_{l=1,l\neq i,j}^{n}(1-p_{l,m}(t))^{1-X_l}$$

所以，如果 $\lambda_i>\lambda_j,\mu_i>\mu_j$，那么 $I_i^{\mathrm{IIM}}(t)>I_j^{\mathrm{IIM}}(t)$，证毕。

根据定理 4-3，如果组件满足指数分布，那么 $p_{j,m}(t)=\mathrm{e}^{-\lambda_j t},p_{i,m}(t)=\mathrm{e}^{-\lambda_i t}$，则 $p_{j,m}(t)>p_{i,m}(t)$。所以如果 $\mu_i>\mu_j$，那么 $I_i^{\mathrm{IIM}}(t)>I_j^{\mathrm{IIM}}(t)$。

定理 4-4　如果 $p_{j,m}(t)>p_{i,m}(t)$ 和 $0<p_{l,m}(t)<\dfrac{k_m-1}{n-1}$，　$l\neq i,j$，那么 $I_i^{\mathrm{BM}}(t)>$ $I_j^{\mathrm{BM}}(t)$。

证明　式(4-2)能被转化为

$$I_i^{\mathrm{BM}}(t)=\sum_{X_1+\cdots+X_{i-1}+X_{i+1}+\cdots+X_n=k_m-1}\prod_{j=1,j\neq i}^{n}(p_{j,m}(t))^{X_j}\prod_{j=1,j\neq i}^{n}(1-p_{j,m}(t))^{1-X_j}$$

$$= p_{j,m}(t) \sum_{\substack{\sum_{q=1,q\neq i,j}^{n} X_q = k_m-2}} \prod_{l=1,l\neq i,j}^{n} (p_{l,m}(t))^{X_l} \prod_{l=1,l\neq i,j}^{n} (1-p_{l,m}(t))^{1-X_l}$$

$$+ (1-p_{j,m}(t)) \sum_{\substack{\sum_{q=1,q\neq i,j}^{n} X_q = k_m-1}} \prod_{l=1,l\neq i,j}^{n} (p_{l,m}(t))^{X_l} \prod_{l=1,l\neq i,j}^{n} (1-p_{l,m}(t))^{1-X_l}$$

同理

$$I_j^{\mathrm{BM}}(t) = p_{i,m}(t) \sum_{\substack{\sum_{q=1,q\neq i,j}^{n} X_q = k_m-2}} \prod_{l=1,l\neq i,j}^{n} (p_{l,m}(t))^{X_l} \prod_{l=1,l\neq i,j}^{n} (1-p_{l,m}(t))^{1-X_l}$$

$$+ (1-p_{i,m}(t)) \sum_{\substack{\sum_{q=1,q\neq i,j}^{n} X_q = k_m-1}} \prod_{l=1,l\neq i,j}^{n} (p_{l,m}(t))^{X_l} \prod_{l=1,l\neq i,j}^{n} (1-p_{l,m}(t))^{1-X_l}$$

则

$$I_i^{\mathrm{BM}}(t) - I_j^{\mathrm{BM}}(t) = (p_{j,m}(t)-p_{i,m}(t))\left[\sum_{\substack{\sum_{q=1,q\neq i,j}^{n} X_q = k_m-2}} \prod_{l=1,l\neq i,j}^{n} (p_{l,m}(t))^{X_l} \prod_{l=1,l\neq i,j}^{n} (1-p_{l,m}(t))^{1-X_l} \right.$$

$$\left. - \sum_{\substack{\sum_{q=1,q\neq i,j}^{n} X_q = k_m-1}} \prod_{l=1,l\neq i,j}^{n} (p_{l,m}(t))^{X_l} \prod_{l=1,l\neq i,j}^{n} (1-p_{l,m}(t))^{1-X_l} \right]$$

考虑 $p_{l,m}(t)$ 是一个参数，那么由文献[95]可知，如果 $0 < p_{l,m}(t) < \dfrac{k_m-1}{n-1}$，那么

$$\sum_{\substack{\sum_{q=1,q\neq i,j}^{n} X_q = k_m-2}} \prod_{l=1,l\neq i,j}^{n} (p_{l,m}(t))^{X_l} \prod_{l=1,l\neq i,j}^{n} (1-p_{l,m}(t))^{1-X_l} >$$

$$\sum_{\substack{\sum_{q=1,q\neq i,j}^{n} X_q = k_m-1}} \prod_{l=1,l\neq i,j}^{n} (p_{l,m}(t))^{X_l} \prod_{l=1,l\neq i,j}^{n} (1-p_{l,m}(t))^{1-X_l}$$

如果 $1 > p_{l,m}(t) > \dfrac{k_m-1}{n-1}$，那么

$$\sum_{\substack{\sum_{q=1,q\neq i,j}^{n} X_q = k_m-2}} \prod_{l=1,l\neq i,j}^{n} (p_{l,m}(t))^{X_l} \prod_{l=1,l\neq i,j}^{n} (1-p_{l,m}(t))^{1-X_l} <$$

$$\sum_{\substack{\sum_{q=1,q\neq i,j}^{n} X_q = k_m-1}} \prod_{l=1,l\neq i,j}^{n} (p_{l,m}(t))^{X_l} \prod_{l=1,l\neq i,j}^{n} (1-p_{l,m}(t))^{1-X_l}$$

所以，如果 $p_{j,m}(t)>p_{i,m}(t)$ 和 $0<p_{l,m}(t)<\dfrac{k_m-1}{n-1}$，$l\neq i,j$，那么 $I_i^{\mathrm{BM}}(t)>I_j^{\mathrm{BM}}(t)$，证毕。

根据定理 4-4，如果 $I_i^{\mathrm{BM}}(t)>I_j^{\mathrm{BM}}(t)$ 和 $0<p_{l,m}(t)<\dfrac{k_m-1}{n-1}$，$l\neq i,j$，那么 $p_{j,m}(t)>p_{i,m}(t)$。

定理 4-5　假设所有组件的维修时间是一样的，当改善组件 i 到完好工作时，单位时间内系统可靠性的提升为 $\Delta R^i(t)$；当改善组件 j 到完好工作时，单位时间内系统可靠性的提升为 $\Delta R^j(t)$，则

①如果 $I_i^{\mathrm{IIM}}(t)>I_j^{\mathrm{IIM}}(t)>0$，那么 $\Delta R^i(t)>\Delta R^j(t)$。

②如果 $I_i^{\mathrm{BM}}(t)>I_j^{\mathrm{BM}}(t)>0$ 和 $0<p_{l,m}(t)<\dfrac{k_m-1}{n-1}$，$l\neq i,j$，那么 $\Delta R^i(t)>\Delta R^j(t)$。

证明　假设系统的原始可靠性为 $R(t)$，那么

$$\Delta R^i(t) = \mu(\mathrm{Pr}\{\Phi(X(t))\geq m\mid X_i(t)=M\}-R(t))$$

$$= \mu \sum_{X_1+\cdots+X_{i-1}+X_{i+1}+\cdots+X_n\geq k_m-1} \prod_{j=1,j\neq i}^{n}(p_{j,m}(t))^{X_j} \prod_{j=1,j\neq i}^{n}(1-p_{j,m}(t))^{1-X_j}$$

$$-\mu \sum_{X_1+\cdots+X_n\geq k_m} \prod_{i=1}^{n}(p_{i,m}(t))^{X_i} \prod_{i=1}^{n}(1-p_{i,m}(t))^{1-X_i}$$

$$\Delta R^j(t) = \mu(\mathrm{Pr}\{\Phi(X(t))\geq m\mid X_j(t)=M\}-R(t))$$

$$= \mu \sum_{X_1+\cdots+X_{j-1}+X_{j+1}+\cdots+X_n\geq k_m-1} \prod_{i=1,i\neq j}^{n}(p_{i,m}(t))^{X_i} \prod_{i=1,i\neq j}^{n}(1-p_{i,m}(t))^{1-X_i}$$

$$-\mu \sum_{X_1+\cdots+X_n\geq k} \prod_{i=1}^{n}(p_{i,m}(t))^{X_i} \prod_{i=1}^{n}(1-p_{i,m}(t))^{1-X_i}$$

$$\Delta R^i(t)-\Delta R^j(t) = \mu \sum_{\substack{\sum_{q=1,q\neq i}^{n} X_q\geq k_m-1}} \prod_{j=1,j\neq i}^{n}(p_{j,m}(t))^{X_j} \prod_{j=1,j\neq i}^{n}(1-p_{j,m}(t))^{1-X_j}$$

$$-\mu \sum_{\substack{\sum_{q=1,q\neq j}^{n} X_q\geq k_m-1}} \prod_{i=1,i\neq j}^{n}(p_{i,m}(t))^{X_i} \prod_{i=1,i\neq j}^{n}(1-p_{i,m}(t))^{1-X_i}$$

$$= \mu p_{j,m}(t) \sum_{\substack{\sum_{q=1,q\neq i,j}^{n} X_q \geq k_m - 2}} \prod_{l=1,l\neq i,j}^{n} (p_{l,m}(t))^{X_l} \prod_{l=1,l\neq i,j}^{n} (1 - p_{l,m}(t))^{1-X_l}$$

$$+ \mu(1 - p_{j,m}(t)) \sum_{\substack{\sum_{q=1,q\neq i,j}^{n} X_q \geq k_m - 1}} \prod_{l=1,l\neq i,j}^{n} (p_{l,m}(t))^{X_l} \prod_{l=1,l\neq i,j}^{n} (1 - p_{l,m}(t))^{1-X_l}$$

$$- \mu p_{i,m}(t) \sum_{\substack{\sum_{q=1,q\neq i,j}^{n} X_q \geq k_m - 2}} \prod_{l=1,l\neq i,j}^{n} (p_{l,m}(t))^{X_l} \prod_{l=1,l\neq i,j}^{n} (1 - p_{l,m}(t))^{1-X_l}$$

$$- \mu(1 - p_{i,m}(t)) \sum_{\substack{\sum_{q=1,q\neq i,j}^{n} X_q \geq k_m - 1}} \prod_{l=1,l\neq i,j}^{n} (p_{l,m}(t))^{X_l} \prod_{l=1,l\neq i,j}^{n} (1 - p_{l,m}(t))^{1-X_l}$$

$$= \mu(p_{j,m}(t) - p_{i,m}(t)) \sum_{\substack{\sum_{q=1,q\neq i,j}^{n} X_q \geq k_m - 2}} \prod_{l=1,l\neq i,j}^{n} (p_{l,m}(t))^{X_l} \prod_{l=1,l\neq i,j}^{n} (1 - p_{l,m}(t))^{1-X_l}$$

$$- \mu(p_{j,m}(t) - p_{i,m}(t)) \sum_{\substack{\sum_{q=1,q\neq i,j}^{n} X_q \geq k_m - 1}} \prod_{l=1,l\neq i,j}^{n} (p_{l,m}(t))^{X_l} \prod_{l=1,l\neq i,j}^{n} (1 - p_{l,m}(t))^{1-X_l}$$

$$= \mu(p_{j,m}(t) - p_{i,m}(t)) \sum_{\substack{\sum_{q=1,q\neq i,j}^{n} X_q = k_m - 2}} \prod_{l=1,l\neq i,j}^{n} (p_{l,m}(t))^{X_l} \prod_{l=1,l\neq i,j}^{n} (1 - p_{l,m}(t))^{1-X_l}$$

①因为 $\Delta R^i(t) = I_i^{\mathrm{IPR}}(t), \Delta R^j(t) = I_j^{\mathrm{IPR}}(t)$，所以 $I_i^{\mathrm{IPR}}(t) > I_j^{\mathrm{IPR}}(t) > 0$，那么 $\Delta R^i(t) > \Delta R^j(t)$。

②如果 $I_i^{\mathrm{BM}}(t) > I_j^{\mathrm{BM}}(t)$ 和 $0 < p_{l,m}(t) < \dfrac{k_m - 1}{n - 1}$，$l \neq i,j$，那么 $p_{j,m}(t) > p_{i,m}(t)$，所以 $\Delta R^i(t) > \Delta R^j(t)$。

证毕。

4.1.3　算例分析

一个包含 3 个传送器的通信系统中，假设平均的信息接收不能低于两个传送器成功接收。所以该通信系统为 3 中选 2: G 系统，其中，$k_m = 2$。组件的失效率和维修率如表 4-1 所示。

表 4-1　组件的失效率和维修率

组件	失效率 λ_i	维修率 μ_i
1	0.0038	0.1109
2	0.0427	0.5323
3	0.0159	0.1187

在时刻 t，该通信系统的可靠性为

$$\Pr\big(\Phi(X(t)) \geq m\big) = p_{1,m}(t)p_{2,m}(t)p_{3,m}(t) + p_{1,m}(t)p_{2,m}(t)(1 - p_{3,m}(t))$$
$$+ (1 - p_{1,m}(t))p_{2,m}(t)p_{3,m}(t) + p_{1,m}(t)(1 - p_{2,m}(t))p_{3,m}(t)$$

所以组件 i 的 Birnbaum 重要度为

$$I_1^{\mathrm{BM}}(t) = p_{2,m}(t)(1 - p_{3,m}(t)) + (1 - p_{2,m}(t))p_{3,m}(t)$$
$$I_2^{\mathrm{BM}}(t) = p_{1,m}(t)(1 - p_{3,m}(t)) + (1 - p_{1,m}(t))p_{3,m}(t) \tag{4-8}$$
$$I_3^{\mathrm{BM}}(t) = p_{2,m}(t)(1 - p_{1,m}(t)) + (1 - p_{2,m}(t))p_{1,m}(t)$$

假设组件 i 的可靠性为 $p_{i,m}(t) = \mathrm{e}^{-\lambda_i t}$，所以当 $t=30$ 时，$p_{1,m}(30) = 0.8923$，$p_{2,m}(30) = 0.2778$，$p_{3,m}(30) = 0.6206$，则 $t=30$ 时组件重要度如表 4-2 所示。

表 4-2　组件重要度

组件	Birnbaum 重要度	排序	综合重要度	排序
1	0.5536	2	$0.0596 \times \mu_1 = 0.0066$	3
2	0.4054	3	$0.2928 \times \mu_2 = 0.1558$	1
3	0.6743	1	$0.2558 \times \mu_3 = 0.0304$	2

从表 4-2 可知，组件 3 有最大的 Birnbaum 重要度，并且 $I_3^{\mathrm{BM}}(30) > I_1^{\mathrm{BM}}(30)$，这与定理 4-4 一致。因为 $\dfrac{k_m - 1}{n - 1} = \dfrac{1}{2} = 0.5$，$p_{2,m}(30) = 0.2778 < 0.5$，$p_{1,m}(30) = 0.8923 > p_{3,m}(30) = 0.6206$，所以 $I_3^{\mathrm{BM}}(30) > I_1^{\mathrm{BM}}(30)$。组件 2 有最大的综合重要度，这是因为组件 2 有最大的维修率。另外 $I_3^{\mathrm{BM}}(30) > I_1^{\mathrm{BM}}(30)$ 和 $p_{2,m}(30) = 0.2778 < 0.5$，所以 $I_3^{\mathrm{IIM}}(30) > I_1^{\mathrm{IIM}}(30)$，这与定理 4-5② 一致。

从表 4-2 可知，当所有组件的维修率一样时，有

$$I_1^{\mathrm{IIM}}(30) = 0.0596 \times \mu,\ I_2^{\mathrm{IIM}}(30) = 0.2928 \times \mu,\ I_3^{\mathrm{IIM}}(30) = 0.2558 \times \mu$$

所以 $I_2^{\mathrm{IIM}}(30) > I_3^{\mathrm{IIM}}(30) > I_1^{\mathrm{IIM}}(30)$，$p_{2,m}(30) < p_{3,m}(30) < p_{1,m}(30)$，这与定理 4-2 一致。

当组件处于稳态时，组件 i 的可靠性为 $p_{i,m} = \mu_i / (\lambda_i + \mu_i)$。所以 $p_{1,m}(+\infty) = 0.9669$，$p_{2,m}(+\infty) = 0.9257$，$p_{3,m}(+\infty) = 0.8819$，则稳态时组件的重要度如表 4-3 所示。

表 4-3　稳态时组件的重要度

组件	Birnbaum 重要度	排序	综合重要度	排序
1	0.1749	1	0.00064202	3
2	0.1434	2	0.00570000	1
3	0.1025	3	0.00140000	2

从表 4-3 可知,组件 1 有最大的 Birnbaum 重要度,这不同于表 4-2 中的排序,说明 Birnbaum 重要度是随着时间变化的。在稳态时,组件 2 有最大的综合重要度。从表 4-1 可知, $\lambda_2 > \lambda_3, \mu_2 > \mu_3$ 和 $\lambda_3 > \lambda_1, \mu_3 > \mu_1$,在表 4-3 中 $I_2^{\mathrm{IPR}}(+\infty) > I_3^{\mathrm{IPR}}(+\infty) > I_1^{\mathrm{IPR}}(+\infty)$,这与定理 4-3 一致。

4.2　连续 n 中选 k 系统综合重要度

连续 n 中选 k 系统在远程通信系统[96]、真空加速系统[97]、计算机环形网络[98]、空间站系统[99]等中得到了广泛的应用。连续 n 中选 k 系统分为线形连续 n 中选 k 系统和圈形连续 n 中选 k 系统, Chiang 和 Niu[96]首先给出了线形连续 n 中选 $k:F$ 系统。Boland 和 Samaniego[100]给出了连续 n 中选 k 系统的可靠性。Cui 等[101]和 Du 等[102]在线形连续 n 中选 k 系统中研究了 n 和 k 的关系。EryIlmaz[103]研究了连续 n 中选 k 系统的性质。Salehi 等[104]讨论了线形连续 n 中选 k 系统和圈形连续 n 中选 k 系统之间的关系。之后,连续 n 中选 k 系统被推广到多态系统[105-109]。Papastavridis[110]把 Birnbaum 重要度推广到连续 n 中选 $k: F$ 系统。Zuo 和 Kuo[111]给出了连续 n 中选 2 系统的组件结构重要度的排序。Zuo[112]比较了线形连续 n 中选 k 系统和圈形连续 n 中选 k 系统中的组件 Birnbaum 重要度。下面给出连续 n 中选 $k:F$ 系统的组件的综合重要度。

4.2.1　综合重要度

定义 4-2[109]　如果存在一个正整数 $m(j \leqslant m \leqslant M)$,至少有 k_m 个连续组件的状态 $x_i < m$,那么系统结构函数 $\Phi(X) < j(j = 1, 2, \cdots, M)$,把满足这种条件的系统称为多态连续 n 中选 $k:F$ 系统。

当 $k_1 \geqslant k_2 \geqslant \cdots \geqslant k_M$ 时,该系统称为递减的多态连续 n 中选 k 系统;当 $k_1 \leqslant k_2 \leqslant \cdots \leqslant k_M$ 时,该系统称为递增的多态连续 n 中选 k 系统[109]。当 k_j 是一个恒定值,即 $k_1 = k_2 = \cdots = k_M = k$ 时,针对所有的系统状态水平,系统的结构是一样的。

在二态连续 n 中选 $k:F$ 系统中,Papastavridis[110]给出了 Birnbaum 重要度,即

$$I(\text{BM})_i = \frac{\partial R(n)}{\partial P_{i1}} = R(n \mid x_i = 1) - R(n \mid x_i = 0) = \frac{R(i-1)R'(n-i) - R(n)}{1 - P_{i1}} \tag{4-9}$$

其中，$R(j)$ 表示由组件 $1, 2, \cdots, j$ 组成的连续 j 中选 $k: F$ 子系统的可靠性，$R'(j)$ 表示由组件 $(n-j+1), (n-j+2), \cdots, (n-1), n$ 组成的连续 j 中选 $k: F$ 子系统的可靠性，$R(n)$ 表示连续 n 中选 $k: F$ 系统的可靠性，并且 $R(n \mid \cdot_i) = R(P_{1,m}, \cdots, P_{i-1,m}, \cdot, P_{i+1,m}, \cdots, P_{n,m})$。

所以在多态连续 n 中选 $k:F$ 系统中，Birnbaum 重要度为

$$I(\text{BM})_i = \frac{\partial R(n)}{\partial P_{i,m}} = R(n \mid x_i \ge m) - R(n \mid x_i < m) = \frac{R(i-1)R'(n-i) - R(n)}{1 - P_{i,m}} \tag{4-10}$$

其中，$P_{i,m} = \Pr\{x_i \ge m\}$。

连续 n 中选 $k:F$ 系统的可靠性函数为

$$\begin{aligned} R(n) &= P_{i,m} R(n \mid x_i \ge m) + (1 - P_{i,m}) R(n \mid x_i < m) \\ &= P_{i,m} [R(n \mid x_i \ge m) - R(n \mid x_i < m)] + R(n \mid x_i < m) \\ &= P_{i,m} \cdot I(\text{BM})_i + R(n \mid x_i < m) \end{aligned} \tag{4-11}$$

假设 $P'_{i,m}$ 是组件 i 改善后的可靠性，$\overline{R}(n)$ 是当组件 i 改善后系统的可靠性，所以系统可靠性的变化为

$$\begin{aligned} \overline{R}(n) - R(n) &= P'_{i,m} \cdot I(\text{BM})_i + R(n \mid x_i < m) - P_{i,m} \cdot I(\text{BM})_i - R(n \mid x_i < m) \\ &= (P'_{i,m} - P_{i,m}) I(\text{BM})_i \end{aligned} \tag{4-12}$$

当考虑单位时间内系统可靠性变化时，需要引入维修率 μ_i，其表示单位时间内组件 i 从 $P_{i,m}$ 改善到 $P'_{i,m}$ 的平均次数。所以组件 i 的综合重要度为

$$I(\text{IIM})_i = \mu_i (P'_{i,m} - P_{i,m}) I(\text{BM})_i = \mu_i (P'_{i,m} - P_{i,m}) \frac{R(i-1)R'(n-i) - R(n)}{1 - P_{i,m}} \tag{4-13}$$

从式 (4-13) 可知，$I(\text{IIM})_i$ 表示了单位时间内，当改善组件 i 时，系统可靠性的变化。

(1) 如果所有组件的提升都是一样的，即 $P'_{i,m} - P_{i,m} = A$，那么 $I(\text{IIM})_i = A \mu_i I(\text{BM})_i$。如果 $\mu_1 = \mu_2 = \cdots = \mu_n = \mu$，那么 $I(\text{IIM})_i = A \mu I(\text{BM})_i$。

(2) 如果改善组件 i 到完好工作状态，即 $P'_{i,m} = 1$，那么

$$\begin{aligned} I(\text{IIM})_i &= \mu_i (1 - P_{i,m}) I(\text{BM})_i = \mu_i (1 - P_{i,m}) \frac{R(i-1)R'(n-i) - R(n)}{1 - P_{i,m}} \\ &= \mu_i [R(i-1)R'(n-i) - R(n)] \end{aligned} \tag{4-14}$$

（3）如果用一个并联的冗余备件来表示组件 i 可靠性的提升，即 $P'_{i,m} - 1 - (1 - P_{i,m})^2$，那么

$$
\begin{aligned}
I(\text{IIM})_i &= \mu_i(P'_{i,m} - P_{i,m})I(\text{BM})_i = \mu_i(1 - (1 - P_{i,m})^2 - P_{i,m})I(\text{BM})_i \\
&= \mu_i(1 - P_{i,m})P_{i,m}I(\text{BM})_i = \mu_i P_{i,m}[R(i-1)R'(n-i) - R(n)]
\end{aligned}
\tag{4-15}
$$

4.2.2　综合重要度性质

连续 n 中选 $k{:}F$ 系统可以分为线形系统和圈形系统，分别用 $R_L(j)$、$R'_L(j)$、$R_L(n)$ 表示线性系统中的 $R(j)$、$R'(j)$、$R(n)$。

定理 4-6　在线形连续 n 中选 $k{:}F$ 系统中

$$
I(\text{IIM})_i = \mu_i(P'_{i,m} - P_{i,m})\frac{R_L(i-1)R'_L(n-i) - R_L(n)}{1 - P_{i,m}}
$$

证明　因为 $I(\text{BM})_i = \dfrac{\partial R(n)}{\partial P_{i,m}} = R(n \mid x_i \geq m) - R(n \mid x_i < m) = \dfrac{R(i-1)R'(n-i) - R(n)}{1 - P_{i,m}}$，

在线形连续 n 中选 $k{:}F$ 系统中，$R(i-1) = R_L(i-1)$，$R'(n-i) = R'_L(n-i)$，$R(n) = R_L(n)$。所以基于式（4-13），$I(\text{IIM})_i = \mu_i(P'_{i,m} - P_{i,m})\dfrac{R_L(i-1)R'_L(n-i) - R_L(n)}{1 - P_{i,m}}$，证毕。

定理 4-7　如果所有组件独立同分布，且 $P_{1,m} = P_{2,m} = \cdots = P_{n,m} = P$，$P'_{1,m} = P'_{2,m} = \cdots = P'_{n,m} = P'$，那么在线形连续 n 中选 $k{:}F$ 系统中，$I(\text{IIM})_i = \mu_i(P' - P)$
$\dfrac{R_L(i-1)R_L(n-i) - R_L(n)}{1 - P}$。

证明　如果所有组件独立同分布，那么

$$
R'_L(n-i) = R_L(P_{i+1,m}, \cdots, P_{n,m}) = R_L(\underbrace{P, \cdots, P}_{n-i}) = R_L(n-i)
$$

根据定理 4-6，$I(\text{IIM})_i = \mu_i(P' - P)\dfrac{R_L(i-1)R_L(n-i) - R_L(n)}{1 - P}$，证毕。

分别用 $R_C(j)$、$R'_C(j)$、$R_C(n)$ 表示圈形系统中的 $R(j)$、$R'(j)$、$R(n)$。

定理 4-8　在圈形连续 n 中选 $k{:}F$ 系统中，有

$$
I(\text{IIM})_i = \mu_i(P'_{i,m} - P_{i,m})\frac{R_L(i+1, i-1) - R_C(n)}{1 - P_{i,m}}
$$

其中，$R_L(i+1, i-1) = R_L(P_{i+1,m}, \cdots, P_{n,m}, P_{1,m}, \cdots, P_{i-1,m})$。

证明 因为 $I(\mathrm{BM})_i = \dfrac{\partial R(n)}{\partial P_{i,m}} = R(n \mid x_i \geq m) - R(n \mid x_i < m) = \dfrac{R(i-1)R'(n-i) - R(n)}{1 - P_{i,m}}$ ，

在圈形连续 n 中选 $k{:}F$ 系统中 $R(n) = R_C(n)$ 和

$$R(i-1)R'(n-i) = R_C(i-1)R_C'(n-i) = R_C(P_{1,m}, \cdots, P_{i-1,m}, x_i \geq m, P_{i+1,m}, \cdots, P_{n,m})$$
$$= R_L(P_{i+1,m}, \cdots, P_{n,m}, P_{1,m}, \cdots, P_{i-1,m}) = R_L(i+1, i-1)$$

所以基于式（4-13）， $I(\mathrm{IIM})_i = \mu_i(P'_{i,m} - P_{i,m}) \dfrac{R_L(i+1, i-1) - R_C(n)}{1 - P_{i,m}}$ ，证毕。

定理 4-9 如果所有组件独立同分布， $P_{1,m} = P_{2,m} = \cdots = P_{n,m} = P$ ， $P'_{1,m} = P'_{2,m} = \cdots = P'_{n,m} = P'$ ，那么在圈形连续 n 中选 $k{:}F$ 系统 $I(\mathrm{IIM})_i = \mu_i(P' - P) \dfrac{R_L(n-1) - R_C(n)}{1 - P}$ 。

证明 如果所有组件独立同分布，那么

$$R_L(i+1, i-1) = R_L(P_{i+1,m}, \cdots, P_{n,m}, P_{1,m}, \cdots, P_{i-1,m}) = R_L(\underbrace{P, \cdots, P}_{n-1}) = R_L(n-1)$$

根据定理 4-8， $I(\mathrm{IIM})_i = \mu_i(P' - P) \dfrac{R_L(n-1) - R_C(n)}{1 - P}$ ，证毕。

定理 4-10 在线形连续 n 中选 $k{:}F$ 系统中，如果所有组件独立同分布， $P_{1,m} = P_{2,m} = \cdots = P_{n,m} = P$ ， $P'_{1,m} = P'_{2,m} = \cdots = P'_{n,m} = P'$ ，那么

(1) 如果 $\mu_i \leq \mu_{i+1}$ ，那么 $I(\mathrm{IIM})_i \leq I(\mathrm{IIM})_{i+1}$ ， $n - k_m + 1 \leq i < k_m$ 。

(2) 当 $\dfrac{n}{2} < k_m < n$ 时，如果 $\mu_i \leq \mu_{i+1}$ ，那么 $I(\mathrm{IIM})_i < I(\mathrm{IIM})_{i+1}$ ， $i + 1 \leq n - k_m + 1$ 。

(3) 当 $2 < k_m \leq \dfrac{n}{2}$ 时，如果 $\mu_i \geq \mu_{i+1}$ ，那么 $I(\mathrm{IIM})_i > I(\mathrm{IIM})_{i+1}$ ， $i > n - k_m$ 。

(4) 当 $2 < k_m \leq \dfrac{n}{2}$ 时，如果 $\mu_i \leq \mu_{i+1}$ ，那么 $I(\mathrm{IIM})_i < I(\mathrm{IIM})_{i+1}$ ， $i < k_m$ 。

证明 根据定理 4-7， $I(\mathrm{IIM})_i = \mu_i(P' - P) \dfrac{R_L(i-1)R_L(n-i) - R_L(n)}{1 - P}$ ， $I(\mathrm{IIM})_{i+1} = \mu_{i+1}(P' - P) \dfrac{R_L(i)R_L(n-i-1) - R_L(n)}{1 - P}$ 。

(1) 因为 $i < k_m$ ，所以 $R_L(i) = 1$ ， $R_L(i-1) = 1$ 。同理，因为 $n - k_m + 1 \leq i$ ，所以 $R_L(n-i) = 1$ ， $R_L(n-i-1) = 1$ 。那么 $I(\mathrm{IIM})_i = \mu_i(P' - P) \dfrac{1 - R_L(n)}{1 - P}$ 。

$I(\mathrm{IIM})_{i+1} = \mu_{i+1}(P' - P) \dfrac{1 - R_L(n)}{1 - P}$ ，所以如果 $\mu_i \leq \mu_{i+1}$ ，那么 $I(\mathrm{IIM})_i \leq I(\mathrm{IIM})_{i+1}$ 。

(2) 当 $\dfrac{n}{2} < k_m < n$ 时， $n - k_m < k_m$ 。因为 $i + 1 \leq n - k_m + 1$ ，所以 $i + 1 \leq n - k_m + 1 \leq$

k_m。那么 $R_L(i)=1$，$R_L(i-1)=1$。所以 $I(\text{IIM})_i=\mu_i(P'-P)\dfrac{R_L(n-i)-R_L(n)}{1-P}$，

$I(\text{IIM})_{i+1}=\mu_{i+1}(P'-P)\dfrac{R_L(n-i-1)-R_L(n)}{1-P}$。因为 $R_L(n-i)<R_L(n-i-1)$，所以当 $\mu_i\leqslant$

μ_{i+1} 时，$I(\text{IIM})_i<I(\text{IIM})_{i+1}$。

(3) 当 $2<k_m\leqslant\dfrac{n}{2}$ 时，$k_m\leqslant n-k_m$。因为 $i>n-k_m$，所以 $k_m\leqslant n-k_m<i$。则 $R_L(n-$

$i)=1,R_L(n-i-1)=1$，所以 $I(\text{IIM})_i=\mu_i(P'-P)\dfrac{R_L(i-1)-R_L(n)}{1-P}$，$I(\text{IIM})_{i+1}=\mu_{i+1}(P'-$

$P)\dfrac{R_L(i)-R_L(n)}{1-P}$。因为 $R_L(i)<R_L(i-1)$，所以当 $\mu_i\geqslant\mu_{i+1}$ 时，$I(\text{IIM})_i>I(\text{IIM})_{i+1}$。

(4) 当 $2<k_m\leqslant\dfrac{n}{2}$ 时，$k_m\leqslant n-k_m$。因为 $i<k_m$，所以 $i<k_m\leqslant n-k_m$。则 $R_L(i)=1$，

$R_L(i-1)=1$，所以 $I(\text{IIM})_i=\mu_i(P'-P)\dfrac{R_L(n-i)-R_L(n)}{1-P}$，$I(\text{IIM})_{i+1}=\mu_{i+1}(P'-P)$

$\dfrac{R_L(n-i-1)-R_L(n)}{1-P}$。因为 $R_L(n-i)<R_L(n-i-1)$，所以当 $\mu_i\leqslant\mu_{i+1}$ 时，$I(\text{IIM})_i<$

$I(\text{IIM})_{i+1}$。

证毕。

4.2.3　算例分析

在一个由 14 个组件组成的输油管道系统中，假设至少有连续的 7 个组件失效时，系统才失效。假设所有组件的可靠性为 $P_{i,m}=0.5$[113]，组件的维修率是 $\mu_1=0.56$，$\mu_2=0.6,\mu_3=0.25,\mu_4=0.5,\mu_5=0.18,\mu_6=0.135,\mu_7=0.015,\mu_8=0.040,\mu_9=0.145,\mu_{10}=0.237,\mu_{11}=0.32,\mu_{12}=0.48,\mu_{13}=0.225,\mu_{14}=0.7$。

这里假设改善组件 i 到完好工作状态，即 $P'_{i,m}=1$。那么 $I(\text{IIM})_i=\mu_i[R(i-1)R'(n-i)-R(n)]$。组件 i 的 $I(\text{BM})_i$ 和 $I(\text{IIM})_i$ 如表 4-4 所示。

表 4-4　组件 i 的 $I(\text{BM})_i$ 和 $I(\text{IIM})_i$

组件	$I(\text{BM})_i$[38]	排序	$I(\text{IIM})_i$	排序
1	0.00781250	13	0.0021875	11
2	0.0 1562500	11	0.0046875	4
3	0.02343750	9	0.0029296875	9
4	0.03125000	7	0.0078125	1
5	0.03906250	5	0.003515625	6
6	0.04687500	3	0.0031640625	8
7	0.05468750	1	0.00041015625	14

组件	$I(\text{BM})_i^{[38]}$	排序	$I(\text{IIM})_i$	排序
8	0.05468750	1	0.00109375	13
9	0.04687500	3	0.0033984375	7
10	0.03906250	5	0.00462890625	5
11	0.03125000	7	0.005	3
12	0.02343750	9	0.005625	2
13	0.01562500	11	0.0017578125	12
14	0.00781250	13	0.002734375	10

从表 4-4 可知，组件的 $I(\text{BM})_i$ 是对称的，但是因为综合重要度考虑了组件的维修率，$I(\text{IIM})_i$ 是不对称的。虽然组件 7 和组件 8 有最大的 Birnbaum 重要度，但是组件 7 有最小的综合重要度，组件 4 有最大的综合重要度。

4.3　本　章　小　结

本章给出了综合重要度在冗余系统中的应用，给出了综合重要度在 n 中选 k 系统和连续 n 中选 k 系统的计算公式，并解释了其物理意义，讨论了综合重要度在冗余系统中的性质和定理，算例分析验证了其正确性。本章主要内容已由作者发表于文献[114]～文献[117]。

第 5 章　基于随机过程的系统综合重要度

现实系统组件寿命或性能经常是随时间随机变化的,特别是一些电子元器件。在已有的文献中,通常用随机变量描述组件的状态。然而,状态随机变量不足以表现组件随时间的动态变化。相比随机变量,随机过程能够很好地描述随机现象随时间的改变。进而,若使得随机过程表示组件的性能水平而不是状态,则称这样的随机过程为性能随机过程,那么这样的随机过程,将有着更为广泛的实际意义,能够排除在实际问题中状态的划分及定义的主观性和局限性。因此,本章将采用性能随机过程对系统及其系统中的所有组件建模,由此得到推广的综合重要度。由状态转移过程中所服从的分布可分为经典的马尔可夫随机过程和半马尔可夫随机过程。本章结合马尔可夫和半马尔可夫随机过程,针对串联系统、并联系统、扩展的并联系统、表决系统、温储备系统冷储备系统等,提出综合重要度的计算公式,给出特定随机分布下的综合重要度性质,并结合算例对比综合重要度与其他典型重要度的关系。

5.1　基于马尔可夫过程的综合重要度

考虑这样一个包含 n 个组件的单调关联系统,任意组件的状态均与其他组件的状态相互独立,且任意一个组件性能的改善都不会降低系统的性能。不失一般性,认为所有组件都将有极少的失效和维修,且组件的状态转移均由组件的失效或维修引起。

在多态系统中,根据组件的某种物理性质,任一组件在运行时有多个性能水平,每个性能水平对应一个状态。假设组件 i 有 M_i+1 个状态, x_j^i 代表组件 i 的 j 状态,其中, $i=1,2,\cdots,n$, $j=1,2,\cdots,M_i$ 。对应状态 x_j^i ,称组件 i 有性能水平 u_j^i 。由此,组件 i 的性能随机过程记为 $\{U_i(t),t\geq 0\}$,取值空间为组件 i 的性能水平集合 $u^i=\{u_1^i,u_2^i,\cdots,u_j^i,\cdots,u_{M_i}^i\}$ 。因此,任一组件的状态概率可重新定义 $P_j^i(t)=\Pr\{U_i(t)=u_j^i\}$ 。所以,组件 i 的性能水平分布,记为 $P^i(t)$, $P^i(t)=\{P_0^i(t),\cdots,P_m^i(t),\cdots,P_{M_i}^i(t)\}$ 与组件 i 的性能水平的取值集合 u^i 相对应。系统中的任一组件的状态均按照相应的性能水平降序或升序排列。

整个系统输出性能的随机过程的结构函数定义 $U_s(t)=\varPhi(U_1(t),\cdots,U_i(t),\cdots,$

$U_n(t))$，结构函数的值域，即系统的性能随机过程的状态空间，记为 u_s，$u_s = \{u_{s0}, u_{s1}, \cdots, u_{sM}\}$，依赖于系统的结构以及所有组件的性能水平。类似地，系统的状态概率定义为 $P_h^s(t) = \Pr\{U_s(t) = u_{sh}\}$，其中，$h = 0, \cdots, M$。系统的性能定义为系统的性能期望函数 $A(t) = \sum_{h=0}^{M} u_{sh} \cdot \Pr\{U_s(t) = u_{sh}\}$。

综合重要度综合考虑了组件状态转移率，全面分析了组件状态的转移如何影响系统的性能。在多态系统中，针对于劣化过程和维护过程，综合重要度的表达式分别为

$$I_{m,l}^{\mathrm{IIM}}(i) = P_m^i \cdot \lambda_{ml}^i \sum_{j-1}^{M} a_j [\Pr(\Phi(m_i, X) = j) - \Pr(\Phi(l_i, X) = j)]$$

$$= P_m^i \cdot \lambda_{ml}^i \sum_{j=1}^{M} (a_j - a_{j-1})[\Pr(\Phi(m_i, X) \geq j) - \Pr(\Phi(l_i, X) \geq j)]$$

其中，$m > l$，P_m^i 表示组件 i 处于状态 m 的概率，a_j 表示系统对应于状态 j 的性能水平，λ_{ml}^i 表示组件 i 由状态 m 到状态 l 的失效率，μ_{ml}^i 表示组件 i 由状态 m 到状态 l 的修复率，Φ 为系统的结构函数。

定理 5-1　在某一时刻 T，组件 i 的状态分布(性能分布)，记为 $\{p_0^i, \cdots, p_m^i, \cdots, p_{M_i}^i\}$ 发生了变化，变化后的状态分布记为 $\{p_0^{i*}, \cdots, p_m^{i*}, \cdots, p_{M_i}^i\}$，其中，$p_m^i - p_m^{i*} = p_0^{i*} - p_0^i = \Delta$，对于 $l \neq 0, m$，$p_l^i = p_l^{i*}$，其他组件的状态分布保持不变。于是，对于两个时刻 $t_1, t_2 (0 < t_1 < T < t_2)$，由组件 i 状态分布的变化引起的系统性能的改变量为

$$\Delta \frac{\mathrm{IIM}_{0,m}^i(t_2)}{p_0^{i*} \cdot \mu_{0m}^i} = -\Delta \frac{\mathrm{IIM}_{m,0}^i(t_2)}{p_m^{i*} \cdot \lambda_{m0}^i}。$$

证明

$$A(t) = \sum_{h=0}^{M} u_{sh} \Pr\{U_s(t) = u_{sh}\}$$

$$= \sum_{h=0}^{M} u_{sh} \sum_{k=0}^{M_i} \Pr\{U_s(t) = u_{sh} | U_i(t) = u_{ik}\} \Pr\{U_i(t) = u_{ik}\}$$

$$= \sum_{h=0}^{M} \sum_{k=0}^{M_i} u_{sh} \Pr\{U_s(t) = u_{sh} | U_i(t) = u_{ik}\} P_k^i(t)$$

$$= \sum_{k=0}^{M_i} P_k^i(t) \sum_{h=0}^{M} u_{sh} \Pr\{U_s(t) = u_{sh} | U_i(t) = u_{ik}\}$$

因此，系统性能的改变量 $\Delta A_{t_1, t_2}$ 为

$$\Lambda A_{t_1,t_2} = A(t_2) - A(t_1)$$

$$= \sum_{k=0}^{M_i} P_k^i(t_2) \sum_{h=0}^{M} u_{sh} \Pr\{U_s(t_2) = u_{sh} \mid U_i(t_2) = u_{ik}\}$$

$$- \sum_{k=0}^{M_i} P_k^i(t_1) \sum_{h=0}^{M} u_{sh} \Pr\{U_s(t_1) = u_{sh} \mid U_i(t_1) = u_{ik}\}$$

$$= (p_0^i - \Delta) \sum_{h=0}^{M} u_{sh} \Pr\{U_s(t_2) = u_{sh} \mid U_i(t_2) = u_{i0}\}$$

$$- p_0^i \sum_{h=0}^{M} u_{sh} \Pr\{U_s(t_1) = u_{sh} \mid U_i(t_1) = u_{i0}\}$$

$$+ \sum_{k=1,k\neq m}^{M_i} p_k^i \sum_{h=0}^{M} u_{sh} \left[\begin{array}{l} \Pr\{U_s(t_2) = u_{sh} \mid U_i(t_2) = u_{ik}\} \\ - \Pr\{U_s(t_1) = u_{sh} \mid U_i(t_1) = u_{ik}\} \end{array} \right]$$

$$+ (p_m^i + \Delta) \sum_{h=0}^{M} u_{sh} \Pr\{U_s(t_2) = u_{sh} \mid U_i(t_2) = u_{im}\}$$

$$- p_m^i \sum_{h=0}^{M} u_{sh} \Pr\{U_s(t_1) = u_{sh} \mid U_i(t_1) = u_{im}\}$$

$$= \sum_{k=0}^{M_i} p_k^i \sum_{h=0}^{M} u_{sh} \left[\begin{array}{l} \Pr\{U_s(t_2) = u_{sh} \mid U_i(t_2) = u_{ik}\} \\ - \Pr\{U_s(t_1) = u_{sh} \mid U_i(t_1) = u_{ik}\} \end{array} \right] + \Delta \cdot \frac{\mathrm{IIM}_{0,m}^i(t_2)}{P_0^i(t_2)\mu_{0m}^i}$$

$$= \sum_{k=0}^{M_i} p_k^i \sum_{h=0}^{M} u_{sh} \left[\begin{array}{l} \Pr\{U_s(t_2) = u_{sh} \mid U_i(t_2) = u_{ik}\} \\ - \Pr\{U_s(t_1) = u_{sh} \mid U_i(t_1) = u_{ik}\} \end{array} \right] - \Delta \cdot \frac{\mathrm{IIM}_{m,0}^i(t_2)}{P_0^i(t_2)\mu_{m0}^i}$$

特别的，如果对组件 i 的两个状态 m_1 和 m_2 的状态概率分别给予相等的增量 $\Delta(\Delta > 0)$（相应的状态 0 的概率发生了 $-\Delta$ 大小的增量），那么状态 m_1 的改善将比状态 m_2 的改善引起更大的系统性能的提升，当且仅当 $\dfrac{\left| \mathrm{IIM}_{0,m_1}^i(t_2) \right|}{p_0^{i*} \cdot \mu_{0m_1}^i} > \dfrac{\left| \mathrm{IIM}_{0,m_2}^i(t_2) \right|}{p_0^{i*} \cdot \mu_{0m_2}^i}$。

下面针对马尔可夫过程，分析在串联系统、并联系统、扩展的并联系统、表决系统、温储备系统以及冷储备系统中，综合重要度变化特征。

（1）串联系统。

n 个组件（编号 $0 \sim n-1$）串联，当某个组件发生故障，则系统处于故障状态，修理工立即对故障组件进行修理，其余组件停止工作，故不考虑两个组件同时故障的情况。当故障组件修复后，系统重新恢复正常工作。如图 5-1 所示，系统共有 $n+1$ 个状态。

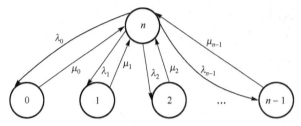

图 5-1　串联系统状态转移图

定义系统结构函数

$$\Phi((X(t)))=\begin{cases}i, & \text{当第}i\text{个组件损坏时}(i=0,1,\cdots,n-1)\\ n, & \text{当所有组件完好时}\end{cases}$$

由图可得转移率矩阵 $A=\begin{pmatrix}-\mu_0 & 0 & \cdots & \mu_0\\ 0 & -\mu_1 & \cdots & \mu_1\\ \vdots & \vdots & & \vdots\\ \lambda_0 & \lambda_1 & \cdots & \Lambda\end{pmatrix}$，其中，$\Lambda=\sum_0^{n-1}\lambda_i$。

可得线性方程组 $\begin{cases}(\pi_0,\pi_1,\cdots,\pi_n)A=(0,0,\cdots,0)\\ \sum_{i=0}^n\pi_i=1\end{cases}$，其中，向量 $(\pi_0,\pi_1,\cdots,\pi_n)$ 为 t 趋

近于无穷时系统的平稳分布。即 $\lim_{t\to\infty}\Pr(\Phi(X(t))=m)=\lim_{t\to\infty}P_m^i(t)=\pi_m$。解得 $\pi_j=$

$$\begin{cases}\left(1+\sum_{m=0}^{n-1}\dfrac{\lambda_m}{\mu_m}\right)^{-1}, & j=n\\[4mm] \dfrac{\lambda_j}{\mu_j}\pi_n, & j=0,1,2,\cdots,n-1\end{cases}\quad。$$

考虑第 i 个组件的稳态，由 $\begin{cases}P_1^i\lambda^i-P_0^i\mu^i=0\\ P_1^i+P_0^i=1\end{cases}$，解得 $P_1^i=\dfrac{\mu_{01}^i}{\lambda_{10}^i+\mu_{01}^i}$。

故当系统处于稳定状态时，组件 i 综合重要度的表达式为

$$\mathrm{IIM}_{1,0}^i=P_1^i\lambda_{1,0}^i\sum_{k=1}^n(a_k-a_{k-1})[\Pr(\Phi(1_i,X)\geqslant k)-\Pr(\Phi(0_i,X)\geqslant k)]$$

因为是串联系统，所以将非正常工作状态都合并为故障状态，即 $n=1$，这时有

$$\mathrm{IIM}_{1,0}^i=P_1^i\lambda_{1,0}^i(a_1-a_0)[\Pr(\Phi(1_i,X)\geqslant 1)-\Pr(\Phi(0_i,X)\geqslant 1)]$$
$$=P_1^i\lambda_{1,0}^i(a_1-a_0)[\Pr(\Phi(1_i,X)=1)-\Pr(\Phi(0_i,X)=1)]$$

由串联系统可知 $\Pr(\Phi(0_i, X) = 1) = 0$。而 $\Pr(\Phi(1_i, X) = 1)$ 可以视为在第 i 个组件损坏率为 0 的情况下系统正常工作的概率。即 $\lambda_{10}^i = 0, \mu_{01}^i = 1$，故有

$$
\tilde{\pi}_j = \begin{cases}
\left(1 + \displaystyle\sum_{\substack{m=0 \\ m \neq i}}^{n-1} \dfrac{\lambda_m}{\mu_m}\right)^{-1}, & j = n,\text{工作状态} \\[3mm]
\dfrac{\lambda_j}{\mu_j}\pi_n, & j = 0,1,2,\cdots,n-1, j \neq i,\text{故障状态} \\[3mm]
0, & j = i,\text{因为系统不会进入}i\text{状态}
\end{cases}
$$

其中，$(\tilde{\pi}_0, \tilde{\pi}_1, \cdots, \tilde{\pi}_n)$ 表示 $\lambda_{10}^i = 0, \mu_{01}^i = 1$，其他参数不变的情况下系统稳态概率分布。

(2) 并联系统。

n 个相同的组件并联，但只有一个修理设备，每当有组件故障后，其他组件不受影响地运行。当且仅当 n 个组件全部故障时，整个系统故障。

系统状态转移图如图 5-2 所示。

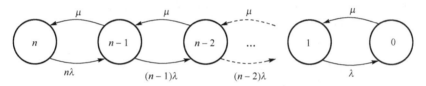

图 5-2　并联系统状态转移图

可得转移率矩阵

$$
A = \begin{pmatrix}
-\mu & \mu & 0 & \cdots & 0 \\
\lambda & -\lambda - \mu & \mu & \cdots & 0 \\
0 & 2\lambda & -2\lambda - \mu & \cdots & \vdots \\
\vdots & \vdots & \vdots & & \mu \\
0 & 0 & \cdots & n\lambda & -n\lambda
\end{pmatrix}
$$

可得 $\begin{cases} (\pi_0, \pi_1, \cdots, \pi_n)A = (0, 0, \cdots, 0) \\ \displaystyle\sum_{i=0}^n \pi_i = 1 \end{cases}$，解得 $\pi_j = \dfrac{1}{j!}\left(\dfrac{\mu}{\lambda}\right)^j \left(\displaystyle\sum_{m=0}^n \dfrac{\mu^m}{m!\lambda^m}\right)^{-1}$。

所以，有稳定状态下组件 i 的综合重要度为

$$
\begin{aligned}
\text{IIM}_{1,0}^i &= P_1^i \lambda_{1,0}^i \sum_{k=1}^n (a_k - a_{k-1})[\Pr(\Phi(1_i, X) \geq k) - \Pr(\Phi(0_i, X) \geq k)] \\
&= P_1^i \lambda_{1,0}^i \sum_{k=1}^n a_k[\Pr(\Phi(1_i, X) = k) - \Pr(\Phi(0_i, X) = k)]
\end{aligned}
$$

$\Pr(\Phi(1_i,X)=k)$ 的物理意义为当第 i 个组件完好的前提下，n 个组件的系统有 k 个组件正常运行的概率。由于所有的组件都是相同的，该概率与 $n-1$ 个系统中有 $k-1$ 个组件正常运行的概率相同，即 $\Pr(\Phi^n(1_i,X)=k)=\Pr(\Phi^{n-1}(X)=k-1)$，其中 $\Phi^n(X)$ 表示由 n 个相同组件组成的并联系统，故可得

$$\Pr(\Phi^n(1_i,X)=k)=\Pr(\Phi^{n-1}(X)=k-1)=\frac{1}{(k-1)!}\left(\frac{\mu}{\lambda}\right)^{(k-1)}\left(\sum_{m=0}^{n-1}\frac{\mu^m}{m!\lambda^m}\right)^{-1}$$

类似地，$\Pr(\Phi(0_i,X)=k)$ 的物理含义为当第 i 个组件故障的前提下，剩下的 $n-1$ 个组件的系统中仍有 k 个组件工作的概率。所有组件相同，所以

$$\Pr(\Phi^n(0_i,X)=k)=\Pr(\Phi^{n-1}(X)=k)=\frac{1}{k!}\left(\frac{\mu}{\lambda}\right)^{k}\left(\sum_{m=0}^{n-1}\frac{\mu^m}{m!\lambda^m}\right)^{-1}$$

可得

$$\begin{aligned}
\mathrm{IIM}_{1,0}^i &= P_1^i\lambda_{1,0}^i\sum_{k=1}^{n}a_k[\Pr(\Phi(1_i,X)=k)-\Pr(\Phi(0_i,X)=k)]\\
&= P_1^i\lambda_{1,0}^i\sum_{k=1}^{n}a_k\left[\frac{1}{(k-1)!}\left(\frac{\mu}{\lambda}\right)^{(k-1)}\left(\sum_{m=0}^{n-1}\frac{\mu^m}{m!\lambda^m}\right)^{-1}-\frac{1}{k!}\left(\frac{\mu}{\lambda}\right)^{k}\left(\sum_{m=0}^{n-1}\frac{\mu^m}{m!\lambda^m}\right)^{-1}\right]\\
&= P_1^i\lambda_{1,0}^i\left(\sum_{m=0}^{n-1}\frac{\mu^m}{m!\lambda^m}\right)^{-1}\sum_{k=1}^{n}a_k\left[\frac{1}{(k-1)!}\left(\frac{\mu}{\lambda}\right)^{(k-1)}-\frac{1}{k!}\left(\frac{\mu}{\lambda}\right)^{k}\right]\\
&= \frac{\lambda\mu}{\lambda+\mu}\left(\sum_{m=0}^{n-1}\frac{\mu^m}{m!\lambda^m}\right)^{-1}\sum_{k=1}^{n}\left[\frac{k\lambda}{\mu}-1\right]\frac{a_k}{k!}\left(\frac{\mu}{\lambda}\right)^{k}
\end{aligned}$$

(3) 扩展的并联系统。

n 个相同的组件并联，共有 $K(1\leqslant K\leqslant n)$ 个修理设备，即最多同时进行 K 个组件的修理。每当有组件故障后，其他组件不受影响地运行。当且仅当 n 个组件全部故障时，整个系统故障。

系统状态转移图如图 5-3 所示。

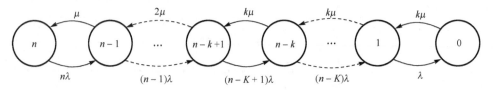

图 5-3 扩展的并联系统状态转移图

转移率矩阵为

$$A = \begin{pmatrix} -K\mu & K\mu & & & & & & 0 \\ \lambda & -\lambda-K\mu & K\mu & & & & & \\ & \ddots & \ddots & \ddots & & & & \\ & & (n-K)\lambda & -(n-K)\lambda-K\mu & K\mu & & & \\ & & & \ddots & \ddots & \ddots & & \\ & & & & (n-2)\mu & -(n-2)\lambda-2\mu & 2\mu & \\ & & & & & (n-1)\lambda & -(n-1)\lambda-\mu & \mu \\ 0 & & & & & & n\lambda & -n\lambda \end{pmatrix}$$

可得 $\begin{cases} (\pi_0,\pi_1,\cdots,\pi_n)A = (0,0,\cdots,0) \\ \sum\limits_{i=0}^{n}\pi_i = 1 \end{cases}$, 解得

$$\pi_j = \begin{cases} \left[\sum\limits_{m=0}^{K}\binom{n}{m}\left(\dfrac{\lambda}{\mu}\right)^m + \sum\limits_{m=K+1}^{n}\dfrac{n!}{(n-m)!K!K^{m-K}}\left(\dfrac{\lambda}{\mu}\right)^m \right]^{-1}, & j = n \\[4mm] \binom{n}{n-j}\left(\dfrac{\lambda}{\mu}\right)^{n-j}\pi_n, & j = n-K,\cdots,n-1 \\[4mm] \dfrac{n!}{j!K!K^{n-j-K}}\left(\dfrac{\lambda}{\mu}\right)^{n-j}\pi_n, & j = 0,1,\cdots,n-K-1 \end{cases}$$

则系统处于稳定状态时 i 组件的重要度为

$$\text{IIM}_{1,0}^{i} = P_1^i \lambda_{1,0}^i \sum_{k=1}^{n} a_k [\Pr(\Phi(1_i,X) = k) - \Pr(\Phi(0_i,X) = k)]$$

$\Pr(\Phi^n(1_i,X) = k)$ 表示在第 i 个组件完好的前提下, n 个组件组成的系统处于状态 k 的概率。可以将其看成 $n-1$ 个组件的系统处于状态 $k-1$ 的概率, 即 $\Pr(\Phi^{n-1}(X) = k-1)$。 类似地, 有 $\Pr(\Phi^n(0_i,X) = k) = \Pr(\Phi^{n-1}(X) = k)$。 所以有

$$\Pr\big(\Phi^n(1_i,X) = k\big) = \Pr(\Phi^{n-1}(X) = k-1)$$

$$= \begin{cases} \left[\sum\limits_{m=0}^{K}\binom{n-1}{m}\left(\dfrac{\lambda}{\mu}\right)^m + \sum\limits_{m=K+1}^{n-1}\dfrac{(n-1)!}{(n-1-m)!K!K^{m-K}}\left(\dfrac{\lambda}{\mu}\right)^m \right]^{-1}, & k = n \\[4mm] \binom{n-1}{n-k}\left(\dfrac{\lambda}{\mu}\right)^{n-k}\pi_n, & k = n-K,\cdots,n-1 \\[4mm] \dfrac{(n-1)!}{(k-1)!K!K^{n-k-K}}\left(\dfrac{\lambda}{\mu}\right)^{n-k}\pi_n, & k = 1,2,\cdots,n-K-1 \end{cases}$$

$$\text{IIM}_{1,0}^i = P_1^i \lambda_{1,0}^i \sum_{k=1}^{n} a_k [\Pr(\Phi(1_i, X) = k) - \Pr(\Phi(0_i, X) = k)]$$

$$= P_1^i \lambda_{1,0}^i \left\{ \begin{array}{l} \displaystyle\sum_{k=1}^{n-K-2} a_k \left[\dfrac{(n-1)!}{(k-1)!K!K^{n-k-K}} \left(\dfrac{\lambda}{\mu}\right)^{n-k} \tilde{\pi}_n - \dfrac{(n-1)!}{k!K!K^{n-1-k-K}} \left(\dfrac{\lambda}{\mu}\right)^{n-1-k} \tilde{\pi}_n \right] \\[3ex] + a_{n-K-1} \left[\dbinom{n-1}{n-1-k} \left(\dfrac{\lambda}{\mu}\right)^{n-1-k} \tilde{\pi}_n - \dfrac{(n-1)!}{k!K!K^{n-1-k-K}} \left(\dfrac{\lambda}{\mu}\right)^{n-1-k} \tilde{\pi}_n \right] \\[3ex] + \displaystyle\sum_{k=n-K}^{n-2} \left[\dbinom{n-1}{n-k} \left(\dfrac{\lambda}{\mu}\right)^{n-k} \tilde{\pi}_n - \dbinom{n-1}{n-1-k} \left(\dfrac{\lambda}{\mu}\right)^{n-1-k} \tilde{\pi}_n \right] \\[3ex] + a_{n-1} \left[\dbinom{n-1}{n-k} \left(\dfrac{\lambda}{\mu}\right)^{n-k} \tilde{\pi}_n - \tilde{\pi}_n \right] + a_n (\tilde{\pi}_n - 0) \end{array} \right\}$$

$$= \dfrac{\lambda \mu \tilde{\pi}_n}{\lambda + \mu} \left\{ \begin{array}{l} \displaystyle\sum_{k=1}^{n-K-2} a_k \left[\dfrac{(n-1)!}{(k-1)!K!K^{n-k-K}} \left(\dfrac{\lambda}{\mu}\right)^{n-k} - \dfrac{(n-1)!}{k!K!K^{n-1-k-K}} \left(\dfrac{\lambda}{\mu}\right)^{n-1-k} \right] \\[3ex] + a_{n-K-1} \left[\dbinom{n-1}{n-1-k} \left(\dfrac{\lambda}{\mu}\right)^{n-1-k} - \dfrac{(n-1)!}{k!K!K^{n-1-k-K}} \left(\dfrac{\lambda}{\mu}\right)^{n-1-k} \right] \\[3ex] + \left[\displaystyle\sum_{k=n-K}^{n-2} \dbinom{n-1}{n-k} \left(\dfrac{\lambda}{\mu}\right)^{n-k} - \dbinom{n-1}{n-1-k} \left(\dfrac{\lambda}{\mu}\right)^{n-1-k} \right] \\[3ex] + a_{n-1} \left[\dbinom{n-1}{n-k} \left(\dfrac{\lambda}{\mu}\right)^{n-k} - 1 \right] + a_n \end{array} \right\}$$

其中，$\tilde{\pi}_n = \left[\displaystyle\sum_{m=0}^{K} \dbinom{n-1}{m} \left(\dfrac{\lambda}{\mu}\right)^{m} + \sum_{m=K+1}^{n-1} \dfrac{(n-1)!}{(n-1-m)!K!K^{m-K}} \left(\dfrac{\lambda}{\mu}\right)^{m} \right]^{-1}$。

（4）表决系统。

n 个相同的组件并联，仅有一个修理设备，当且仅当至少有 m 个组件工作时系统正常运行。当工作的组件个数小于 m 时，系统故障且所有组件停止运行，不再有新的故障产生，直到修理过程结束后，m 个组件同时进入工作状态。

系统状态转移图如图 5-4 所示。

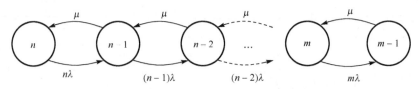

图 5-4　表决系统状态转移图

由图 3-4 可知，系统的状态转移矩阵为

$$A = \begin{pmatrix} -\mu & \mu & & & & & \\ m\lambda & -\mu-m\lambda & \mu & & & & \\ & (m+1)\lambda & -\mu-(m+1)\lambda & \ddots & & & \\ & & \ddots & & \mu & & \\ & & & (n-1)\lambda & -\mu-(n-1)\lambda & \mu \\ & & & & n\lambda & -n\lambda \end{pmatrix}$$

可得 $\pi_j = \dfrac{\dfrac{1}{(n-j+m-1)!}\left(\dfrac{\mu}{\lambda}\right)^{n-j+m-1}}{\displaystyle\sum_{r=m-1}^{n}\dfrac{1}{r!}\left(\dfrac{\mu}{\lambda}\right)^{r}},\ j=m-1,\cdots,n$。

系统处于稳定状态时组件 i 的重要度为

$$\mathrm{IIM}_{1,0}^{i} = P_1^i \lambda_{1,0}^i \sum_{k=m-1}^{n} a_k[\Pr(\Phi(1_i,X)=k) - \Pr(\Phi(0_i,X)=k)]$$

若用 Φ_m^n 表示 n 中选 m 系统，则当已知第 i 个组件完好时，n 中选 m 系统可以视为 $n-1$ 中选 $m-1$ 系统，即 $\Pr(\Phi_m^n(1_i,X)=k)=\Pr(\Phi_{m-1}^{n-1}(X)=k-1)$。同样地，当已知第 i 个组件故障时，n 中选 m 系统可以视为 $n-1$ 中选 m 系统，即 $\Pr(\Phi_m^n(0_i,X)=k)$ $=\Pr(\Phi_m^{n-1}(X)=k)$，所以有

$$\Pr(\Phi_m^n(1_i,X)=k) = \Pr(\Phi_{m-1}^{n-1}(X)=k-1) = \frac{\dfrac{1}{(n-k+m-2)!}\left(\dfrac{\mu}{\lambda}\right)^{n-k+m-2}}{\displaystyle\sum_{r=m-2}^{n-1}\dfrac{1}{r!}\left(\dfrac{\mu}{\lambda}\right)^{r}}\lambda$$

$$\Pr(\Phi_m^n(0_i,X)=k) = \Pr(\Phi_m^{n-1}(X)=k) = \frac{\dfrac{1}{(n-k+m-1)!}\left(\dfrac{\mu}{\lambda}\right)^{n-k+m-1}}{\displaystyle\sum_{r=m-1}^{n-1}\dfrac{1}{r!}\left(\dfrac{\mu}{\lambda}\right)^{r}}$$

可得

$$\mathrm{IIM}_{1,0}^{i} = P_1^i \lambda_{1,0}^i \sum_{k=m-1}^{n} a_k\left[\frac{\dfrac{1}{(n-k+m-2)!}\left(\dfrac{\mu}{\lambda}\right)^{n-k+m-2}}{\displaystyle\sum_{r=m-2}^{n-1}\dfrac{1}{r!}\left(\dfrac{\mu}{\lambda}\right)^{r}} - \frac{\dfrac{1}{(n-k+m-1)!}\left(\dfrac{\mu}{\lambda}\right)^{n-k+m-1}}{\displaystyle\sum_{r=m-1}^{n-1}\dfrac{1}{r!}\left(\dfrac{\mu}{\lambda}\right)^{r}}\right]$$

$$= \frac{\lambda\mu}{\lambda+\mu} \sum_{k=m-1}^{n} a_k \left(\frac{\mu}{\lambda}\right)^{n-k+m-2} \left[\frac{\dfrac{1}{(n-k+m-2)!}}{\displaystyle\sum_{r=m-2}^{n-1} \dfrac{1}{r!}\left(\dfrac{\mu}{\lambda}\right)^{r}} - \frac{\dfrac{1}{(n-k+m-1)!}}{\displaystyle\sum_{r=m-1}^{n-1} \dfrac{1}{r!}\left(\dfrac{\mu}{\lambda}\right)^{r}} \left(\frac{\mu}{\lambda}\right) \right]$$

(5)冷贮备系统。

系统由 n 个相同组件和一个修理设备组成，当 n 个组件均正常时，只有一个组件工作，其余 $n-1$ 个组件做冷贮备。工作组件发生故障时，贮备之一立即替换而转为工作状态，修理设备立即对故障的组件进行修理。当修理未完成时，其他故障组件必须等待修理。修好的组件，或进入冷贮备状态(若此时某个组件正在工作)，或立即进入工作状态(若其他组件都已故障)。假设开关是完全可靠且瞬时的。可以建立如图 5-5 所示的系统状态转移图。

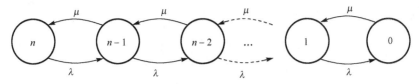

图 5-5　冷贮备系统状态转移图

令系统结构函数 $\Phi(X)=k$，当前 k 个组件处在正常状态(包括正在工作的组件)。

转移率矩阵为

$$A = \begin{pmatrix} -\mu & \mu & 0 & \cdots & 0 \\ \lambda & -\lambda-\mu & \mu & \cdots & 0 \\ 0 & \lambda & -\lambda-\mu & \cdots & \vdots \\ \vdots & \vdots & \vdots & & \mu \\ 0 & 0 & \cdots & \lambda & -\lambda \end{pmatrix}$$

可得 $\begin{cases} (\pi_0, \pi_1, \cdots, \pi_n)A = (0,0,\cdots,0) \\ \displaystyle\sum_{i=0}^{n} \pi_i = 1 \end{cases}$，解得 $\pi_j = \begin{cases} \dfrac{(1-\mu)\lambda}{(1-\mu)\lambda + \mu - \mu^{n+1}}, & j=0 \\ \dfrac{\mu^j}{\lambda}\pi_0, & j=1,2,\cdots,n \end{cases}$。

系统处于稳定状态时 i 组件的重要度为

$$\text{IIM}_{1,0}^{i} = P_1^i \lambda_{1,0}^i \sum_{k=1}^{n} a_k [\Pr(\Phi(1_i, X)=k) - \Pr(\Phi(0_i, X)=k)]$$

若 n 组件的系统中已知第 i 个组件完好，那么它处于状态 k 的概率与一个 $n-1$

组件的系统处于状态 $k-1$ 的概率相等，即 $P_1(\Phi^n(1_i, X) = k) = P_1(\Phi^{n-1}(X) = k-1)$。同理可得，$\Pr(\Phi(0_i, X) = k) = \Pr(\Phi^{n-1}(X) = k)$，所以有

$$\Pr(\Phi^n(1_i, X) = k) = \Pr(\Phi^{n-1}(X) = k-1) = \begin{cases} 0, & k = 0 \\ \dfrac{(1-\mu)\lambda}{(1-\mu)\lambda + \mu - \mu^n}, & k = 1 \\ \dfrac{\mu^{k-1}}{\lambda}\pi_0, & k = 2, 3, \cdots, n \end{cases}$$

$$\Pr(\Phi(0_i, X) = k) = \Pr(\Phi^{n-1}(X) = k) = \begin{cases} \dfrac{(1-\mu)\lambda}{(1-\mu)\lambda + \mu - \mu^n}, & k = 0 \\ \dfrac{\mu^k}{\lambda}\pi_0, & k = 1, 2, \cdots, n-1 \\ 0, & k = n \end{cases}$$

可得

$$\begin{aligned} \mathrm{IIM}_{1,0}^i &= P_1^i \lambda_{1,0}^i \sum_{k=1}^{n} a_k [\Pr(\Phi(1_i, X) = k) - \Pr(\Phi(0_i, X) = k)] \\ &= \frac{\lambda\mu}{\lambda+\mu}\left[a_1\left(\tilde{\pi}^n - \frac{\mu}{\lambda}\tilde{\pi}^n\right) + \sum_{k=2}^{n-1} a_k\left(\frac{\mu^{k-1}}{\lambda}\tilde{\pi}^n - \frac{\mu^k}{\lambda}\tilde{\pi}^n\right) + a_n \frac{\mu^{n-1}}{\lambda}\tilde{\pi}^n - 0 \right] \\ &= \frac{\lambda\mu\tilde{\pi}^n}{\lambda+\mu}\left[a_1\left(1 - \frac{\mu}{\lambda}\right) + \sum_{k=2}^{n-1} a_k\left(\frac{\mu^{k-1}}{\lambda} - \frac{\mu^k}{\lambda}\right) + a_n \frac{\mu^{n-1}}{\lambda} \right] \end{aligned}$$

(6)温贮备系统。

温贮备系统由 n 个相同组件和一个修理设备组成，当 n 个组件均正常时，只有一个组件工作，其余 $n-1$ 个组件作为温贮备。工作组件发生故障时，贮备之一立即替换而转为工作状态，贮备组件发生故障时，工作组件继续工作。贮备组件的损坏速率为 v。

系统状态转移框图如图 5-6 所示。

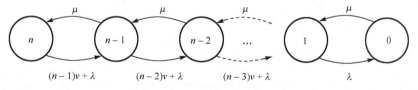

图 5-6　串联系统状态转移图

转移率矩阵为

$$A = \begin{pmatrix} -\mu & \mu & 0 & \cdots & 0 \\ \lambda & -\lambda-\mu & \mu & \cdots & 0 \\ 0 & \lambda+v & -\lambda-\mu-v & \cdots & \vdots \\ \vdots & \vdots & \vdots & & \mu \\ 0 & 0 & \cdots & \lambda+(n-1)v & -\lambda-(n-1)v \end{pmatrix}$$

可得

$$\begin{cases} (\pi_0, \pi_1, \cdots, \pi_n)A = (0, 0, \cdots, 0) \\ \sum_{i=0}^{n} \pi_i = 1 \end{cases}$$

解得

$$\pi_j = \begin{cases} \left\{ 1 + \sum_{m=1}^{n} \frac{1}{\mu^m} \prod_{k=0}^{m-1} [\lambda+(n-k-1)v] \right\}^{-1}, & j = n \\ \dfrac{\pi_n}{\mu^{n-j}} \prod_{m=0}^{n-j-1} [\lambda+(n-m-1)v], & j = 0, 1, 2, \cdots, n-1 \end{cases}$$

系统处于稳定状态时 i 组件的重要度为

$$\text{IIM}_{1,0}^i = P_1^i \lambda_{1,0}^i \sum_{k=1}^{n} a_k [\Pr(\varPhi(1_i, X) = k) - \Pr(\varPhi(0_i, X) = k)]$$

其中

$$\Pr(\varPhi(1_i, X) = k) = \Pr(\varPhi^{n-1}(X) = k-1)$$

$$= \begin{cases} \left\{ 1 + \sum_{m=1}^{n-1} \frac{1}{\mu^m} \prod_{l=0}^{m-1} [\lambda+(n-l-2)v] \right\}^{-1}, & k = n \\ \dfrac{\pi_n}{\mu^{n-k}} \prod_{m=0}^{n-k-1} [\lambda+(n-m-2)v], & k = 1, 2, \cdots, n-1 \end{cases}$$

$$\Pr(\varPhi(0_i, X) = k) = \Pr(\varPhi^{n-1}(X) = k)$$

$$= \begin{cases} \left\{ 1 + \sum_{m=1}^{n-1} \frac{1}{\mu^m} \prod_{k=0}^{m-1} [\lambda+(n-k-2)v] \right\}^{-1}, & k = n-1 \\ \dfrac{\pi_n}{\mu^{n-k-1}} \prod_{m=0}^{n-k-2} [\lambda+(n-m-2)v], & k = 0, 1, 2, \cdots, n-2 \end{cases}$$

可得

$$\text{IIM}_{1,0}^i = P_1^i \lambda_{1,0}^i \sum_{k=1}^{n} a_k [\Pr(\varPhi(1_i, X) = k) - \Pr(\varPhi(0_i, X) = k)]$$

$$= \frac{\lambda \mu}{\lambda + \mu} \sum_{k=1}^{n} a_k \left[\frac{\pi_n}{\mu^{n-k}} \prod_{m=0}^{n-k-1} [\lambda + (n-m-2)v] - \frac{\pi_n}{\mu^{n-k-1}} \prod_{m=0}^{n-k-2} [\lambda + (n-m-2)v] \right]$$

$$= \frac{\lambda \mu \pi_n}{\lambda + \mu} \sum_{k=1}^{n} a_k \frac{\pi_n}{\mu^{n-k-1}} \left[\frac{\lambda + (k-1)v}{\mu} - 1 \right] \prod_{m=0}^{n-k-2} [\lambda + (n-m-2)v]$$

5.2　基于半马尔可夫过程的综合重要度

在系统运行阶段，浴盆曲线体现了组件状态转移率随着时间的变化，这种变化可以用三种 Weibull 分布来表征转移率的递减、平稳和递增的趋势，在这种分布下的系统模型可以用半马尔可夫过程来建模。基于综合重要度，本节研究了在半马尔可夫过程的条件下，组件的状态转移如何影响系统性能的变化。

在可修系统中，组件失效和维修交替出现，所以综合考虑劣化过程和维修过程，可以得到推广的综合重要度，即

$$\text{IIM}_{m,l}^{i}(t) = P_m^i(t) \cdot b_{ml}^i \sum_{j=1}^{M} a_j [\Pr(\Phi(m_i(t), X(t)) = j) - \Pr(\Phi(l_i(t), X(t)) = j)] \tag{5-1}$$

其中，$P_m^i(t) = \Pr(x_i(t) = m)$，$b_{ml}^i$ 表示组件 i 从状态 m 到状态 l 的转移率；$l \neq m$，如果 $m < l$，那么 $m \in \{0, 1, \cdots, M_i - 1\}$；如果 $m > l$，那么 $m \in \{0, 1, \cdots, M_i\}$。$\text{IIM}_{m,l}^i(t)$ 表示了当组件 i 从状态 m 转移到状态 l 时，单位时间内系统性能的变化，这里的转移可能是劣化，也可能是提升。

在半马尔可夫过程中，令 $F_{m,l}^i(y)$ 表示组件 j 在状态 m 的停留时间为 y，下一个转移状态为 l 的概率分布。假设半马尔可夫过程的核矩阵 $Q^j(t)$ 为[118,119]

$$Q^j(t) = \begin{vmatrix} Q_{00}^j(t) & Q_{01}^j(t) & \cdots & Q_{0M_j}^j(t) \\ Q_{10}^j(t) & Q_{11}^j(t) & \cdots & Q_{1M_j}^j(t) \\ \vdots & \vdots & & \vdots \\ Q_{M_j,0}^j(t) & Q_{M_j,1}^j(t) & \cdots & Q_{M_j,M_j}^j(t) \end{vmatrix} \tag{5-2}$$

其中[120]

$$Q_{ml}^j(t) = \int_0^t \prod_{k=0, k \neq l}^{M_j} [1 - F_{m,k}^j(\tau)] \mathrm{d} F_{m,l}^j(\tau) \tag{5-3}$$

$$G_{ml}^j = \lim_{t \to \infty} Q_{ml}^j(t) \tag{5-4}$$

组件 j 在状态 m 停留时间的分布函数为[121]

$$H_m^j(t) = \sum_{l=0}^{M_j} Q_{ml}^j(t) \tag{5-5}$$

组件 j 的状态分布概率为

$$P_{ml}^j(t) = \Pr(x_j(t) = l \mid x_j(0) = m) = \delta_{ml}\left[1 - \sum_{s=0}^{M_j} Q_{ms}^j(t)\right] + \sum_{s=0}^{M_j} \int_0^t q_{ms}^j(\tau) P_{sl}^j(t-\tau)\mathrm{d}\tau \tag{5-6}$$

其中，$q_{ms}^j(\tau) = \dfrac{\mathrm{d}Q_{ms}^j(\tau)}{\mathrm{d}\tau}$，$\delta_{ml} = \begin{cases} 1, & m = l \\ 0, & m \neq l \end{cases}$，$m, l \in \{0, 1, \cdots, M_j\}$。

假设在时刻 0，组件 j 处于完好工作状态 M_j，所以组件 j 状态 m 的概率 $P_m^j(t)$ 为

$$P_m^j(t) = P_{M_j m}^j(t), \quad m \in \{0, 1, \cdots, M_j\} \tag{5-7}$$

当 $t \to \infty$ 时，组件 j 状态 l 的稳态概率为[122]

$$\lim_{t \to \infty} P_{ml}^j(t) = \frac{\pi_l^j w^j(l)}{\displaystyle\sum_{s=0}^{M_j} \pi_s^j w^j(s)} \tag{5-8}$$

其中，π_l^j 和 $w^j(l)$，$l \in \{0, 1, \cdots, M_j\}$ 分别表示组件 j 在状态 l 的稳态概率和期望停留时间。

在半马尔可夫过程中，组件 j 的状态转移率 b_{ml}^j 与停留时间有关，即[123]

$$b_{ml}^j = b_{ml}^j(y) = \frac{G_{ml}^j \cdot H_m'^j(y)}{1 - H_m^j(y)} \tag{5-9}$$

其中，$H_m'^j(y)$ 是 $H_m^j(y)$ 的导数。把式 (5-7) 的组件状态分布概率 $P_m^j(t)$，式 (5-9) 的组件状态转移率 $b_{ml}^j(y)$ 代入式 (5-1)，可以得到半马尔可夫过程中综合重要度的表达式为

$$\mathrm{IIM}_{m,l}^i(t, y) = P_m^i(t) \cdot b_{ml}^i(y) \sum_{j=1}^M a_j[\Pr(\Phi(m_i(t), X(t)) = j) - \Pr(\Phi(l_i(t), X(t)) = j)] \tag{5-10}$$

本节讨论 $\mathrm{IIM}_{m,l}^i(t, y)$ 和 $\mathrm{IIM}_{m,l}^j(t, y)$ 之间的关系。基于式 (5-10)，有

$$\text{IIM}_{m,l}^{i}(t,y) - \text{IIM}_{m,l}^{j}(t,y)$$

$$= P_m^i(t) \cdot b_{ml}^i(y) \sum_{k=1}^{M} a_k [\text{Pr}(\Phi(m_i(t), X(t)) = k) - \text{Pr}(\Phi(l_i(t), X(t)) = k)]$$

$$- P_m^j(t) \cdot b_{ml}^j(y) \sum_{k=1}^{M} a_k [\text{Pr}(\Phi(m_j(t), X(t)) = k) - \text{Pr}(\Phi(l_j(t), X(t)) = k)]$$

在串联系统中，系统结构函数为 $\Phi(X(t)) = \min_{1 \leqslant i \leqslant n} \{x_i(t)\}$，所以

$$\text{IIM}_{m,l}^{i}(t,y) = \begin{cases} P_m^i(t) \cdot b_{ml}^i(y) \sum_{r=l+1}^{m} (a_r - a_{r-1}) \prod_{k=1,k\neq i}^{n} (1 - \rho_r^k(t)), & m > l \\[3mm] -P_m^i(t) \cdot b_{ml}^i(y) \sum_{r=m+1}^{l} (a_r - a_{r-1}) \prod_{k=1,k\neq i}^{n} (1 - \rho_r^k(t)), & m < l \end{cases}$$

其中，$\rho_m^i(t) = \text{Pr}\{x_i(t) < m\}$。

(1) 在并联系统中，系统结构函数为 $\Phi(X(t)) = \max_{1 \leqslant i \leqslant n} \{x_i(t)\}$，所以

$$\text{IIM}_{m,l}^{i}(t,y) = \begin{cases} P_m^i(t) \cdot b_{ml}^i(y) \sum_{r=l+1}^{m} (a_r - a_{r-1}) \prod_{k=1,k\neq i}^{n} \rho_r^k(t), & m > l \\[3mm] -P_m^i(t) \cdot b_{ml}^i(y) \sum_{r=m+1}^{l} (a_r - a_{r-1}) \prod_{k=1,k\neq i}^{n} \rho_r^k(t), & m < l \end{cases}$$

所以在串联系统中，有

$$\text{IIM}_{m,l}^{i}(t,y) - \text{IIM}_{m,l}^{j}(t,y) =$$

$$\begin{cases} P_m^i(t) \cdot b_{ml}^i(y) \sum_{r=l+1}^{m} (a_r - a_{r-1}) \prod_{k=1,k\neq i}^{n} (1 - \rho_r^k(t)) - P_m^j(t) \\[3mm] \cdot b_{ml}^j(y) \sum_{r=l+1}^{m} (a_r - a_{r-1}) \prod_{k=1,k\neq j}^{n} (1 - \rho_r^k(t)), & m > l \\[4mm] P_m^j(t) \cdot b_{ml}^j(y) \sum_{r=m+1}^{l} (a_r - a_{r-1}) \prod_{k=1,k\neq j}^{n} (1 - \rho_r^k(t)) - P_m^i(t) \\[3mm] \cdot b_{ml}^i(y) \sum_{r=m+1}^{l} (a_r - a_{r-1}) \prod_{k=1,k\neq i}^{n} (1 - \rho_r^k(t)), & m < l \end{cases}$$

(2) 在并联系统中，有

$$\mathrm{IIM}_{m,l}^i(t,y) - \mathrm{IIM}_{m,l}^j(t,y) =$$

$$\begin{cases} P_m^i(t) \cdot b_{ml}^i(y) \sum_{r=l+1}^m (a_r - a_{r-1}) \prod_{k=1,k\neq i}^n \rho_r^k(t) - P_m^j(t) \\ \cdot b_{ml}^j(y) \sum_{r=l+1}^m (a_r - a_{r-1}) \prod_{k=1,k\neq j}^n \rho_r^k(t), \quad m > l \\ P_m^j(t) \cdot b_{ml}^j(y) \sum_{r=m+1}^l (a_r - a_{r-1}) \prod_{k=1,k\neq j}^n \rho_r^k(t) - P_m^i(t) \\ \cdot b_{ml}^i(y) \sum_{r=m+1}^l (a_r - a_{r-1}) \prod_{k=1,k\neq i}^n \rho_r^k(t), \quad m < l \end{cases}$$

下面讨论当组件在相邻状态之间转移时，综合重要度的变化情况。

令 $\psi_m^i(t) = \sum_{s=0}^{M_i} \int_0^t q_{M_i s}^i(\tau) P_{sm}^i(t-\tau)\mathrm{d}\tau$，$\psi_{<m}^i(t) = \sum_{s=0}^{M_i} \int_0^t q_{M_i s}^i(\tau) \rho_{sm}^i(t-\tau)\mathrm{d}\tau$，$\rho_{lm}^i(t) = \Pr\{x_i(t) < m \mid x_i(0) = l\}$。

定理 5-2 在串联系统中

(1) $\dfrac{\psi_m^i(t) \cdot b_{m(m-1)}^i(y)}{1-\psi_{<m}^i(t)} \geqslant \dfrac{\psi_m^j(t) \cdot b_{m(m-1)}^j(y)}{1-\psi_{<m}^j(t)}$ 当且仅当 $\left| \mathrm{IIM}_{m,(m-1)}^i(t,y) \right| \geqslant \left| \mathrm{IIM}_{m,(m-1)}^j(t,y) \right|$，

$m \in \{1,\cdots,\min(M_i,M_j)\}$；当 $M_i < M_j$ 时，$b_{M_i(M_i-1)}^i(y) \geqslant \dfrac{\psi_{M_i}^j(t) \cdot b_{M_i(M_i-1)}^j(y)}{1-\psi_{<M_i}^j(t)}$ 当且仅当

$\left| \mathrm{IIM}_{M_i,(M_i-1)}^i(t,y) \right| \geqslant \left| \mathrm{IIM}_{M_i,(M_i-1)}^j(t,y) \right|$；当 $M_i = M_j$ 时，$b_{M_i(M_i-1)}^i(y) \geqslant b_{M_j(M_j-1)}^j(y)$ 当且仅

当 $\left| \mathrm{IIM}_{M_i,(M_i-1)}^i(t,y) \right| \geqslant \left| \mathrm{IIM}_{M_j,(M_j-1)}^j(t,y) \right|$。

(2) $\dfrac{\psi_m^i(t) \cdot b_{m(m+1)}^i(y)}{1-\psi_{<m+1}^i(t)} \geqslant \dfrac{\psi_m^j(t) \cdot b_{m(m+1)}^j(y)}{1-\psi_{<m+1}^j(t)}$ 当且仅当 $\left| \mathrm{IIM}_{m,(m+1)}^i(t,y) \right| \geqslant \left| \mathrm{IIM}_{m,(m+1)}^j(t,y) \right|$，

$m \in \{0,1,\cdots,\min(M_i,M_j)-1\}$。

证明

(1) 在串联系统中

$$\mathrm{IIM}_{m,l}^i(t,y) = \begin{cases} P_m^i(t) \cdot b_{ml}^i(y) \sum_{j=l+1}^m (a_j - a_{j-1}) \prod_{k=1,k\neq i}^n (1-\rho_j^k(t)), \quad m > l \\ -P_m^i(t) \cdot b_{ml}^i(y) \sum_{j=m+1}^l (a_j - a_{j-1}) \prod_{k=1,k\neq i}^n (1-\rho_j^k(t)), \quad m < l \end{cases}$$

所以

$$\mathrm{IIM}_{m,m-1}^{i}(t,y) = P_m^i(t) \cdot b_{m(m-1)}^i(y) \cdot (a_m - a_{m-1}) \prod_{k=1,k \neq i}^{n} (1 - \rho_m^k(t))$$

$$\mathrm{IIM}_{m,m+1}^{i}(t,y) = -P_m^i(t) \cdot b_{m(m+1)}^i(y) \cdot (a_{m+1} - a_m) \prod_{k=1,k \neq i}^{n} (1 - \rho_{m+1}^k(t))$$

那么

$$\left| \mathrm{IIM}_{m,m-1}^{i}(t,y) \right| \geqslant \left| \mathrm{IIM}_{m,m-1}^{j}(t,y) \right|$$

$$\Leftrightarrow \left| P_m^i(t) \cdot b_{m(m-1)}^i(y) \cdot (a_m - a_{m-1}) \prod_{k=1,k \neq i}^{n} (1 - \rho_m^k(t)) \right| \geqslant$$

$$\left| P_m^j(t) \cdot b_{m(m-1)}^j(y) \cdot (a_m - a_{m-1}) \prod_{k=1,k \neq j}^{n} (1 - \rho_m^k(t)) \right|$$

$$\Leftrightarrow \left| \frac{P_m^i(t) \cdot b_{m(m-1)}^i(y) \cdot (a_m - a_{m-1}) \prod_{k=1}^{n} (1 - \rho_m^k(t))}{1 - \rho_m^i(t)} \right| \geqslant$$

$$\left| \frac{P_m^j(t) \cdot b_{m(m-1)}^j(y) \cdot (a_m - a_{m-1}) \prod_{k=1}^{n} (1 - \rho_m^k(t))}{1 - \rho_m^j(t)} \right|$$

$$\Leftrightarrow \frac{P_m^i(t) \cdot b_{m(m-1)}^i(y)}{1 - \rho_m^i(t)} \geqslant \frac{P_m^j(t) \cdot b_{m(m-1)}^j(y)}{1 - \rho_m^j(t)}$$

因为 $m \in \{1, \cdots, \min(M_i, M_j)\}$，所以

$$\frac{P_m^i(t) \cdot b_{m(m-1)}^i(y)}{1 - \rho_m^i(t)} = \frac{\sum\limits_{s=0}^{M_i} \int_0^t q_{M_i s}^i(\tau) P_{sm}^i(t-\tau) \mathrm{d}\tau}{1 - \sum\limits_{h=0}^{m-1} \sum\limits_{s=0}^{M_i} \int_0^t q_{M_i s}^i(\tau) P_{sh}^i(t-\tau) \mathrm{d}\tau} \cdot b_{m(m-1)}^i(y)$$

$$= \frac{\sum\limits_{s=0}^{M_i} \int_0^t q_{M_i s}^i(\tau) P_{sm}^i(t-\tau) \mathrm{d}\tau}{1 - \sum\limits_{s=0}^{M_i} \int_0^t q_{M_i s}^i(\tau) \rho_{sm}^i(t-\tau) \mathrm{d}\tau} \cdot b_{m(m-1)}^i(y) = \frac{\psi_m^i(t) \cdot b_{m(m-1)}^i(y)}{1 - \psi_{<m}^i(t)}$$

那么 $\left|\mathrm{IIM}_{m,m-1}^{i}(t,y)\right| \geq \left|\mathrm{IIM}_{m,m-1}^{j}(t,y)\right| \Leftrightarrow \dfrac{\psi_m^i(t) \cdot b_{m(m-1)}^i(y)}{1-\psi_{<m}^i(t)} \geq \dfrac{\psi_m^j(t) \cdot b_{m(m-1)}^j(y)}{1-\psi_{<m}^j(t)}$, $m \in$

$\{1,\cdots,\min(M_i,M_j)\}$ 。

当 $M_i < M_j$ 和 $m = M_i$ 时，$\dfrac{P_{M_i}^i(t) \cdot b_{M_i(M_i-1)}^i(y)}{1-\rho_{M_i}^i(t)} = \dfrac{P_{M_i}^i(t) \cdot b_{M_i(M_i-1)}^i(y)}{P_{iM_i}(t)} = b_{M_i(M_i-1)}^i(y)$ 。

那么

$$\left|\mathrm{IIM}_{M_i,M_i-1}^{i}(t,y)\right| \geq \left|\mathrm{IIM}_{M_i,M_i-1}^{j}(t,y)\right| \geq \Leftrightarrow b_{M_i(M_i-1)}^i(y) \geq \dfrac{\psi_{M_i}^j(t) \cdot b_{M_i(M_i-1)}^j(y)}{1-\psi_{<M_i}^j(t)}$$

当 $M_i = M_j$ 和 $\dfrac{P_{M_i}^i(t) \cdot b_{M_i(M_i-1)}^i(y)}{1-\rho_{M_i}^i(t)} = b_{M_i(M_i-1)}^i(y)$ 时，有

$$\left|\mathrm{IIM}_{M_i,M_i-1}^{i}(t,y)\right| \geq \left|\mathrm{IIM}_{M_j,M_j-1}^{j}(t,y)\right| \Leftrightarrow b_{M_i(M_i-1)}^i(y) \geq b_{M_j(M_j-1)}^j(y)$$

(2) 因为 $\mathrm{IIM}_{m,m+1}^{i}(t) = -P_m^i(t) \cdot b_{m(m+1)}^i(y) \cdot (a_{m+1}-a_m) \displaystyle\prod_{k=1,k\neq i}^{n} (1-\rho_{m+1}^k(t))$ ，所以

$$\left|\mathrm{IIM}_{m,m+1}^{i}(t,y)\right| \geq \left|\mathrm{IIM}_{m,m+1}^{j}(t,y)\right|$$

$$\Leftrightarrow \left|P_m^i(t) \cdot b_{m(m+1)}^i(y) \cdot (a_{m+1}-a_m) \prod_{k=1,k\neq i}^{n} (1-\rho_{m+1}^k(t))\right| \geq$$

$$\left|P_m^j(t) \cdot b_{m(m+1)}^j(y) \cdot (a_{m+1}-a_m) \prod_{k=1,k\neq j}^{n} (1-\rho_{m+1}^k(t))\right|$$

$$\Leftrightarrow \left|\dfrac{P_m^i(t) \cdot b_{m(m+1)}^i(y) \cdot (a_{m+1}-a_m) \displaystyle\prod_{k=1}^{n} (1-\rho_{m+1}^k(t))}{1-\rho_{m+1}^i(t)}\right| \geq$$

$$\left|\dfrac{P_m^j(t) \cdot b_{m(m+1)}^j(y) \cdot (a_{m+1}-a_m) \displaystyle\prod_{k=1}^{n} (1-\rho_{m+1}^k(t))}{1-\rho_{m+1}^j(t)}\right|$$

$$\Leftrightarrow \dfrac{P_m^i(t) \cdot b_{m(m+1)}^i(y)}{1-\rho_{m+1}^i(t)} \geq \dfrac{P_m^j(t) \cdot b_{m(m+1)}^j(y)}{1-\rho_{m+1}^j(t)}$$

$$\frac{P_m^i(t) \cdot b_{m(m+1)}^i(y)}{1 - \rho_{m+1}^i(t)} = \frac{\sum_{s=0}^{M_i} \int_0^t q_{M_i s}^i(\tau) P_{sm}^i(t-\tau) \mathrm{d}\tau}{1 - \sum_{h=0}^m \sum_{s=0}^{M_i} \int_0^t q_{M_i s}^i(\tau) P_{sh}^i(t-\tau) \mathrm{d}\tau} \cdot b_{m(m+1)}^i(y)$$

$$= \frac{\sum_{s=0}^{M_i} \int_0^t q_{M_i s}^i(\tau) P_{sm}^i(t-\tau) \mathrm{d}\tau}{1 - \sum_{s=0}^{M_i} \int_0^t q_{M_i s}^i(\tau) \rho_{sm+1}^i(t-\tau) \mathrm{d}\tau} \cdot b_{m(m+1)}^i(y)$$

$$= \frac{\psi_m^i(t) \cdot b_{m(m+1)}^i(y)}{1 - \psi_{<m+1}^i(t)}$$

则 $\left| \mathrm{IIM}_{m,m+1}^i(t,y) \right| \geqslant \left| \mathrm{IIM}_{m,m+1}^j(t,y) \right| \Leftrightarrow \dfrac{\psi_m^i(t) \cdot b_{m(m+1)}^i(y)}{1 - \psi_{<m+1}^i(t)} \geqslant \dfrac{\psi_m^i(t) \cdot b_{m(m+1)}^j(y)}{1 - \psi_{<m+1}^i(t)}$，$m \in \{0,1,$

$\cdots, \min(M_i, M_j) - 1\}$，证毕。

定理 5-3　在串联系统中

(1) $\dfrac{\pi_m^i \sum_{s=0}^{M_i} \hat{Q}_{ms}^{\prime i}(0)}{\sum_{k=m}^{M_i} \left(\pi_k^i \sum_{s=0}^{M_i} \hat{Q}_{ks}^{\prime i}(0) \right)} b_{m(m-1)}^i(y) \geqslant \dfrac{\pi_m^j \sum_{s=0}^{M_j} \hat{Q}_{ms}^{\prime j}(0)}{\sum_{k=m}^{M_j} \left(\pi_k^j \sum_{s=0}^{M_j} \hat{Q}_{ks}^{\prime j}(0) \right)} b_{m(m-1)}^j(y)$，　当且仅当

$\left| \mathrm{IIM}_{m,(m-1)}^i(t,y) \right| \geqslant \left| \mathrm{IIM}_{m,(m-1)}^j(t,y) \right|$，$m \in \{1, \cdots, \min(M_i, M_j)\}$。

(2) $\dfrac{\pi_m^i \sum_{s=0}^{M_i} \hat{Q}_{ms}^{\prime i}(0)}{\sum_{k=m+1}^{M_i} \left(\pi_k^i \sum_{s=0}^{M_i} \hat{Q}_{ks}^{\prime i}(0) \right)} b_{m(m+1)}^i(y) \geqslant \dfrac{\pi_m^j \sum_{s=0}^{M_j} \hat{Q}_{ms}^{\prime j}(0)}{\sum_{k=m+1}^{M_j} \left(\pi_k^j \sum_{s=0}^{M_j} \hat{Q}_{ks}^{\prime j}(0) \right)} b_{m(m+1)}^j(y)$，　当且仅当

$\left| \mathrm{IIM}_{m,(m+1)}^i(t,y) \right| \geqslant \left| \mathrm{IIM}_{m,(m+1)}^j(t,y) \right|$，$m \in \{0,1,\cdots, \min(M_i, M_j) - 1\}$。

证明

(1) 根据定理 5-2，有

$$\left| \mathrm{IIM}_{m,m-1}^i(t,y) \right| \geqslant \left| \mathrm{IIM}_{m,m-1}^j(t,y) \right| \Leftrightarrow \frac{P_m^i(t) \cdot b_{m(m-1)}^i(y)}{1 - \rho_m^i(t)} \geqslant \frac{P_m^j(t) \cdot b_{m(m-1)}^j(y)}{1 - \rho_m^j(t)}$$

当 $t \to \infty$ 时，$\dfrac{P_m^i(t) \cdot b_{m(m-1)}^i(y)}{1 - \rho_m^i(t)} = \dfrac{\pi_m^i w^i(m)}{\sum_{k=m}^{M_i} (\pi_k^i w^i(k))} b_{m(m-1)}^i(y)$。

因为 $w^i(m) = \int_0^\infty \left[1 - \sum_{s=0}^{M_i} Q_{ms}^i(t) \right] \mathrm{d}t = -\sum_{s=0}^{M_i} \hat{Q}_{ms}'^i(0)$，其中，$Q_{ms}^i(t)$ 是 $Q_{ms}^i(t)$ 的拉普拉

斯变换，所以 $\dfrac{P_m^i(t) \cdot b_{m(m-1)}^i(y)}{1 - \rho_m^i(t)} = \dfrac{\pi_m^i \sum\limits_{s=0}^{M_i} \hat{Q}_{ms}'^i(0)}{\sum\limits_{k=m}^{M_i} \left(\pi_k^i \sum\limits_{s=0}^{M_i} \hat{Q}_{ks}'^i(0) \right)} b_{m(m-1)}^i(y)$。那么

$$\left| \mathrm{IIM}_{m,m-1}^i(t, y) \right| \geqslant \left| \mathrm{IIM}_{m,m-1}^j(t, y) \right| \Leftrightarrow \frac{\pi_m^i \sum\limits_{s=0}^{M_i} \hat{Q}_{ms}'^i(0)}{\sum\limits_{k=m}^{M_i} \left(\pi_k^i \sum\limits_{s=0}^{M_i} \hat{Q}_{ks}'^i(0) \right)} b_{m(m-1)}^i(y)$$

$$\geqslant \frac{\pi_m^j \sum\limits_{s=0}^{M_j} \hat{Q}_{ms}'^j(0)}{\sum\limits_{k=m}^{M_j} \left(\pi_k^j \sum\limits_{s=0}^{M_j} \hat{Q}_{ks}'^j(0) \right)} b_{m(m-1)}^j(y)$$

(2) 根据定理 5-2，有

$$\left| \mathrm{IIM}_{m,m+1}^i(t, y) \right| \geqslant \left| \mathrm{IIM}_{m,m+1}^j(t, y) \right| \Leftrightarrow \frac{P_m^i(t) \cdot b_{m(m+1)}^i(y)}{1 - \rho_{m+1}^i(t)} \geqslant \frac{P_m^j(t) \cdot b_{m(m+1)}^j(y)}{1 - \rho_{m+1}^j(t)}$$

当 $t \to \infty$ 时，$\dfrac{P_m^i(t) \cdot b_{m(m+1)}^i(y)}{1 - \rho_{m+1}^i(t)} = \dfrac{\pi_m^i w^i(m)}{\sum\limits_{k=m+1}^{M_i} (\pi_k^i w^i(k))} b_{m(m+1)}^i(y)$。

因为 $w^i(m) = \int_0^\infty \left[1 - \sum\limits_{s=0}^{M_i} Q_{ms}^i(t) \right] \mathrm{d}t = -\sum\limits_{s=0}^{M_i} \hat{Q}_{ms}'^i(0)$，所以

$$\frac{P_m^i(t) \cdot b_{m(m+1)}^i(y)}{1 - \rho_{m+1}^i(t)} = \frac{\pi_m^i \sum\limits_{s=0}^{M_i} \hat{Q}_{ms}'^i(0)}{\sum\limits_{k=m+1}^{M_i} \left(\pi_k^i \sum\limits_{s=0}^{M_i} \hat{Q}_{ks}'^i(0) \right)} b_{m(m+1)}^i(y)$$

那么 $\left| \mathrm{IIM}_{m,m+1}^i(t, y) \right| \geqslant \left| \mathrm{IIM}_{m,m+1}^j(t, y) \right| \Leftrightarrow \dfrac{\pi_m^i \sum\limits_{s=0}^{M_i} \hat{Q}_{ms}'^i(0)}{\sum\limits_{k=m+1}^{M_i} \left(\pi_k^i \sum\limits_{s=0}^{M_i} \hat{Q}_{ks}'^i(0) \right)} b_{m(m+1)}^i(y) \geqslant \dfrac{\pi_m^j \sum\limits_{s=0}^{M_j} \hat{Q}_{ms}'^j(0)}{\sum\limits_{k=m+1}^{M_j} \left(\pi_k^j \sum\limits_{s=0}^{M_j} \hat{Q}_{ks}'^j(0) \right)}$

$b_{m(m+1)}^j(y)$， $m \in \{0,1,\cdots,\min(M_i,M_j)-1\}$，证毕。

定理 5-4 在并联系统中

(1) $\dfrac{\psi_m^i(t) \cdot b_{m(m-1)}^i(y)}{\psi_{<m}^i(t)} \geqslant \dfrac{\psi_m^j(t) \cdot b_{m(m-1)}^j(y)}{\psi_{<m}^j(t)}$ 当且仅当 $\left|\text{IIM}_{m,(m-1)}^i(t,y)\right| \geqslant \left|\text{IIM}_{m,(m-1)}^j(t,y)\right|$，

$m \in \{1,\cdots,\min(M_i,M_j)\}$。

当 $M_i < M_j$ 时，$\dfrac{P_m^i(t) \cdot b_{m(m-1)}^i(y)}{\rho_m^i(t)} = \dfrac{\displaystyle\sum_{s=0}^{M_i} \int_0^t q_{M_i s}^i(\tau) P_{sm}^i(t-\tau)\mathrm{d}\tau}{\displaystyle\sum_{h=0}^{m-1}\sum_{s=0}^{M_i} \int_0^t q_{M_i s}^i(\tau) P_{sh}^i(t-\tau)\mathrm{d}\tau} \cdot b_{m(m-1)}^i(y) =$

$\dfrac{\displaystyle\sum_{s=0}^{M_i} \int_0^t q_{M_i s}^i(\tau) P_{sm}^i(t-\tau)\mathrm{d}\tau}{\displaystyle\sum_{s=0}^{M_i} \int_0^t q_{M_i s}^i(\tau) \rho_{sm}^i(t-\tau)\mathrm{d}\tau} \cdot b_{m(m-1)}^i(y) = \dfrac{\psi_m^i(t) \cdot b_{m(m-1)}^i(y)}{\psi_{<m}^i(t)}$ 当 且 仅 当 $\left|\text{IIM}_{M_i,(M_i-1)}^i(t,y)\right| \geqslant$

$\left|\text{IIM}_{M_i,(M_i-1)}^j(t,y)\right|$。

当 $M_i = M_j$ 时，$\left(\dfrac{1}{\psi_{<M_i}^i(t)}-1\right) b_{M_i(M_i-1)}^i(y) \geqslant \left(\dfrac{1}{\psi_{<M_j}^j(t)}-1\right) b_{M_j(M_j-1)}^j(y)$ 当 且 仅 当

$\left|\text{IIM}_{M_i,(M_i-1)}^i(t,y)\right| \geqslant \left|\text{IIM}_{M_j,(M_j-1)}^j(t,y)\right|$。

(2) $\dfrac{P_m^i(t) \cdot b_{m(m+1)}^i(y)}{\rho_{m+1}^i(t)} = \dfrac{\displaystyle\sum_{s=0}^{M_i} \int_0^t q_{M_i s}^i(\tau) P_{sm}^i(t-\tau)\mathrm{d}\tau}{\displaystyle\sum_{h=0}^{m}\sum_{s=0}^{M_i} \int_0^t q_{M_i s}^i(\tau) P_{sh}^i(t-\tau)\mathrm{d}\tau} \cdot b_{m(m+1)}^i(y) = \dfrac{\displaystyle\sum_{s=0}^{M_i} \int_0^t q_{M_i s}^i(\tau) P_{sm}^i(t-\tau)\mathrm{d}\tau}{\displaystyle\sum_{s=0}^{M_i} \int_0^t q_{M_i s}^i(\tau) \rho_{sm+1}^i(t-\tau)\mathrm{d}\tau} \cdot$

$b_{m(m+1)}^i(y) = \dfrac{\psi_m^i(t) \cdot b_{m(m+1)}^i(y)}{\psi_{<m+1}^i(t)} \geqslant \dfrac{\psi_m^j(t) \cdot b_{m(m+1)}^j(y)}{\psi_{<m+1}^j(t)}$ 当且仅当 $\left|\text{IIM}_{m,(m+1)}^i(t,y)\right| \geqslant \left|\text{IIM}_{m,(m+1)}^j(t,y)\right|$，

$m \in \{0,1,\cdots,\min(M_i,M_j)-1\}$。

证明

(1) 在并联系统中

$$\text{IIM}_{m,l}^i(t,y) = \begin{cases} P_m^i(t) \cdot b_{ml}^i(y) \displaystyle\sum_{j=l+1}^{m} (a_j - a_{j-1}) \prod_{k=1,k\neq i}^{n} \rho_j^k(t), & m > l \\[4mm] -P_m^i(t) \cdot b_{ml}^i(y) \displaystyle\sum_{j=m+1}^{l} (a_j - a_{j-1}) \prod_{k=1,k\neq i}^{n} \rho_j^k(t), & m < l \end{cases}$$

所以有

$$\text{IIM}_{m,m-1}^{i}(t,y) = P_m^i(t) \cdot b_{m(m-1)}^i(y) \cdot (a_m - a_{m-1}) \prod_{k=1,k\neq i}^{n} \rho_m^k(t)$$

$$\text{IIM}_{m,m+1}^{i}(t,y) = -P_m^i(t) \cdot b_{m(m+1)}^i(y) \cdot (a_{m+1} - a_m) \prod_{k=1,k\neq i}^{n} \rho_{m+1}^k(t)$$

因为 $P_l^k(t) > 0$ （$t>0$，$l \in \{0,1,\cdots,M_k\}$）和 $0 < \rho_l^k(t) \leq 1$，所以有

$$\left| \text{IIM}_{m,m-1}^{i}(t,y) \right| \geq \left| \text{IIM}_{m,m-1}^{j}(t,y) \right|$$

$$\Leftrightarrow \left| P_m^i(t) \cdot b_{m(m-1)}^i(y) \cdot (a_m - a_{m-1}) \prod_{k=1,k\neq i}^{n} \rho_m^k(t) \right| \geq \left| P_m^j(t) \cdot b_{m(m-1)}^j(y) \cdot (a_m - a_{m-1}) \prod_{k=1,k\neq j}^{n} \rho_m^k(t) \right|$$

$$\Leftrightarrow \left| \frac{P_m^i(t) \cdot b_{m(m-1)}^i(y) \cdot (a_m - a_{m-1}) \prod_{k=1}^{n} \rho_m^k(t)}{\rho_m^i(t)} \right| \geq \left| \frac{P_m^j(t) \cdot b_{m(m-1)}^j(y) \cdot (a_m - a_{m-1}) \prod_{k=1}^{n} \rho_m^k(t)}{\rho_m^j(t)} \right|$$

$$\Leftrightarrow \frac{P_m^i(t) \cdot b_{m(m-1)}^i(y)}{\rho_m^i(t)} \geq \frac{P_m^j(t) \cdot b_{m(m-1)}^j(y)}{\rho_m^j(t)}$$

因为 $m \in \{1,\cdots,\min(M_i,M_j)\}$，所以有

$$\frac{P_m^i(t) \cdot b_{m(m-1)}^i(y)}{\rho_m^i(t)} = \frac{\sum_{s=0}^{M_i} \int_0^t q_{M_i s}^i(\tau) P_{sm}^i(t-\tau) \mathrm{d}\tau}{\sum_{h=0}^{m-1} \sum_{s=0}^{M_i} \int_0^t q_{M_i s}^i(\tau) P_{sh}^i(t-\tau) \mathrm{d}\tau} \cdot b_{m(m-1)}^i(y)$$

$$= \frac{\sum_{s=0}^{M_i} \int_0^t q_{M_i s}^i(\tau) P_{sm}^i(t-\tau) \mathrm{d}\tau}{\sum_{s=0}^{M_i} \int_0^t q_{M_i s}^i(\tau) \rho_{sm}^i(t-\tau) \mathrm{d}\tau} \cdot b_{m(m-1)}^i(y) = \frac{\psi_m^i(t) \cdot b_{m(m-1)}^i(y)}{\psi_{<m}^i(t)}$$

那么 $\left| \text{IIM}_{m,m-1}^{i}(t,y) \right| \geq \left| \text{IIM}_{m,m-1}^{j}(t,y) \right| \Leftrightarrow \dfrac{\psi_m^i(t) \cdot b_{m(m-1)}^i(y)}{\psi_{<m}^i(t)} \geq \dfrac{\psi_m^j(t) \cdot b_{m(m-1)}^j(y)}{\psi_{<m}^j(t)}$，$m \in \{1,\cdots,$

$\min(M_i,M_j)\}$。

当 $M_i < M_j$ 和 $m = M_i$ 时，有

$$\frac{P_{M_i}^i(t) \cdot b_{M_i(M_i-1)}^i(y)}{\rho_{M_i}^i(t)} = \frac{\psi_{M_i}^i(t) \cdot b_{M_i(M_i-1)}^i(y)}{\psi_{<M_i}^i(t)} = \frac{\psi_{M_i}^i(t) \cdot b_{M_i(M_i-1)}^i(y)}{1 - \psi_{M_i}^i(t)}$$

$$= \left(\frac{1}{\psi_{<M_i}^i(t)} - 1 \right) \cdot b_{M_i(M_i-1)}^i(y)$$

所以 $\left|\text{IIM}^i_{M_i,M_i-1}(t,y)\right| \geqslant \left|\text{IIM}^j_{M_i,M_i-1}(t,y)\right| \Leftrightarrow b^i_{M_i(M_i-1)}(y) \geqslant \dfrac{\psi^j_{M_i}(t)\cdot b^j_{M_i(M_i-1)}(y)}{1-\psi^j_{<M_i}(t)}$。

当 $M_i=M_j$ 和 $\dfrac{P^i_{M_i}(t)\cdot b^i_{M_i(M_i-1)}(y)}{\rho^i_{M_i}(t)} = \left(\dfrac{1}{\psi^i_{<M_i}(t)}-1\right)\cdot b^i_{M_i(M_i-1)}(y)$ 时，有

$$\left|\text{IIM}^i_{M_i,M_i-1}(t,y)\right| \geqslant \left|\text{IIM}^j_{M_j,M_j-1}(t,y)\right|$$

$$\Leftrightarrow \left(\dfrac{1}{\psi^i_{<M_i}(t)}-1\right)b^i_{M_i(M_i-1)}(y) \geqslant \left(\dfrac{1}{\psi^j_{<M_j}(t)}-1\right)b^j_{M_j(M_j-1)}(y)$$

(2) 因 为 $\text{IIM}^i_{m,m+1}(t,y)=-P^i_m(t)\cdot b^i_{m(m+1)}(y)\cdot(a_{m+1}-a_m)\prod\limits_{k=1,k\neq i}^{n}\rho^k_m(t)$ ， $P^k_l(t)>0$ $(t>0,$

$l\in\{0,1,\cdots,M_k\}$） 和 $0<\rho^k_l(t)\leqslant 1$ ， 所以 有

$$\left|\text{IIM}^i_{m,m+1}(t,y)\right| \geqslant \left|\text{IIM}^j_{m,m+1}(t,y)\right|$$

$$\Leftrightarrow \left|P^i_m(t)\cdot b^i_{m(m+1)}(y)\cdot(a_{m+1}-a_m)\prod\limits_{k=1,k\neq i}^{n}\rho^k_{m+1}(t)\right| \geqslant \left|P^j_m(t)\cdot b^j_{m(m+1)}(y)\cdot(a_{m+1}-a_m)\prod\limits_{k=1,k\neq j}^{n}\rho^k_{m+1}(t)\right|$$

$$\Leftrightarrow \left|\dfrac{P^i_m(t)\cdot b^i_{m(m+1)}(y)\cdot(a_{m+1}-a_m)\prod\limits_{k=1}^{n}\rho^k_{m+1}(t)}{\rho^i_{m+1}(t)}\right| \geqslant \left|\dfrac{P^j_m(t)\cdot b^j_{m(m+1)}(y)\cdot(a_{m+1}-a_m)\prod\limits_{k=1}^{n}\rho^k_{m+1}(t)}{\rho^j_{m+1}(t)}\right|$$

$$\Leftrightarrow \dfrac{P^i_m(t)\cdot b^i_{m(m+1)}(y)}{\rho^i_{m+1}(t)} \geqslant \dfrac{P^j_m(t)\cdot b^j_{m(m+1)}(y)}{\rho^j_{m+1}(t)}$$

$$\dfrac{P^i_m(t)\cdot b^i_{m(m+1)}(y)}{\rho^i_{m+1}(t)} = \dfrac{\sum\limits_{s=0}^{M_i}\int_0^t q^i_{M_i s}(\tau)P^i_{sm}(t-\tau)\mathrm{d}\tau}{\sum\limits_{h=0}^{m}\sum\limits_{s=0}^{M_i}\int_0^t q^i_{M_i s}(\tau)P^i_{sh}(t-\tau)\mathrm{d}\tau}\cdot b^i_{m(m+1)}(y)$$

$$= \dfrac{\sum\limits_{s=0}^{M_i}\int_0^t q^i_{M_i s}(\tau)P^i_{sm}(t-\tau)\mathrm{d}\tau}{\sum\limits_{s=0}^{M_i}\int_0^t q^i_{M_i s}(\tau)\rho^i_{sm+1}(t-\tau)\mathrm{d}\tau}\cdot b^i_{m(m+1)}(y) = \dfrac{\psi^i_m(t)\cdot b^i_{m(m+1)}(y)}{\psi^i_{<m+1}(t)}$$

那么 $\left|\text{IIM}^i_{m,m+1}(t,y)\right| \geqslant \left|\text{IIM}^j_{m,m+1}(t,y)\right| \Leftrightarrow \dfrac{\psi^i_m(t)\cdot b^i_{m(m+1)}(y)}{\psi^i_{<m+1}(t)} \geqslant \dfrac{\psi^j_m(t)\cdot b^j_{m(m+1)}(y)}{\psi^j_{<m+1}(t)}$ ， $m\in\{0,1,$

$\cdots,\min(M_i,M_j)-1\}$ ， 证毕。

定理 5-5 在并联系统中

(1) $\dfrac{\pi_m^i \sum\limits_{s=0}^{M_i} \hat{Q}_{ms}^{\prime i}(0)}{\sum\limits_{k=0}^{m-1}\left(\pi_k^i \sum\limits_{s=0}^{M_i} \hat{Q}_{ks}^{\prime i}(0)\right)} b_{m(m-1)}^i(y) \geqslant \dfrac{\pi_m^j \sum\limits_{s=0}^{M_j} \hat{Q}_{ms}^{\prime j}(0)}{\sum\limits_{k=0}^{m-1}\left(\pi_k^j \sum\limits_{s=0}^{M_j} \hat{Q}_{ks}^{\prime j}(0)\right)} b_{m(m-1)}^j(y)$ 当且仅当 $\left|\mathrm{IIM}_{m,(m-1)}^i(t,y)\right|$

$\geqslant \left|\mathrm{IIM}_{m,(m-1)}^j(t,y)\right|$，$\quad m \in \{1,\cdots,\min(M_i,M_j)\}$。

(2) $\dfrac{\pi_m^i \sum\limits_{s=0}^{M_i} \hat{Q}_{ms}^{\prime i}(0)}{\sum\limits_{k=0}^{m}\left(\pi_k^i \sum\limits_{s=0}^{M_i} \hat{Q}_{ks}^{\prime i}(0)\right)} b_{m(m+1)}^i(y) \geqslant \dfrac{\pi_m^j \sum\limits_{s=0}^{M_j} \hat{Q}_{ms}^{\prime j}(0)}{\sum\limits_{k=0}^{m}\left(\pi_k^j \sum\limits_{s=0}^{M_j} \hat{Q}_{ks}^{\prime j}(0)\right)} b_{m(m+1)}^j(y)$ 当且仅当 $\left|\mathrm{IIM}_{m,(m+1)}^i(t,y)\right|$

$\geqslant \left|\mathrm{IIM}_{m,(m+1)}^j(t,y)\right|$，$\quad m \in \{0,1,\cdots,\min(M_i,M_j)-1\}$。

证明

(1) 根据定理 5-4，有

$$\left|\mathrm{IIM}_{m,m-1}^i(t,y)\right| \geqslant \left|\mathrm{IIM}_{m,m-1}^j(t,y)\right| \Leftrightarrow \frac{P_m^i(t)\cdot b_{m(m-1)}^i(y)}{\rho_m^i(t)} \geqslant \frac{P_m^j(t)\cdot b_{m(m-1)}^j(y)}{\rho_m^j(t)}$$

当 $t \to \infty$ 时，$\dfrac{P_m^i(t)\cdot b_{m(m-1)}^i(y)}{\rho_m^i(t)} = \dfrac{\pi_m^i w^i(m)}{\sum\limits_{k=0}^{m-1}(\pi_k^i w^i(k))} b_{m(m-1)}^i(y)$。

因为 $w^i(m) = \displaystyle\int_0^\infty \left[1 - \sum_{s=0}^{M_i} Q_{ms}^i(t)\right]\mathrm{d}t = -\sum_{s=0}^{M_i}\hat{Q}_{ms}^{\prime i}(0)$，其中，$\hat{Q}_{ms}^i(s)$ 是 $Q_{ms}^i(t)$ 的拉普拉斯变

换，所以 $\dfrac{P_m^i(t)\cdot b_{m(m-1)}^i(y)}{\rho_{im}(t)} = \dfrac{\pi_m^i \sum\limits_{s=0}^{M_i}\hat{Q}_{ms}^{\prime i}(0)}{\sum\limits_{k=0}^{m-1}\left(\pi_k^i \sum\limits_{s=0}^{M_i}\hat{Q}_{ks}^{\prime i}(0)\right)} b_{m(m-1)}^i(y)$。那么

$$\left|\mathrm{IIM}_{m,m-1}^i(t,y)\right| \geqslant \left|\mathrm{IIM}_{m,m-1}^j(t,y)\right|$$

$\Leftrightarrow \dfrac{\pi_m^i \sum\limits_{s=0}^{M_i}\hat{Q}_{ms}^{\prime i}(0)}{\sum\limits_{k=0}^{m-1}\left(\pi_k^i \sum\limits_{s=0}^{M_i}\hat{Q}_{ks}^{\prime i}(0)\right)} b_{m(m-1)}^i(y) \geqslant \dfrac{\pi_m^j \sum\limits_{s=0}^{M_j}\hat{Q}_{ms}^{\prime j}(0)}{\sum\limits_{k=0}^{m-1}\left(\pi_k^j \sum\limits_{s=0}^{M_j}\hat{Q}_{ks}^{\prime j}(0)\right)} b_{m(m-1)}^j(y)$，$\quad m \in \{1,\cdots,\min(M_i,M_j)\}$。

(2) 根据定理 5-4，有

$$\left|\mathrm{IIM}_{m,m+1}^{i}(t,y)\right| \geq \left|\mathrm{IIM}_{m,m+1}^{j}(t,y)\right| \Leftrightarrow \frac{P_{m}^{i}(t) \cdot b_{m(m+1)}^{i}(y)}{\rho_{m+1}^{i}(t)} \geq \frac{P_{m}^{j}(t) \cdot b_{m(m+1)}^{j}(y)}{\rho_{m+1}^{j}(t)}$$

当 $t \to \infty$ 时，$\dfrac{P_{m}^{i}(t) \cdot b_{m(m-1)}^{i}(y)}{\rho_{m+1}^{i}(t)} = \dfrac{\pi_{m}^{i} w^{i}(m)}{\displaystyle\sum_{k=0}^{m}(\pi_{k}^{i} w^{i}(k))} b_{m(m+1)}^{i}(y)$。

因为 $w^{i}(m) = \displaystyle\int_{0}^{\infty}\left[1 - \sum_{s=0}^{M_{i}} Q_{ms}^{i}(t)\right]\mathrm{d}t = -\sum_{s=0}^{M_{i}} \hat{Q}_{ms}^{i}(0)$，所以

$$\frac{P_{m}^{i}(t) \cdot b_{m(m-1)}^{i}(y)}{\rho_{m+1}^{i}(t)} = \frac{\pi_{m}^{i} \displaystyle\sum_{s=0}^{M_{i}} \hat{Q}_{ms}^{\prime i}(0)}{\displaystyle\sum_{k=0}^{m}\left(\pi_{k}^{i} \sum_{s=0}^{M_{i}} \hat{Q}_{ks}^{\prime i}(0)\right)} b_{m(m+1)}^{i}(y)$$

那么

$$\left|\mathrm{IIM}_{m,m+1}^{i}(t,y)\right| \geq \left|\mathrm{IIM}_{m,m+1}^{j}(t,y)\right| \Leftrightarrow \frac{\pi_{m}^{i} \displaystyle\sum_{s=0}^{M_{i}} \hat{Q}_{ms}^{\prime i}(0)}{\displaystyle\sum_{k=0}^{m}\left(\pi_{k}^{i} \sum_{s=0}^{M_{i}} \hat{Q}_{ks}^{\prime i}(0)\right)} b_{m(m+1)}^{i}(y) \geq \frac{\pi_{m}^{j} \displaystyle\sum_{s=0}^{M_{j}} \hat{Q}_{ms}^{\prime j}(0)}{\displaystyle\sum_{k=0}^{m}\left(\pi_{k}^{j} \sum_{s=0}^{M_{j}} \hat{Q}_{ks}^{\prime j}(0)\right)} b_{m(m+1)}^{j}(y)$$

$m \in \{0,1,\cdots,\min(M_{i},M_{j})-1\}$，证毕。

如果串联系统和并联系统由相同的组件组成，那么可以得到以下的定理。

定理 5-6　针对组件 i 和 j 一样的状态 m

(1) 在条件 $\psi_{m}^{i}(t) \cdot b_{m(m-1)}^{i}(y) \leq \psi_{m}^{j}(t) \cdot b_{m(m-1)}^{j}(y)$ 下，如果在串联系统中 $\left|\mathrm{IIM}_{m,(m-1)}^{i}(t,y)\right| \geq \left|\mathrm{IIM}_{m,(m-1)}^{j}(t,y)\right|$，那么在并联系统中 $\left|\mathrm{IIM}_{m,(m-1)}^{i}(t,y)\right| \leq \left|\mathrm{IIM}_{m,(m-1)}^{j}(t,y)\right|$；在一样的条件下，如果在并联系统中 $\left|\mathrm{IIM}_{m,(m-1)}^{i}(t,y)\right| \geq \left|\mathrm{IIM}_{m,(m-1)}^{j}(t,y)\right|$，那么串联系统中 $\left|\mathrm{IIM}_{m,(m-1)}^{i}(t,y)\right| \leq \left|\mathrm{IIM}_{m,(m-1)}^{j}(t,y)\right|$。

(2) 在条件 $\psi_{m}^{i}(t) \cdot b_{m(m+1)}^{i}(y) \leq \psi_{m}^{j}(t) \cdot b_{m(m+1)}^{j}(y)$ 下，如果在串联系统中 $\left|\mathrm{IIM}_{m,(m+1)}^{i}(t,y)\right| \geq \left|\mathrm{IIM}_{m,(m+1)}^{j}(t,y)\right|$，那么在并联系统中 $\left|\mathrm{IIM}_{m,(m+1)}^{i}(t,y)\right| \leq \left|\mathrm{IIM}_{m,(m+1)}^{j}(t,y)\right|$；在一样的条件下，如果在并联系统中 $\left|\mathrm{IIM}_{m,(m+1)}^{i}(t,y)\right| \geq \left|\mathrm{IIM}_{m,(m+1)}^{j}(t,y)\right|$，那么串联系统中 $\left|\mathrm{IIM}_{m,(m+1)}^{i}(t,y)\right| \leq \left|\mathrm{IIM}_{m,(m+1)}^{j}(t,y)\right|$。

证明

(1) 根据定理 5-2，当 $m \in \{1,\cdots,\min(M_{i},M_{j})\}$ 时，在串联系统中

$$\left|\text{IIM}_{m,m-1}^{i}(t,y)\right| \geq \left|\text{IIM}_{m,m-1}^{j}(t,y)\right| \Leftrightarrow \frac{\psi_m^i(t) \cdot b_{m(m-1)}^i(y)}{1-\psi_{<m}^i(t)} \geq \frac{\psi_m^j(t) \cdot b_{m(m-1)}^j(y)}{1-\psi_{<m}^i(t)}$$

$$\Leftrightarrow \psi_m^i(t) \cdot b_{m(m-1)}^i(y) - \psi_m^i(t) \cdot b_{m(m-1)}^i(y) \cdot \psi_{<m}^j(t)$$

$$\geq \psi_m^j(t) \cdot b_{m(m-1)}^j(y) - \psi_m^j(t) \cdot b_{m(m-1)}^j(y) \cdot \psi_{<m}^i(t)$$

$$\Leftrightarrow \psi_m^j(t) \cdot b_{m(m-1)}^j(y) \cdot \psi_{<m}^i(t) \geq \psi_m^i(t) \cdot b_{m(m-1)}^i(y)$$

$$\cdot \psi_{<m}^j(t) + (\psi_m^j(t) \cdot b_{m(m-1)}^j(y) - \psi_m^i(t) \cdot b_{m(m-1)}^i(y))$$

如果 $\psi_m^j(t) \cdot b_{m(m-1)}^j(y) - \psi_m^i(t) \cdot b_{m(m-1)}^i(y) \geq 0$ ，那么

$$\psi_m^j(t) \cdot b_{m(m-1)}^j(y) \cdot \psi_{<m}^i(t) \geq \psi_m^i(t) \cdot b_{m(m-1)}^i(y) \cdot \psi_{<m}^j(t)$$

$$\Leftrightarrow \frac{\psi_m^j(t) \cdot b_{m(m-1)}^j(y)}{\psi_{<m}^j(t)} \geq \frac{\psi_m^i(t) \cdot b_{m(m-1)}^i(y)}{\psi_{<m}^i(t)}$$

所以根据定理 5-4，在并联系统中 $\left|\text{IIM}_{m,m-1}^{j}(t,y)\right| \geq \left|\text{IIM}_{m,m-1}^{i}(t,y)\right|$。

相反，根据定理 5-4，在并联系统中

$$\left|\text{IIM}_{m,m-1}^{i}(t,y)\right| \geq \left|\text{IIM}_{m,m-1}^{j}(t,y)\right| \Leftrightarrow \frac{\psi_m^i(t) \cdot b_{m(m-1)}^i(y)}{\psi_{<m}^i(t)} \geq \frac{\psi_m^j(t) \cdot b_{m(m-1)}^j(y)}{\psi_{<m}^j(t)}$$

$$\Leftrightarrow \psi_m^i(t) \cdot b_{m(m-1)}^i(y) \cdot \psi_{<m}^j(t) \geq \psi_m^j(t) \cdot b_{m(m-1)}^j(y) \cdot \psi_{<m}^i(t)$$

如果 $\psi_m^j(t) \cdot b_{m(m-1)}^j(y) - \psi_m^i(t) \cdot b_{m(m-1)}^i(y) \geq 0$ ，那么

$$(\psi_m^j(t) \cdot b_{m(m-1)}^j(y) - \psi_m^i(t) \cdot b_{m(m-1)}^i(y)) + \psi_m^i(t)$$

$$\cdot b_{m(m-1)}^i(y) \cdot \psi_{<m}^j(t) \geq \psi_m^j(t) \cdot b_{m(m-1)}^j(y) \cdot \psi_{<m}^i(t)$$

$$\Leftrightarrow \psi_m^j(t) \cdot b_{m(m-1)}^j(y)(1-\psi_{<m}^i(t)) \geq \psi_m^i(t) \cdot b_{m(m-1)}^i(y)(1-\psi_{<m}^j(t))$$

$$\Leftrightarrow \frac{\psi_m^j(t) \cdot b_{m(m-1)}^j(y)}{1-\psi_{<m}^j(t)} \geq \frac{\psi_m^i(t) \cdot b_{m(m-1)}^i(y)}{1-\psi_{<m}^i(t)}$$

所以根据定理 5-2，在串联系统中 $\left|\text{IIM}_{m,m-1}^{j}(t,y)\right| \geq \left|\text{IIM}_{m,m-1}^{i}(t,y)\right|$。

(2)根据定理 5-2，当 $m \in \{0,\cdots,\min(M_i,M_j)-1\}$ 时，在串联系统中

$$\left|\text{IIM}_{m,m+1}^{i}(t,y)\right| \geq \left|\text{IIM}_{m,m+1}^{j}(t,y)\right| \Leftrightarrow \frac{\psi_m^i(t) \cdot b_{m(m+1)}^i(y)}{1-\psi_{<m+1}^i(t)} \geq \frac{\psi_m^i(t) \cdot b_{m(m+1)}^i(y)}{1-\psi_{<m+1}^j(t)}$$

$$\Leftrightarrow \psi_m^i(t) \cdot b_{m(m+1)}^i(y) - \psi_m^i(t) \cdot b_{m(m+1)}^i(y) \cdot \psi_{<m+1}^j(t)$$

$$\geq \psi_m^j(t) \cdot b_{m(m+1)}^j(y) - \psi_m^j(t) \cdot b_{m(m+1)}^j(y) \cdot \psi_{<m+1}^i(t)$$

$$\Leftrightarrow \psi_m^j(t) \cdot b_{m(m+1)}^i(y) \cdot \psi_{<m+1}^i(t) \geq \psi_m^i(t) \cdot b_{m(m+1)}^i(y)$$

$$\cdot \psi_{<m+1}^j(t) + (\psi_m^j(t) \cdot b_{m(m+1)}^j(y) - \psi_m^i(t) \cdot b_{m(m+1)}^i(y))$$

如果 $\psi_m^j(t) \cdot b_{m(m+1)}^j(y) - \psi_m^i(t) \cdot b_{m(m+1)}^i(y) \geq 0$，那么

$$\psi_m^j(t) \cdot b_{m(m+1)}^j(y) \cdot \psi_{<m+1}^i(t) \geq \psi_m^i(t) \cdot b_{m(m+1)}^i(y) \cdot \psi_{<m+1}^j(t)$$

$$\Leftrightarrow \frac{\psi_m^j(t) \cdot b_{m(m+1)}^j(y)}{\psi_{<m+1}^j(t)} \geq \frac{\psi_m^i(t) \cdot b_{m(m+1)}^i(y)}{\psi_{<m+1}^i(t)}$$

所以，根据定理 5-4，在并联系统中 $\left| \mathrm{IIM}_{m,m+1}^j(t,y) \right| \geq \left| \mathrm{IIM}_{m,m+1}^i(t,y) \right|$。

相反，根据定理 5-4，在并联系统中

$$\left| \mathrm{IIM}_{m,m+1}^i(t,y) \right| \geq \left| \mathrm{IIM}_{m,m+1}^j(t,y) \right| \Leftrightarrow \frac{\psi_m^i(t) \cdot b_{m(m+1)}^i(y)}{\psi_{<m+1}^i(t)} \geq \frac{\psi_m^j(t) \cdot b_{m(m+1)}^j(y)}{\psi_{<m+1}^j(t)}$$

$$\Leftrightarrow \psi_m^i(t) \cdot b_{m(m+1)}^i(y) \cdot \psi_{<m+1}^j(t) \geq \psi_m^j(t) \cdot b_{m(m+1)}^j(y) \cdot \psi_{<m+1}^i(t)$$

如果 $\psi_m^j(t) \cdot b_{m(m+1)}^j(y) - \psi_m^i(t) \cdot b_{m(m+1)}^i(y) \geq 0$，那么

$$(\psi_m^j(t) \cdot b_{m(m+1)}^j(y) - \psi_m^i(t) \cdot b_{m(m+1)}^i(y)) + \psi_m^i(t)$$

$$\cdot b_{m(m+1)}^i(y) \cdot \psi_{<m+1}^j(t) \geq \psi_m^j(t) \cdot b_{m(m+1)}^j(y) \cdot \psi_{<m+1}^i(t)$$

$$\Leftrightarrow \psi_m^j(t) \cdot b_{m(m+1)}^j(y)(1 - \psi_{<m+1}^i(t)) \geq \psi_m^i(t) \cdot b_{m(m+1)}^i(y)(1 - \psi_{<m+1}^j(t))$$

$$\Leftrightarrow \frac{\psi_m^j(t) \cdot b_{m(m+1)}^j(y)}{1 - \psi_{<m+1}^j(t)} \geq \frac{\psi_m^i(t) \cdot b_{m(m+1)}^i(y)}{1 - \psi_{<m+1}^i(t)}$$

所以，根据定理 5-2，在串联系统中 $\left| \mathrm{IIM}_{m,m+1}^j(t,y) \right| \geq \left| \mathrm{IIM}_{m,m+1}^i(t,y) \right|$，证毕。

定理 5-7　针对组件 i 和 j 一样的状态 m

(1) 在条件 $\dfrac{\pi_m^i \sum\limits_{s=0}^{M_i} \hat{Q}_{ms}^{\prime i}(0)}{\sum\limits_{k=0}^{M_i} \left(\pi_k^i \sum\limits_{s=0}^{M_i} \hat{Q}_{ks}^{\prime i}(0) \right)} \cdot b_{m(m-1)}^i(y) \leq \dfrac{\pi_m^j \sum\limits_{s=0}^{M_j} \hat{Q}_{ms}^{\prime j}(0)}{\sum\limits_{k=0}^{M_j} \left(\pi_k^j \sum\limits_{s=0}^{M_j} \hat{Q}_{ks}^{\prime j}(0) \right)} \cdot b_{m(m-1)}^j(y)$ 下，如果在

串联系统中 $\left| \mathrm{IIM}_{m,(m-1)}^i(t,y) \right| \geq \left| \mathrm{IIM}_{m,(m-1)}^j(t,y) \right|$，那么在并联系统中 $\left| \mathrm{IIM}_{m,(m-1)}^i(t,y) \right| \leq \left| \mathrm{IIM}_{m,(m-1)}^j(t,y) \right|$；在一样的条件下，如果在并联系统中 $\left| \mathrm{IIM}_{m,(m-1)}^i(t,y) \right| \geq \left| \mathrm{IIM}_{m,(m-1)}^j(t,y) \right|$，那么在串联系统中 $\left| \mathrm{IIM}_{m,(m-1)}^i(t,y) \right| \leq \left| \mathrm{IIM}_{m,(m-1)}^j(t,y) \right|$。

(2)在条件 $\dfrac{\pi_m^i \sum\limits_{s=0}^{M_i} \hat{Q}_{ms}^{\prime i}(0)}{\sum\limits_{k=0}^{M_i}\left(\pi_k^i \sum\limits_{s=0}^{M_i} \hat{Q}_{ks}^{\prime i}(0)\right)} \cdot b_{m(m+1)}^i(y) \leq \dfrac{\pi_m^j \sum\limits_{s=0}^{M_j} \hat{Q}_{ms}^{\prime j}(0)}{\sum\limits_{k=0}^{M_j}\left(\pi_k^j \sum\limits_{s=0}^{M_j} \hat{Q}_{ks}^{\prime j}(0)\right)} \cdot b_{m(m+1)}^j(y)$ 下，如果在

串联系统中 $\left|\mathrm{IIM}_{m,(m+1)}^i(t,y)\right| \geq \left|\mathrm{IIM}_{m,(m+1)}^j(t,y)\right|$，那么在并联系统中 $\left|\mathrm{IIM}_{m,(m+1)}^i(t,y)\right| \leq$ $\left|\mathrm{IIM}_{m,(m+1)}^j(t,y)\right|$；在一样的条件下，如果在并联系统中 $\left|\mathrm{IIM}_{m,(m+1)}^i(t,y)\right| \geq$ $\left|\mathrm{IIM}_{m,(m+1)}^j(t,y)\right|$，那么在串联系统中 $\left|\mathrm{IIM}_{m,(m+1)}^i(t,y)\right| \leq \left|\mathrm{IIM}_{m,(m+1)}^j(t,y)\right|$。

证明

(1)根据定理 5-2，当 $m \in \{1, \cdots, \min(M_i, M_j)\}$ 时，在串联系统中

$$\left|\mathrm{IIM}_{m,m-1}^i(t,y)\right| \geq \left|\mathrm{IIM}_{m,m-1}^j(t,y)\right|$$

$$\Leftrightarrow \frac{\pi_m^i \sum\limits_{s=0}^{M_i} \hat{Q}_{ms}^{\prime i}(0)}{\sum\limits_{k=m}^{M_i}\left(\pi_k^i \sum\limits_{s=0}^{M_i} \hat{Q}_{ks}^{\prime i}(0)\right)} b_{m(m-1)}^i(y) \geq \frac{\pi_m^j \sum\limits_{s=0}^{M_j} \hat{Q}_{ms}^{\prime j}(0)}{\sum\limits_{k=m}^{M_j}\left(\pi_k^j \sum\limits_{s=0}^{M_j} \hat{Q}_{ks}^{\prime j}(0)\right)} b_{m(m-1)}^j(y)$$

$$\Leftrightarrow \pi_m^i \sum\limits_{s=0}^{M_i} \hat{Q}_{ms}^{\prime i}(0) \cdot b_{m(m-1)}^i(y) \cdot \sum\limits_{k=m}^{M_j}\left(\pi_k^j \sum\limits_{s=0}^{M_j} \hat{Q}_{ks}^{\prime j}(0)\right)$$

$$\geq \pi_m^j \sum\limits_{s=0}^{M_j} \hat{Q}_{ms}^{\prime j}(0) \cdot b_{m(m-1)}^j(y) \cdot \sum\limits_{k=m}^{M_i}\left(\pi_k^i \sum\limits_{s=0}^{M_i} \hat{Q}_{ks}^{\prime i}(0)\right)$$

$$\Leftrightarrow \pi_m^i \sum\limits_{s=0}^{M_i} \hat{Q}_{ms}^{\prime i}(0) \cdot b_{m(m-1)}^i(y) \cdot \left(\sum\limits_{k=0}^{M_j}\left(\pi_k^j \sum\limits_{s=0}^{M_j} \hat{Q}_{ks}^{\prime j}(0)\right) - \sum\limits_{k=0}^{m-1}\left(\pi_k^j \sum\limits_{s=0}^{M_j} \hat{Q}_{ks}^{\prime j}(0)\right)\right) \geq$$

$$\pi_m^j \sum\limits_{s=0}^{M_j} \hat{Q}_{ms}^{\prime j}(0) \cdot b_{m(m-1)}^j(y) \cdot \left(\sum\limits_{k=0}^{M_i}\left(\pi_k^i \sum\limits_{s=0}^{M_i} \hat{Q}_{ks}^{\prime i}(0)\right) - \sum\limits_{k=0}^{m-1}\left(\pi_k^i \sum\limits_{s=0}^{M_i} \hat{Q}_{ks}^{\prime i}(0)\right)\right)$$

$$\Leftrightarrow \pi_m^j \sum\limits_{s=0}^{M_j} \hat{Q}_{ms}^{\prime j}(0) \cdot b_{m(m-1)}^j(y) \cdot \sum\limits_{k=0}^{m-1}\left(\pi_k^i \sum\limits_{s=0}^{M_i} \hat{Q}_{ks}^{\prime i}(0)\right)$$

$$\geq \pi_m^i \sum\limits_{s=0}^{M_i} \hat{Q}_{ms}^{\prime i}(0) \cdot b_{m(m-1)}^i(y) \cdot \sum\limits_{k=0}^{m-1}\left(\pi_k^j \sum\limits_{s=0}^{M_j} \hat{Q}_{ks}^{\prime j}(0)\right)$$

$$+ \pi_m^j \sum\limits_{s=0}^{M_j} \hat{Q}_{ms}^{\prime j}(0) \cdot b_{m(m-1)}^j(y) \cdot \sum\limits_{k=0}^{M_j}\left(\pi_k^i \sum\limits_{s=0}^{M_i} \hat{Q}_{ks}^{\prime i}(0)\right)$$

$$- \pi_m^i \sum_{s=0}^{M_i} \hat{Q}_{ms}^{\prime i}(0) \cdot b_{m(m-1)}^i(y) \cdot \sum_{k=0}^{M_j} \left(\pi_k^i \sum_{s=0}^{M_j} \hat{Q}_{ks}^{\prime j}(0) \right)$$

如果 $\pi_m^i \sum_{s=0}^{M_j} \hat{Q}_{ms}^{\prime j}(0) \cdot b_{m(m-1)}^j(y) \cdot \sum_{k=0}^{M_i} \left(\pi_k^i \sum_{s=0}^{M_i} \hat{Q}_{ks}^{\prime i}(0) \right) \geqslant \pi_m^i \sum_{s=0}^{M_i} \hat{Q}_{ms}^{\prime i}(0) \cdot b_{m(m-1)}^i(y) \cdot \sum_{k=0}^{M_j} \left(\pi_k^j \right.$

$\left. \sum_{s=0}^{M_j} \hat{Q}_{ks}^{\prime j}(0) \right)$，那么 $\pi_m^j \sum_{s=0}^{M_j} \hat{Q}_{ms}^{\prime j}(0) \cdot b_{m(m-1)}^j(y) \cdot \sum_{k=0}^{m-1} \left(\pi_k^i \sum_{s=0}^{M_i} \hat{Q}_{ks}^{\prime i}(0) \right) \geqslant \pi_m^i \sum_{s=0}^{M_i} \hat{Q}_{ms}^{\prime i}(0) \cdot b_{m(m-1)}^i(y) \cdot$

$\sum_{k=0}^{m-1} \left(\pi_k^j \sum_{s=0}^{M_j} \hat{Q}_{ks}^{\prime j}(0) \right) \Leftrightarrow \dfrac{\pi_m^j \sum_{s=0}^{M_j} \hat{Q}_{ms}^{\prime j}(0)}{\sum_{k=0}^{m-1} \left(\pi_k^j \sum_{s=0}^{M_j} \hat{Q}_{ks}^{\prime j}(0) \right)} b_{m(m-1)}^j(y) \geqslant \dfrac{\pi_m^i \sum_{s=0}^{M_i} \hat{Q}_{ms}^{\prime i}(0)}{\sum_{k=0}^{m-1} \left(\pi_k^i \sum_{s=0}^{M_i} \hat{Q}_{ks}^{\prime i}(0) \right)} b_{m(m-1)}^i(y) \text{。}$

所以，根据定理 5-5，在并联系统中 $\left| \text{IIM}_{m,m-1}^j(t,y) \right| \geqslant \left| \text{IIM}_{m,m-1}^i(t,y) \right|$。

相反，根据定理 5-5，当 $m \in \{1, \cdots, \min(M_i, M_j)\}$ 时，在并联系统中

$$\left| \text{IIM}_{m,m-1}^i(t,y) \right| \geqslant \left| \text{IIM}_{m,m-1}^j(t,y) \right|$$

$$\Leftrightarrow \dfrac{\pi_m^i \sum_{s=0}^{M_i} \hat{Q}_{ms}^{\prime i}(0)}{\sum_{k=0}^{m-1} \left(\pi_k^i \sum_{s=0}^{M_i} \hat{Q}_{ks}^{\prime i}(0) \right)} b_{m(m-1)}^i(y) \geqslant \dfrac{\pi_m^j \sum_{s=0}^{M_j} \hat{Q}_{ms}^{\prime j}(0)}{\sum_{k=0}^{m-1} \left(\pi_k^j \sum_{s=0}^{M_j} \hat{Q}_{ks}^{\prime j}(0) \right)} b_{m(m-1)}^j(y)$$

$$\Leftrightarrow \pi_m^i \sum_{s=0}^{M_i} \hat{Q}_{ms}^{\prime i}(0) \cdot b_{m(m-1)}^i(y) \cdot \sum_{k=0}^{m-1} \left(\pi_k^j \sum_{s=0}^{M_j} \hat{Q}_{ks}^{\prime j}(0) \right)$$

$$\geqslant \pi_m^j \sum_{s=0}^{M_j} \hat{Q}_{ms}^{\prime j}(0) \cdot b_{m(m-1)}^j(y) \cdot \sum_{k=0}^{m-1} \left(\pi_k^i \sum_{s=0}^{M_i} \hat{Q}_{ks}^{\prime i}(0) \right)$$

$$\Leftrightarrow \pi_m^i \sum_{s=0}^{M_i} \hat{Q}_{ms}^{\prime i}(0) \cdot b_{m(m-1)}^i(y) \cdot \left(\sum_{k=0}^{M_j} \left(\pi_k^j \sum_{s=0}^{M_j} \hat{Q}_{ks}^{\prime j}(0) \right) - \sum_{k=m}^{M_j} \left(\pi_k^j \sum_{s=0}^{M_j} \hat{Q}_{ks}^{\prime j}(0) \right) \right)$$

$$\geqslant \pi_m^j \sum_{s=0}^{M_j} \hat{Q}_{ms}^{\prime j}(0) \cdot b_{m(m-1)}^j(y) \cdot \left(\sum_{k=0}^{M_i} \left(\pi_k^i \sum_{s=0}^{M_i} \hat{Q}_{ks}^{\prime i}(0) \right) - \sum_{k=m}^{M_i} \left(\pi_k^i \sum_{s=0}^{M_i} \hat{Q}_{ks}^{\prime i}(0) \right) \right)$$

$$\Leftrightarrow \pi_m^j \sum_{s=0}^{M_j} \hat{Q}_{ms}^{\prime j}(0) \cdot b_{m(m-1)}^j(y) \cdot \sum_{k=m}^{M_i} \left(\pi_k^i \sum_{s=0}^{M_i} \hat{Q}_{ks}^{\prime i}(0) \right)$$

$$\geq \pi_m^i \sum_{s=0}^{M_i} \hat{Q}_{ms}'^i(0) \cdot b_{m(m-1)}^i(y) \cdot \sum_{k=m}^{M_j}\left(\pi_k^j \sum_{s=0}^{M_j} \hat{Q}_{ks}'^j(0) \right)$$

$$+ \pi_m^j \sum_{s=0}^{M_j} \hat{Q}_{ms}'^j(0) \cdot b_{m(m-1)}^j(y) \cdot \sum_{k=0}^{M_i}\left(\pi_k^i \sum_{s=0}^{M_i} \hat{Q}_{ks}'^i(0) \right)$$

$$- \pi_m^i \sum_{s=0}^{M_i} \hat{Q}_{ms}'^i(0) \cdot b_{m(m-1)}^i(y) \cdot \sum_{k=0}^{M_j}\left(\pi_k^j \sum_{s=0}^{M_j} \hat{Q}_{ks}'^j(0) \right)$$

如果

$$\pi_m^j \sum_{s=0}^{M_j} \hat{Q}_{ms}'^j(0) \cdot b_{m(m-1)}^j(y) \cdot \sum_{k=0}^{M_i}\left(\pi_k^i \sum_{s=0}^{M_i} \hat{Q}_{ks}'^i(0) \right) \geq \pi_m^i \sum_{s=0}^{M_i} \hat{Q}_{ms}'^i(0) \cdot b_{m(m-1)}^i(y) \cdot \sum_{k=0}^{M_j}\left(\pi_k^j \sum_{s=0}^{M_j} \hat{Q}_{ks}'^j(0) \right)$$

那么

$$\pi_m^j \sum_{s=0}^{M_j} \hat{Q}_{ms}'^j(0) \cdot b_{m(m-1)}^j(y) \cdot \sum_{k=m}^{M_i}\left(\pi_k^i \sum_{s=0}^{M_i} \hat{Q}_{ks}'^i(0) \right)$$

$$\geq \pi_m^i \sum_{s=0}^{M_i} \hat{Q}_{ms}'^i(0) \cdot b_{m(m-1)}^i(y) \cdot \sum_{k=m}^{M_j}\left(\pi_k^j \sum_{s=0}^{M_j} \hat{Q}_{ks}'^j(0) \right)$$

$$\Leftrightarrow \frac{\pi_m^j \sum_{s=0}^{M_j} \hat{Q}_{ms}'^j(0)}{\sum_{k=m}^{M_j}\left(\pi_k^j \sum_{s=0}^{M_j} \hat{Q}_{ks}'^j(0) \right)} b_{m(m-1)}^j(y) \geq \frac{\pi_m^i \sum_{s=0}^{M_i} \hat{Q}_{ms}'^i(0)}{\sum_{k=m}^{M_i}\left(\pi_k^i \sum_{s=0}^{M_i} \hat{Q}_{ks}'^i(0) \right)} b_{m(m-1)}^i(y)$$

所以，根据定理 5-3，在串联系统中 $\left| \mathrm{IIM}_{m,m-1}^j(t,y) \right| \geq \left| \mathrm{IIM}_{m,m-1}^i(t,y) \right|$。

（2）根据定理 5-3，当 $m \in \{0,\cdots,\min(M_i,M_j)-1\}$ 时，在串联系统中

$$\left| \mathrm{IIM}_{m,m+1}^i(t,y) \right| \geq \left| \mathrm{IIM}_{m,m+1}^j(t,y) \right|$$

$$\Leftrightarrow \frac{\pi_m^i \sum_{s=0}^{M_i} \hat{Q}_{ms}'^i(0)}{\sum_{k=m+1}^{M_i}\left(\pi_k^i \sum_{s=0}^{M_i} \hat{Q}_{ks}'^i(0) \right)} b_{m(m+1)}^i(y) \geq \frac{\pi_m^j \sum_{s=0}^{M_j} \hat{Q}_{ms}'^j(0)}{\sum_{k=m+1}^{M_j}\left(\pi_k^j \sum_{s=0}^{M_j} \hat{Q}_{ks}'^j(0) \right)} b_{m(m+1)}^j(y)$$

$$\Leftrightarrow \pi_m^i \sum_{s=0}^{M_i} \hat{Q}_{ms}'^i(0) \cdot b_{m(m+1)}^i(y) \cdot \sum_{k=m+1}^{M_j}\left(\pi_k^j \sum_{s=0}^{M_j} \hat{Q}_{ks}'^j(0) \right)$$

$$\geq \pi_m^j \sum_{s=0}^{M_j} \hat{Q}_{ms}^{\prime j}(0) \cdot b_{m(m+1)}^j(y) \cdot \sum_{k=m+1}^{M_i} \left(\pi_k^i \sum_{s=0}^{M_i} \hat{Q}_{ks}^{\prime i}(0) \right)$$

$$\Leftrightarrow \pi_m^i \sum_{s=0}^{M_i} \hat{Q}_{ms}^{\prime i}(0) \cdot b_{m(m+1)}^i(y) \cdot \left(\sum_{k=0}^{M_j} \left(\pi_k^j \sum_{s=0}^{M_j} \hat{Q}_{ks}^{\prime j}(0) \right) - \sum_{k=0}^{m} \left(\pi_k^j \sum_{s=0}^{M_j} \hat{Q}_{ks}^{\prime j}(0) \right) \right)$$

$$\geq \pi_m^j \sum_{s=0}^{M_j} \hat{Q}_{ms}^{\prime j}(0) \cdot b_{m(m+1)}^i(y) \cdot \left(\sum_{k=0}^{M_i} \left(\pi_k^i \sum_{s=0}^{M_i} \hat{Q}_{ks}^{\prime i}(0) \right) - \sum_{k=0}^{m} \left(\pi_k^i \sum_{s=0}^{M_i} \hat{Q}_{ks}^{\prime i}(0) \right) \right)$$

$$\Leftrightarrow \pi_m^j \sum_{s=0}^{M_j} \hat{Q}_{ms}^{\prime j}(0) \cdot b_{m(m+1)}^i(y) \cdot \sum_{k=0}^{m} \left(\pi_k^i \sum_{s=0}^{M_i} \hat{Q}_{ks}^{\prime i}(0) \right)$$

$$\geq \pi_m^i \sum_{s=0}^{M_i} \hat{Q}_{ms}^{\prime i}(0) \cdot b_{m(m+1)}^i(y) \cdot \sum_{k=0}^{m} \left(\pi_k^j \sum_{s=0}^{M_j} \hat{Q}_{ks}^{\prime j}(0) \right)$$

$$+ \pi_m^j \sum_{s=0}^{M_j} \hat{Q}_{ms}^{\prime j}(0) \cdot b_{m(m+1)}^j(y) \cdot \sum_{k=0}^{M_i} \left(\pi_k^i \sum_{s=0}^{M_i} \hat{Q}_{ks}^{\prime i}(0) \right)$$

$$- \pi_m^i \sum_{s=0}^{M_i} \hat{Q}_{ms}^{\prime i}(0) \cdot b_{m(m+1)}^i(y) \cdot \sum_{k=0}^{M_j} \left(\pi_k^j \sum_{s=0}^{M_j} \hat{Q}_{ks}^{\prime j}(0) \right)$$

如果

$$\pi_m^j \sum_{s=0}^{M_j} \hat{Q}_{ms}^{\prime j}(0) \cdot b_{m(m+1)}^j(y) \cdot \sum_{k=0}^{M_i} \left(\pi_k^i \sum_{s=0}^{M_i} \hat{Q}_{ks}^{\prime i}(0) \right) \geq \pi_m^i \sum_{s=0}^{M_i} \hat{Q}_{ms}^{\prime i}(0) \cdot b_{m(m+1)}^i(y) \cdot \sum_{k=0}^{M_j} \left(\pi_k^j \sum_{s=0}^{M_j} \hat{Q}_{ks}^{\prime j}(0) \right)$$

那么

$$\pi_m^j \sum_{s=0}^{M_j} \hat{Q}_{ms}^{\prime j}(0) \cdot b_{m(m+1)}^j(y) \cdot \sum_{k=0}^{m} \left(\pi_k^i \sum_{s=0}^{M_i} \hat{Q}_{ks}^{\prime i}(0) \right)$$

$$\geq \pi_m^i \sum_{s=0}^{M_i} \hat{Q}_{ms}^{\prime i}(0) \cdot b_{m(m+1)}^i(y) \cdot \sum_{k=0}^{m} \left(\pi_k^j \sum_{s=0}^{M_j} \hat{Q}_{ks}^{\prime j}(0) \right)$$

$$\Leftrightarrow \frac{\pi_m^j \sum_{s=0}^{M_j} \hat{Q}_{ms}^{\prime j}(0)}{\sum_{k=0}^{m} \left(\pi_k^j \sum_{s=0}^{M_j} \hat{Q}_{ks}^{\prime j}(0) \right)} b_{m(m+1)}^j(y) \geq \frac{\pi_m^i \sum_{s=0}^{M_i} \hat{Q}_{ms}^{\prime i}(0)}{\sum_{k=0}^{m} \left(\pi_k^i \sum_{s=0}^{M_i} \hat{Q}_{ks}^{\prime i}(0) \right)} b_{m(m+1)}^i(y)$$

所以，根据定理 5-5，在并联系统中 $\left| \mathrm{IIM}_{m,m+1}^j(t,y) \right| \geq \left| \mathrm{IIM}_{m,m+1}^i(t,y) \right|$。

相反，根据定理 5-5，当 $m \in \{1, \cdots, \min(M_i, M_j)\}$ 时，在并联系统中

$$\left| \mathrm{IIM}_{m,m+1}^{i}(t,y) \right| \ge \left| \mathrm{IIM}_{m,m+1}^{j}(t,y) \right|$$

$$\Leftrightarrow \frac{\pi_m^i \sum_{s=0}^{M_i} \hat{Q}_{ms}'^{i}(0)}{\sum_{k=0}^{m}\left(\pi_k^i \sum_{s=0}^{M_i} \hat{Q}_{ks}'^{i}(0)\right)} b_{m(m+1)}^{i}(y) \ge \frac{\pi_m^j \sum_{s=0}^{M_j} \hat{Q}_{ms}'^{j}(0)}{\sum_{k=0}^{m}\left(\pi_k^j \sum_{s=0}^{M_j} \hat{Q}_{ks}'^{j}(0)\right)} b_{m(m+1)}^{j}(y)$$

$$\Leftrightarrow \pi_m^i \sum_{s=0}^{M_i} \hat{Q}_{ms}'^{i}(0) \cdot b_{m(m+1)}^{i}(y) \cdot \sum_{k=0}^{m}\left(\pi_k^j \sum_{s=0}^{M_j} \hat{Q}_{ks}'^{j}(0)\right)$$

$$\ge \pi_m^j \sum_{s=0}^{M_j} \hat{Q}_{ms}'^{j}(0) \cdot b_{m(m+1)}^{j}(y) \cdot \sum_{k=0}^{m}\left(\pi_k^i \sum_{s=0}^{M_i} \hat{Q}_{ks}'^{i}(0)\right)$$

$$\Leftrightarrow \pi_m^i \sum_{s=0}^{M_i} \hat{Q}_{ms}'^{i}(0) \cdot b_{m(m+1)}^{i}(y) \cdot \left(\sum_{k=0}^{M_j}\left(\pi_k^j \sum_{s=0}^{M_j} \hat{Q}_{ks}'^{j}(0)\right) - \sum_{k=m+1}^{M_j}\left(\pi_k^j \sum_{s=0}^{M_j} \hat{Q}_{ks}'^{j}(0)\right) \right)$$

$$\ge \pi_m^j \sum_{s=0}^{M_j} \hat{Q}_{ms}'^{j}(0) \cdot b_{m(m+1)}^{j}(y) \cdot \left(\sum_{k=0}^{M_i}\left(\pi_k^i \sum_{s=0}^{M_i} \hat{Q}_{ks}'^{i}(0)\right) - \sum_{k=m+1}^{M_i}\left(\pi_k^i \sum_{s=0}^{M_i} \hat{Q}_{ks}'^{i}(0)\right) \right)$$

$$\Leftrightarrow \pi_m^j \sum_{s=0}^{M_j} \hat{Q}_{ms}'^{j}(0) \cdot b_{m(m+1)}^{j}(y) \cdot \sum_{k=m+1}^{M_i}\left(\pi_k^i \sum_{s=0}^{M_i} \hat{Q}_{ks}'^{i}(0)\right)$$

$$\ge \pi_m^i \sum_{s=0}^{M_i} \hat{Q}_{ms}'^{i}(0) \cdot b_{m(m+1)}^{i}(y) \cdot \sum_{k=m+1}^{M_j}\left(\pi_k^j \sum_{s=0}^{M_j} \hat{Q}_{ks}'^{j}(0)\right)$$

$$+ \pi_m^j \sum_{s=0}^{M_j} \hat{Q}_{ms}'^{j}(0) \cdot b_{m(m+1)}^{j}(y) \cdot \sum_{k=0}^{M_i}\left(\pi_k^i \sum_{s=0}^{M_i} \hat{Q}_{ks}'^{i}(0)\right)$$

$$- \pi_m^i \sum_{s=0}^{M_i} \hat{Q}_{ms}'^{i}(0) \cdot b_{m(m+1)}^{i}(y) \cdot \sum_{k=0}^{M_j}\left(\pi_k^j \sum_{s=0}^{M_j} \hat{Q}_{ks}'^{j}(0)\right)$$

如果

$$\pi_m^j \sum_{s=0}^{M_j} \hat{Q}_{ms}'^{j}(0) \cdot b_{m(m+1)}^{j}(y) \cdot \sum_{k=0}^{M_i}\left(\pi_k^i \sum_{s=0}^{M_i} \hat{Q}_{ks}'^{i}(0)\right) \ge \pi_m^i \sum_{s=0}^{M_i} \hat{Q}_{ms}'^{i}(0) \cdot b_{m(m+1)}^{i}(y) \cdot \sum_{k=0}^{M_j}\left(\pi_k^j \sum_{s=0}^{M_j} \hat{Q}_{ks}'^{j}(0)\right)$$

那么

$$\pi_m^j \sum_{s=0}^{M_j} \hat{Q}_{ms}'^{j}(0) \cdot b_{m(m+1)}^{j}(y) \cdot \sum_{k=m+1}^{M_i}\left(\pi_k^i \sum_{s=0}^{M_i} \hat{Q}_{ks}'^{i}(0)\right)$$

$$\geq \pi_m^i \sum_{s=0}^{M_i} \hat{Q}_{ms}^{ri}(0) \cdot b_{m(m+1)}^i(y) \cdot \sum_{k=m+1}^{M_j} \left(\pi_k^j \sum_{s=0}^{M_j} \hat{Q}_{ks}^{tj}(0) \right)$$

$$\Leftrightarrow \frac{\pi_m^j \sum_{s=0}^{M_j} \hat{Q}_{ms}^{tj}(0)}{\sum_{k=m+1}^{M_j} \left(\pi_k^j \sum_{s=0}^{M_j} \hat{Q}_{ks}^{tj}(0) \right)} b_{m(m+1)}^j(y) \geq \frac{\pi_m^i \sum_{s=0}^{M_i} \hat{Q}_{ms}^{ri}(0)}{\sum_{k=m+1}^{M_i} \left(\pi_k^i \sum_{s=0}^{M_i} \hat{Q}_{ks}^{ri}(0) \right)} b_{m(m+1)}^i(y)$$

所以，根据定理 5-3，在串联系统中 $\left| \text{IIM}_{m,m+1}^j(t,y) \right| \geq \left| \text{IIM}_{m,m+1}^i(t,y) \right|$，证毕。

下面用一个简单的例子来阐述定理 5-6。假设一个串联系统由三个组件组成，如图 5-7 所示。

这三个一样的组件也组成了并联系统，如图 5-8 所示。

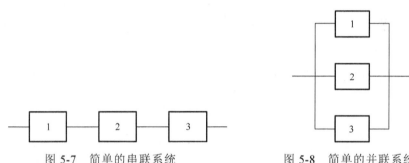

图 5-7　简单的串联系统　　　　　图 5-8　简单的并联系统

在图 5-7 和图 5-8 中，假设所有组件有三个状态，并且在时刻 $t=0$，$P_2^1(0) = P_2^2(0) = P_2^3(0) = 1$，在时刻 $t=3$，$(P_0^1(3), P_1^1(3), P_2^1(3)) = (0.2, 0.5, 0.3)$，$(P_0^2(3), P_1^2(3), P_2^2(3)) = (0.4, 0.3, 0.3)$，$(P_0^3(3), P_1^3(3), P_2^3(3)) = (0.25, 0.5, 0.25)$。

当 $y=1$ 时，所有组件相邻状态的转移率如表 5-1 所示。

表 5-1　$b_{ml}^i(1)$ 的值

组件	$b_{01}^i(1)$	$b_{12}^i(1)$	$b_{10}^i(1)$	$b_{21}^i(1)$
1	0.5	2	1.5	0.6
2	0.8	1.5	2	0.5
3	0.4	1.8	1	0.4

此时，组件的状态分布函数是

$$P_m^i(t) = P_{M_i m}^i(t) = \sum_{s=0}^{M_i} \int_0^t q_{M_i s}^i(\tau) P_{sm}^i(t-\tau) \mathrm{d}\tau = \psi_m^i(t), \quad M_i \neq m$$

假设 $(a_0, a_1, a_2) = (0, 300, 1000)$，其中，$a_0$ 表示当系统完全失效时的性能，所以 $a_0 = 0$；a_1 表示当系统处于中间状态时的性能，$a_1 = 300$；a_2 表示系统处于完好工作状态时的性能，$a_2 = 1000$。根据定理 5-6，在图 5-7 的串联系统中，可以得到 $\Psi_1^1(3) \cdot b_{10}^1(1) = 0.75 > \Psi_1^2(3) \cdot b_{10}^2(1) = 0.6$ 和 $\left| \text{IIM}_{1,0}^1(3,1) \right| = 101.25 < \left| \text{IIM}_{1,0}^2(3,1) \right| = 108$。在图 5-8 的并联系统中，可以得到 $\left| \text{IIM}_{1,0}^1(3,1) \right| = 22.5 > \left| \text{IIM}_{1,0}^2(3,1) \right| = 18$。同理，在图 5-8 的并联系统中，可以得到 $\Psi_0^1(3) \cdot b_{01}^1(1) = 0.1 = \Psi_0^3(3) \cdot b_{01}^3(1) = 0.1$，$\left| \text{IIM}_{0,1}^1(3,1) \right| = 13.5 < \left| \text{IIM}_{0,1}^3(3,1) \right| = 14.4$ 和 $\Psi_1^1(3) \cdot b_{12}^1(1) = 1 > \Psi_1^3(3) \cdot b_{12}^3(1) = 0.9$，$\left| \text{IIM}_{1,2}^1(3,1) \right| = 52.5 < \left| \text{IIM}_{1,2}^3(3,1) \right| = 56.7$，在图 5-4 的并联系统中，可以得到 $\left| \text{IIM}_{0,1}^1(3,1) \right| = 3 > \left| \text{IIM}_{0,1}^3(3,1) \right| = 2.4$ 和 $\left| \text{IIM}_{1,2}^1(3,1) \right| = 367.5 > \left| \text{IIM}_{1,2}^3(3,1) \right| = 308.7$。这与定理 5-6 的结论是一致的。

下面将阐述在半马尔可夫过程中，如何利用综合重要度来识别关键组件。一个混联系统如图 5-9 所示。

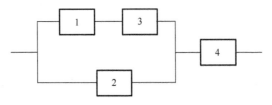

图 5-9　简单的混联系统

假设所有组件的寿命和维修时间满足 Gamma 分布，$F_{m,l}^i(y) = \Gamma(n_{ml}^i, \lambda_{ml}^i, y)$。假设组件 1 和 3 有两个状态 $\{0, 1\}$，组件 2 和 4 有三个状态 $\{0, 1, 2\}$。该混联系统的结构函数是 $\Phi(X(t)) = \min\{\max\{\min\{x_1(t), x_3(t)\}, x_2(t)\}, x_4(t)\}$。

Gamma 分布的形状参数 n_{ml}^i 和尺度参数 λ_{ml}^i 如表 5-2 所示。

表 5-2　λ_{ml}^i 和 n_{ml}^i 的值

i	$\lambda_{00}^i(n_{00}^i)$	$\lambda_{01}^i(n_{01}^i)$	$\lambda_{10}^i(n_{10}^i)$	$\lambda_{11}^i(n_{11}^i)$	$\lambda_{02}^i(n_{02}^i)$	$\lambda_{20}^i(n_{20}^i)$	$\lambda_{12}^i(n_{12}^i)$	$\lambda_{21}^i(n_{21}^i)$	$\lambda_{22}^i(n_{22}^i)$
1	0(0)	1(2)	2(2)	1(1)	—	—	—	—	—
2	0(0)	1(2)	3(2)	0(0)	0(0)	0(0)	1.5(1)	2(2)	0(0)
3	0(0)	2.5(2)	3(2)	0(0)	—	—	—	—	—
4	0(0)	2.5(1)	1(1)	0(0)	2(2)	1(3)	4(2)	3(2)	0(0)

根据系统的结构函数，系统有三个状态 $\{0, 1, 2\}$。假设 $(a_0, a_1, a_2) = (0, 400, 1200)$，其中，$a_0$ 表示当系统完全失效时的性能，所以 $a_0 = 0$；a_1 表示当系统处于中间状态时的性能，$a_1 = 400$；a_2 表示系统处于完好工作状态时的性能，$a_2 = 1200$。这里给出组件 2 从状态 1 劣化到状态 0 的综合重要度，即

$$\text{IIM}_{1,0}^2(t,y) = P_1^2(t)b_{10}^2(y)\sum_{j=1}^{2} a_j \left(\Pr\left((1_2, X(t) = j\right) - \Pr\left((0_2, X(t) = j\right) \right)$$
$$= P_1^2(t) \cdot b_{10}^2(y) \cdot a_1 \cdot (1 - P_1^1(t)P_1^3(t) - P_0^4(t) + P_1^1(t)P_1^3(t)P_0^4(t))$$

(5-11)

其中，$b_{10}^2(y) = \dfrac{2+18y}{3+9y}$。

令 $y=1$，所有组件在不同时刻的综合重要度如表 5-3 所示。

表 5-3　所有组件在不同时刻的综合重要度

	$t=1$	$t=5$	$t=7$	$t=10$	$t=12$	$t=15$	$t=\infty$
$\text{IIM}_{1,0}^1(t)$	11.66968	30.62319	30.76512	30.76332	30.76294	30.76289	30.76289
$\text{IIM}_{1,0}^2(t)$	116.3496	97.24827	97.21694	97.23214	97.23267	97.23274	97.23274
$\text{IIM}_{2,1}^2(t)$	313.1987	160.3399	159.1077	159.0893	159.0922	159.0925	159.0925
$\text{IIM}_{1,0}^3(t)$	25.31903	66.44139	66.74933	66.74540	66.74458	66.74450	66.74450
$\text{IIM}_{1,0}^4(t)$	209.4933	136.9955	136.5239	136.5212	136.5225	136.5227	136.5227
$\text{IIM}_{2,0}^4(t)$	50.87687	29.45852	29.29364	29.29163	29.29204	29.29208	29.29208
$\text{IIM}_{2,1}^4(t)$	546.2778	279.6631	277.5139	277.4819	277.4869	277.4875	277.4875

可知，$n_{20}^2 = n_{02}^2 = 0$ 和 $\lambda_{20}^2 = \lambda_{02}^2 = 0$。这说明组件 2 在状态 0 和状态 2 之间不可能发生状态转移，所以 $\text{IIM}_{2,0}^2(t) = \text{IIM}_{0,2}^2(t) = 0$。

在稳态情况下，维修过程的组件综合重要度如表 5-4 所示。从表 5-4 可知，当组件失效时，应该首先提升组件 4 从状态 0 到状态 1，使得系统性能得到最大的改善。根据组件综合重要度的排序，然后应该提升组件 2 从状态 0 到状态 1。当组件 2 和 4 都处于状态 1 时，应该提升组件 4 从状态 1 到状态 2，这样能得到最大性能的系统，所以综合重要度能被用来指导维修决策。

表 5-4　稳态下所有组件综合重要度

组件	$\text{IIM}_{0,1}^i(t)$	排序	$\text{IIM}_{1,2}^i(t)$	排序
1	−23.73138	4	—	—
2	−70.00756	2	−165.7213	2
3	−63.56618	3	—	—
4	−98.18876	1	−249.3922	1

5.3　指数分布条件下的综合重要度变化

许多实际系统在使用过程中，往往由于维修性问题考虑不周，而使维修费用大大超过系统本身的费用的很多倍。特别是系统突发性故障，常常会造成巨大的经济损失，有时甚至会导致灾难性的后果，因而在故障发生之前进行预防性维修是一个极为重要的措施。维修策略分为很多种，而连续时间的维修策略主要有年龄更换策略和成批更换策略。本章主要针对指数分布，讨论其在年龄更换维修策略下的综合重要度。

5.3.1 指数分布

连续型寿命分布是可靠性中经常遇到的分布，而指数分布是最典型的连续型分布。指数分布可以用来表示独立随机事件发生的时间间隔。它的一个最重要的性质是所谓"无记忆性"。即若一个产品的寿命遵从指数分布，则当它使用了时间 t 以后如果仍然正常，那么它在 t 以后的剩余寿命与新的寿命一样遵从原来的指数分布。指数分布的参数描述如下。

(1)概率密度函数。

非负随机变量 X 有密度函数

$$f(t) = \lambda e^{\lambda t}, \ \lambda > 0, \ t \geq 0 \tag{5-12}$$

则称 X 遵从参数 λ 的指数分布。

(2)分布函数。

由概率密度函数得出 X 的分布函数是

$$F(t) = 1 - e^{-\lambda t}, \ t \geq 0 \tag{5-13}$$

同时，$\overline{F}(t) = 1 - F(t)$。

(3)失效率。

$$r(t) = \frac{f(t)}{\overline{F}(t)} = \lambda \tag{5-14}$$

(4)均值和方差。

$$E(X) = \frac{1}{\lambda}, \ \mathrm{Var}(X) = \frac{1}{\lambda^2} \tag{5-15}$$

5.3.2 指数分布下的年龄更换策略

年龄更换策略是：当组件在达到指定的年龄 T 仍然正常，则对组件作预防性更换；若组件在 T 以前发生故障，则对组件作事后更换。

假定组件寿命 X 的分布函数为 $F(t)$，均值为 $1/\lambda$。用 C_f 和 C_p 分别表示一次事后更换和预防更换的损失(包含组件本身的费用和更换费和出故障而造成的经济损失和其他损失)。进一步假定更换时间可以忽略不计。那么,只需要选择最优的 T,使经长期运行单位时间的期望损失达到最小即可。

令 $C_1(t)$ 表示当计划更换时间间隔为 T 时,经长期运行单位时间的期望损失,则

$$C_1(T) = \frac{c_f F(T) + c_p \overline{F}(T)}{\int_0^T \overline{F}(t)\mathrm{d}t} \tag{5-16}$$

问题归结为求最优的 T^*,使 $C_1(t)$ 达到最小。

由式(5-16)知道了以时间 T 为变量的期望损失的函数,此时要想求出最优的 T^* 而使 $C_1(t)$ 达到最小,需要用到数学的方法,即多次求导取极值。而在这之前,首先要确立指数分布下的 $C_1(t)$ 的表达式。

通过式(5-13)知道了指数分布的分布函数,把其代入式(5-16)中,得到指数分布下,当计划更换时间间隔为 T 时,经长期运行单位时间的期望损失为

$$C_1(T) = \frac{\lambda c_f - \lambda c_f \mathrm{e}^{-\lambda T} + \lambda c_p \mathrm{e}^{-\lambda T}}{1 - \mathrm{e}^{-\lambda T}} \tag{5-17}$$

对公式求导得到

$$\frac{\mathrm{d}C_1(T)}{\mathrm{d}T} = \frac{-\lambda^2 c_p \mathrm{e}^{-\lambda T}}{(1 - \mathrm{e}^{-\lambda T})^2} \tag{5-18}$$

求极值

$$令 \frac{\mathrm{d}C_1(T)}{\mathrm{d}T} = 0 , \quad 则 T^* = \infty$$

可知,在指数分布下,当计划更换时间间隔为 T 时,要想使经长期运行单位时间的期望损失最小,没有办法直接得出最优的时间 T。所以,需要用稳态可用度的方法来计算。

可修产品存在工作与维修时间的交替循环。可用度是可修产品可用程度的一种测度,它综合了可靠性与维修两个概念。在工程应用中特别感兴趣的是稳态可用度。它表示产品经长期运行,大约有稳态可用度的时间比例处在正常状态。假定在 $(n+1)$ 次独立重复试验中,每次试验的失效时间和维修时间都服从均值为 $1/\lambda$ 和 $1/\mu$ 的指数分布。λ 表示失效率,μ 表示维修率,A 为转移矩阵,p_0 表示发生故障的概率,p_1 表示正常工作的概率,则

$$\begin{cases} (p_0, p_1)A = (0,0) \\ p_0 + p_1 = 1 \end{cases} \tag{5-19}$$

其中，$A = \begin{pmatrix} -\mu & \mu \\ \lambda & -\lambda \end{pmatrix}$，解出 $\begin{cases} p_0\mu = p_1\lambda \\ p_0 + p_1 = 1 \end{cases}$。故

$$p_0 = \frac{\lambda}{\lambda + \mu}, \quad p_1 = \frac{\mu}{\lambda + \mu} \tag{5-20}$$

由式(5-20)可以看出，指数分布下组件失效的概率和正常工作的概率可通过组件的失效率和维修率来计算。

5.3.3　综合重要度计算

指数分布下基于更换年龄的综合重要度计算的关键是最优时间 T^*，在上一章节中，由于 $T^* = \infty$，没有办法直接通过最优时间来计算，我们讨论了另外一种思路，就是利用稳态可用度求出失效概率和工作概率再进行计算。下面同样针对四种典型系统来分别讨论。

定理 5-8　二态劣化的串联系统中各个组件均独立且工作时间服从指数分布时(假设更换时间可忽略不计)，组件的综合重要度表达式为

$$\mathrm{IIM}_{1,0}^i(T^*) = \prod_{k=1}^{N} \frac{\mu_k \lambda_i a_1}{\lambda_k + \mu_k} \tag{5-21}$$

证明

$$\mathrm{IIM}_{1,0}^i(t) = P_1^i(t)r_{i,m}^i(t)a_1 \left[\prod_{k=1,k\neq i}^{N} P_1^k(t) - 0 \right] = P_1^i(t)\lambda_i a_1 \prod_{k=1,k\neq i}^{N} P_1^k(t)$$

此时，要考虑的是每个更换时间点的重要度，所以上式中的 t 应为之前求得的 T^*，故

$$\mathrm{IIM}_{1,0}^i(T^*) = P_1^i(T^*)\lambda_i a_1 \prod_{k=1,k\neq i}^{N} P_1^k(T^*) \tag{5-22}$$

显而易见，式(5-21)中的 P_0 和 P_1 即为之前求解出的 p_0 和 p_1，代入可得

$$\mathrm{IIM}_{1,0}^i(T^*) = P_1^i(T^*)\lambda_i a_1 \prod_{k=1,k\neq i}^{N} P_1^k(T^*)$$

$$= \frac{\mu_i \lambda_i a_1}{\lambda_i + \mu_i} \cdot \frac{\mu_1}{\lambda_1 + \mu_1} \cdot \frac{\mu_2}{\lambda_2 + \mu_2} \cdots \frac{\mu_{i-1}}{\lambda_{i-1} + \mu_{i-1}} \cdot \frac{\mu_{i+1}}{\lambda_{i+1} + \mu_{i+1}}$$

$$\cdots \frac{\mu_N}{\lambda_N + \mu_N} = \prod_{k=1}^{N} \frac{\mu_k \lambda_i \mu_1}{\lambda_k + \mu_k}$$

所得最终结果为

$$\mathrm{IIM}_{1,0}^{i}(T^*) = \prod_{k=1}^{N} \frac{\mu_k \lambda_i a_1}{\lambda_k + \mu_k}$$

证毕。

下面针对式(5-21)，运用数学归纳法进行分析，具体操作如下。

(1)当 $N=1$ 时，有

$$\mathrm{IIM}_{1,0}^{i}(T^*)_1 = \frac{\mu_1}{\lambda_1 + \mu_1} \lambda_i a_1$$

此时，若 $\lambda_1 > \lambda_2$，则

$$\mathrm{IIM}_{1,0}^{1}(T^*)_1 = \frac{\mu_1}{\lambda_1 + \mu_1} \lambda_1 a_1, \quad \mathrm{IIM}_{1,0}^{2}(T^*)_1 = \frac{\mu_1}{\lambda_1 + \mu_1} \lambda_2 a_1$$

显然

$$\mathrm{IIM}_{1,0}^{1}(T^*)_1 - \mathrm{IIM}_{1,0}^{2}(T^*)_1 = \frac{\mu_1}{\lambda_1 + \mu_1} (\lambda_1 - \lambda_2) a_1$$

因为 $\lambda_1 > \lambda_2 > 0$，故 $(\lambda_1 - \lambda_2) > 0$，且 $\mu_1 > 0$，所以 $\mathrm{IIM}_{1,0}^{1}(T^*)_1 - \mathrm{IIM}_{1,0}^{2}(T^*)_1 > 0$，即 $\mathrm{IIM}_{1,0}^{1}(T^*)_1 > \mathrm{IIM}_{1,0}^{2}(T^*)_1$。

(2)若 $N = M(N > M+1)$，且 $\lambda_1 > \lambda_2$ 时成立，即 $\mathrm{IIM}_{1,0}^{1}(T^*)_M > \mathrm{IIM}_{1,0}^{2}(T^*)_M$，则 $N = M+1$ 时，有

$$\mathrm{IIM}_{1,0}^{i}(T^*)_{M+1} = \prod_{k=1}^{M} \frac{\mu_k \lambda_i a_1}{\lambda_k + \mu_k} + \frac{\mu_{M+1} \lambda_i a_1}{\lambda_{M+1} + \mu_{M+1}}$$

则

$$\mathrm{IIM}_{1,0}^{1}(T^*)_{M+1} - \mathrm{IIM}_{1,0}^{2}(T^*)_{M+1} = \left(\prod_{k=1}^{M} \frac{\mu_k \lambda_1 a_1}{\lambda_k + \mu_k} - \prod_{k=1}^{M} \frac{\mu_k \lambda_2 a_1}{\lambda_k + \mu_k} \right) + \frac{\mu_{M+1} a_1}{\lambda_{M+1} + \mu_{M+1}} (\lambda_1 - \lambda_2)$$

因为

$$\mathrm{IIM}_{1,0}^{i}(T^*)_M = \prod_{k=1}^{M} \frac{\mu_k \lambda_i a_1}{\lambda_k + \mu_k}$$

所以，当 $\lambda_1 - \lambda_2 > 0$ 时，有

$$\prod_{k=1}^{M}\frac{\mu_k\lambda_1 a_1}{\lambda_k+\mu_k}-\prod_{k=1}^{M}\frac{\mu_k\lambda_2 a_1}{\lambda_k+\mu_k}>0$$

故 $\mathrm{IIM}_{1,0}^1(T^*)_{M+1}>\mathrm{IIM}_{1,0}^2(T^*)_{M+1}$。

综上所述，当 $\lambda_1-\lambda_2>0$ 时，$\mathrm{IIM}_{1,0}^1(T^*)>\mathrm{IIM}_{1,0}^2(T^*)$。

定理 5-9　二态劣化的并联系统中各个组件均独立且工作时间服从指数分布时（假设更换时间可忽略不计），组件的综合重要度表达式为

$$\mathrm{IIM}_{1,0}^i(T^*)=\mu_i\lambda_1 a_1\prod_{k=1,k\neq i}^{N}\frac{\lambda_k}{\lambda_k+\mu_k} \tag{5-23}$$

证明

$$\mathrm{IIM}_{1,0}^i(t)=P_1^i(t)r_{i,m}^i(t)a_1\left[1-\left(1-\prod_{k=1,k\neq i}^{N}P_0^k(t)\right)\right]=P_1^i(t)\lambda_i a_1\prod_{k=1,k\neq i}^{N}P_0^k(t)]$$

此时，要考虑的是每个更换时间点的重要度，所以 t 应为之前求得的 T^*，故

$$\mathrm{IIM}_{1,0}^i(T^*)=P_1^i(T^*)\lambda_i a_1\prod_{k=1,k\neq i}^{N}P_0^k(T^*)$$

显而易见，式(5-23)中的 P_0 和 P_1 即为之前求解出的 p_0 和 p_1，代入可得

$$\mathrm{IIM}_{1,0}^i(T^*)=P_1^i(T^*)\lambda_i a_1\prod_{k=1,k\neq i}^{N}P_0^k(T^*)]=\frac{\mu_i\lambda_i a_1}{\lambda_i+\mu_i}\cdot$$

$$\frac{\lambda_1}{\lambda_1+\mu_1}\cdot\frac{\lambda_2}{\lambda_2+\mu_2}\cdots\frac{\lambda_{i-1}}{\lambda_{i-1}+\mu_{i-1}}\cdot\frac{\lambda_{i+1}}{\lambda_{i+1}+\mu_{i+1}}\cdots\frac{\lambda_N}{\lambda_N+\mu_N}$$

所得最终结果为

$$\mathrm{IIM}_{1,0}^i(T^*)=\frac{\mu_i\lambda_i a_1}{\lambda_i+\mu_i}\cdot\frac{\lambda_1}{\lambda_1+\mu_1}\cdot\frac{\lambda_2}{\lambda_2+\mu_2}\cdots\frac{\lambda_{i-1}}{\lambda_{i-1}+\mu_{i-1}}\cdot$$

$$\frac{\lambda_{i+1}}{\lambda_{i+1}+\mu_{i+1}}\cdots\frac{\lambda_N}{\lambda_N+\mu_N}=\mu_k\lambda_i a_1\prod_{k=1,k\neq i}^{N}\frac{\lambda_k}{\lambda_k+\mu_k}$$

下面针对式(5-23)，运用数学归纳法进行分析，具体操作如下。

当 $N=1$ 时，有

$$\mathrm{IIM}_{1,0}^i(T^*)_1=\frac{\mu_i\lambda_i a_1}{\lambda_i+\mu_i}\cdot\frac{\lambda_1}{\lambda_1+\mu_1}$$

继续推导

$$\text{IIM}_{1,0}^1(T^*)_1 - \text{IIM}_{1,0}^2(T^*)_1 = \frac{\lambda_1 a_1}{\lambda_1 + \mu_1} \cdot \left(\frac{\lambda_1 \mu_1}{\lambda_1 + \mu_1} - \frac{\lambda_2 \mu_2}{\lambda_2 + \mu_2} \right)$$

$$= \frac{\lambda_1 a_1}{\lambda_1 + \mu_1} \cdot \frac{\lambda_1 \lambda_2 (\mu_1 - \mu_2) + \mu_1 \mu_2 (\lambda_1 - \lambda_2)}{(\lambda_1 + \mu_1)(\lambda_2 + \mu_2)}$$

因为 $\lambda_1, \lambda_2, \mu_1, \mu_2, a_1 > 0$，所以，若 $\lambda_1 > \lambda_2$，则

$$\text{IIM}_{1,0}^1(T^*)_1 > \text{IIM}_{1,0}^2(T^*)_1$$

若 $N = M(N > M+1)$，且 $\mu_1 > \mu_2$ 时上式成立，即 $\text{IIM}_{1,0}^1(T^*)_M > \text{IIM}_{1,0}^2(T^*)_M$，则 $N = M+1$ 时，有

$$\text{IIM}_{1,0}^i(T^*)_{M+1} = \frac{\mu_i \lambda_1 a_1}{\lambda_i + \mu_i} \cdot \frac{\lambda_1}{\lambda_1 + \mu_1} \cdot \frac{\lambda_2}{\lambda_2 + \mu_2} \cdots$$

$$\frac{\lambda_{i-1}}{\lambda_{i-1} + \mu_{i-1}} \cdot \frac{\lambda_{i+1}}{\lambda_{i+1} + \mu_{i+1}} \cdots \frac{\lambda_M}{\lambda_M + \mu_M} \cdot \frac{\lambda_{M+1}}{\lambda_{M+1} + \mu_{M+1}}$$

则

$$\text{IIM}_{1,0}^1(T^*)_{M+1} - \text{IIM}_{1,0}^2(T^*)_{M+1} = \frac{\lambda_{M+1}}{\lambda_{M+1} + \mu_{M+1}} \cdot (\text{IIM}_{1,0}^1(T^*)_M - \text{IIM}_{1,0}^2(T^*)_M)$$

故 $\text{IIM}_{1,0}^1(T^*)_{M+1} > \text{IIM}_{1,0}^2(T^*)_{M+1}$。

综上所述，$\lambda_1 > \lambda_2$，$\mu_1 > \mu_2$ 时，$\text{IIM}_{1,0}^1(T^*) > \text{IIM}_{1,0}^2(T^*)$。

定理 5-10　二态劣化的并-串联系统中各个组件均独立且工作时间服从指数分布时(假设更换时间可忽略不计)，组件的综合重要度表达式为

$$\text{IIM}_{1,0}^{[i,j]}(T^*) = \frac{\mu_{[i,j]} \lambda_{[i,j]}}{\lambda_{[i,j]} + \mu_{[i,j]}} (a_0 - a_1) \left\{ \left[1 - \prod_{h=1, h \neq i}^{N} \left(1 - \prod_{k=1}^{N_k} \frac{\mu_{[h,k]}}{\lambda_{[h,k]} + \mu_{[h,k]}} \right) \right. \right.$$

$$\left. \cdot \left(1 - \prod_{k=1, k \neq j}^{N_k} \frac{\mu_{[i,k]}}{\lambda_{[i,k]} + \mu_{[i,k]}} \right) \right] - \left[1 - \prod_{h=1, h \neq i}^{N} \left(1 - \prod_{k=1}^{N_k} \frac{\mu_{[h,k]}}{\lambda_{[h,k]} + \mu_{[h,k]}} \right) \right] \right\} \tag{5-24}$$

证明

$$\text{IIM}_{1,0}^{[i,j]}(t) = P_1^{[i,j]}(t) r_{1,0}^{[i,j]}(t)(a_0 - a_1) \left\{ \left[1 - \prod_{h=1, h \neq i}^{N} \left(1 - \prod_{k=1}^{N_k} P_{hk} \right) \right. \right.$$

$$\left. \cdot \left(1 - \prod_{k=1, k \neq j}^{N_k} P_{ik} \right) \right] - \left[1 - \prod_{h=1, h \neq i}^{N} \left(1 - \prod_{k=1}^{N_k} P_{hk} \right) \right] \right\}$$

此时，要考虑的是每个更换时间点的重要度，所以式中的 t 应为之前求得的 T^*，故

$$\text{IIM}_{1,0}^{[i,j]}(T^*) = P_1^{[i,j]}(T^*)\lambda_{1,0}^{[i,j]}(T^*)(a_0 - a_1)$$

$$\left\{ \left[1 - \prod_{h=1,h\neq i}^{N} \left(1 - \prod_{k=1}^{N_k} P_{hk} \right) \left(1 - \prod_{k=1,k\neq j}^{N_k} P_{ik} \right) \right] \right. \tag{5-25}$$

$$\left. - \left[1 - \prod_{h=1,h\neq i}^{N} \left(1 - \prod_{k=1}^{N_k} P_{hk} \right) \right] \right\}$$

显而易见，式(5-24)中的 P_0 和 P_1 即为之前求解出的 p_0 和 p_1，代入可得

$$\text{IIM}_{1,0}^{[i,j]}(T^*) = \frac{\mu_{[i,j]}\lambda_{[i,j]}}{\lambda_{[i,j]} + \mu_{[i,j]}}(a_0 - a_1) \left\{ \left[1 - \prod_{h=1,h\neq i}^{N} \left(1 - \prod_{k=1}^{N_k} \frac{\mu_{[h,k]}}{\lambda_{[h,k]} + \mu_{[h,k]}} \right) \right. \right.$$

$$\left. \left. \cdot \left(1 - \prod_{k=1,k\neq j}^{N_k} \frac{\mu_{[i,k]}}{\lambda_{[i,k]} + \mu_{[i,k]}} \right) \right] - \left[1 - \prod_{h=1,h\neq i}^{N} \left(1 - \prod_{k=1}^{N_k} \frac{\mu_{[h,k]}}{\lambda_{[h,k]} + \mu_{[h,k]}} \right) \right] \right\}$$

下面针对式(5-24)，从简单到复杂进行分析。

当 $N = 2$，$k = 2$ 时，系统结构图如图 5-10 所示。

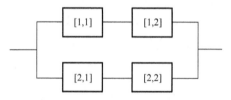

图 5-10　并-串联系统简易图

$$\text{IIM}_{1,0}^{[1,1]}(T^*) = P_1^{[1,1]}(T^*)\lambda_{1,0}^{[1,1]}(T^*)(a_0 - a_1)\{[1 - (1 - P_{21} \cdot P_{22})$$

$$\cdot (1 - P_{12})] - [1 - (1 - P_{21} \cdot P_{22})]\}$$

$$= P_1^{[1,1]}(T^*)\lambda_{1,0}^{[1,1]}(T^*)(a_0 - a_1) \cdot (P_{12} - P_{12} \cdot P_{21} \cdot P_{22})$$

那么

$$\text{IIM}_{1,0}^{[1,1]}(T^*) = \frac{\mu_{[1,1]}\lambda_{[1,1]}}{\lambda_{[1,1]} + \mu_{[1,1]}}(a_0 - a_1) \left\{ \left[1 - \left(1 - \frac{\mu_{[2,1]}}{\lambda_{[2,1]} + \mu_{[2,1]}} \cdot \frac{\mu_{[2,2]}}{\lambda_{[2,2]} + \mu_{[2,2]}} \right) \right. \right.$$

$$\left. \left. \cdot \left(1 - \frac{\mu_{[1,2]}}{\lambda_{[1,2]} + \mu_{[1,2]}} \right) \right] - \left[1 - \left(1 - \frac{\mu_{[2,1]}}{\lambda_{[2,1]} + \mu_{[2,1]}} \cdot \frac{\mu_{[2,2]}}{\lambda_{[2,2]} + \mu_{[2,2]}} \right) \right] \right\}$$

继续化简可得到

$$\text{IIM}_{1,0}^{[1,1]}(T^*) = (a_0 - a_1)\frac{\lambda_{[1,1]}\mu_{[1,1]}(\lambda_{[2,1]}\lambda_{[2,2]}\mu_{[1,2]} + \lambda_{[2,1]}\mu_{[1,2]}\mu_{[2,2]} + \lambda_{[2,2]}\mu_{[1,2]}\mu_{[2,1]})}{(\lambda_{[1,1]} + \mu_{[1,1]})(\lambda_{[1,2]} + \mu_{[1,2]})(\lambda_{[2,1]} + \mu_{[2,1]})(\lambda_{[2,2]} + \mu_{[2,2]})} \quad (5\text{-}26)$$

其中，$a_0 < a_1$。

由式(5-26)可以看出，$\text{IIM}_{1,0}^{[1,1]}(T^*)$ 与 $\lambda_{[1,1]}$、$\mu_{[1,1]}$ 成反比，与 $\lambda_{[2,1]}$、$\lambda_{[2,2]}$、$\mu_{[1,1]}$、$\mu_{[2,1]}$ 及 $\mu_{[2,2]}$ 均负相关。

那么，延伸到一般的并-串联系统中，可以得出结论：指数分布条件下的二态并-串联系统中，组件劣化过程中，组件$[i,j]$的综合重要度和与其失效率和维修率均成反比，与其同串联的组件的维修率，和与其同列的并联的组件的失效率和维修率，和与其不同列并联的组件的失效率和维修率均负相关。

定理 5-11　二态劣化的串-并联系统中各个组件均独立且工作时间服从指数分布时(假设更换时间可忽略不计)组件的综合重要度表达式为

$$\text{IIM}_{1,0}^{[i,j]}(T^*) = \frac{\mu_{[i,j]}\lambda_{[i,j]}}{\lambda_{[i,j]} + \mu_{[i,j]}}(a_0 - a_1)\left\{\prod_{h=1,h\neq i}^{N}\left[1 - \prod_{k=1}^{N_k}\left(1 - \frac{\mu_{[h,k]}}{\lambda_{[h,k]} + \mu_{[h,k]}}\right)\right] \right. \\ \left. - \prod_{h=1,h\neq i}^{N}\left[1 - \prod_{k=1}^{N_k}\left(1 - \frac{\mu_{[h,k]}}{\lambda_{[h,k]} + \mu_{[h,k]}}\right)\right]\left[1 - \prod_{k=1,k\neq j}^{N_k}\left(1 - \frac{\mu_{[i,k]}}{\lambda_{[i,k]} + \mu_{[i,k]}}\right)\right]\right\} \quad (5\text{-}27)$$

证明

$$\text{IIM}_{1,0}^{[i,j]}(t) = P_1^{[i,j]}(t)r_{1,0}^{[i,j]}(t)(a_0 - a_1)\left\{\prod_{h=1,h\neq i}^{N}\left[1 - \prod_{k=1}^{N_k}(1 - P_{hk})\right] \right. \\ \left. - \prod_{h=1,h\neq i}^{N}\left[1 - \prod_{k=1}^{N_k}(1 - P_{hk})\right]\left[1 - \prod_{k=1,k\neq j}^{N_k}(1 - P_{ik})\right]\right\}$$

此时，要考虑的是每个更换时间点的重要度，所以式中的 t 应为之前求得的 T^*，故

$$\text{IIM}_{1,0}^{[i,j]}(T^*) = P_1^{[i,j]}(T^*)r_{1,0}^{[i,j]}(T^*)(a_0 - a_1)\left\{\prod_{h=1,h\neq i}^{N}\left[1 - \prod_{k=1}^{N_k}(1 - P_{hk})\right] \right. \\ \left. - \prod_{h=1,h\neq i}^{N}\left[1 - \prod_{k=1}^{N_k}(1 - P_{hk})\right]\left[1 - \prod_{k=1,k\neq j}^{N_k}(1 - P_{ik})\right]\right\} \quad (5\text{-}28)$$

显而易见，式(5-27)中的 P_0 和 P_1 即为之前求解出的 p_0 和 p_1，代入可得

$$\text{IIM}_{1,0}^{[i,j]}(T^*) = \frac{\mu_{[i,j]}\lambda_{[i,j]}}{\lambda_{[i,j]}+\mu_{[i,j]}}(a_0-a_1)\left\{\prod_{h=1,h\neq i}^{N}\left[1-\prod_{k=1}^{N_k}\left(1-\frac{\mu_{[h,k]}}{\lambda_{[h,k]}+\mu_{[h,k]}}\right)\right]\right.$$

$$\left.-\prod_{h=1,h\neq i}^{N}\left[1-\prod_{k=1}^{N_k}\left(1-\frac{\mu_{[h,k]}}{\lambda_{[h,k]}+\mu_{[h,k]}}\right)\right]\left[1-\prod_{k=1,k\neq j}^{N_k}\left(1-\frac{\mu_{[i,k]}}{\lambda_{[i,k]}+\mu_{[i,k]}}\right)\right]\right\}$$

下面针对式 (5-27)，从简单到复杂进行分析。

当 $N=2$，$k=2$ 时，系统结构图如图 5-11 所示。

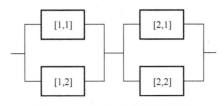

图 5-11　串-并联系统简易图

则

$$\text{IIM}_{1,0}^{[1,1]}(T^*) = P_1^{[1,1]}(T^*)\lambda_{1,0}^{[1,1]}(T^*)(a_0-a_1)\{[1-(1-P_{21})\cdot(1-P_{22})]$$

$$-[1-(1-P_{21})\cdot(1-P_{22})]\cdot[1-(1-P_{12})]\}$$

$$= P_1^{[1,1]}(T^*)\lambda_{1,0}^{[1,1]}(T^*)(a_0-a_1)\{[1-(1-P_{21})\cdot(1-P_{22})]$$

$$-[1-(1-P_{21})\cdot(1-P_{22})]\cdot P_{12}\}$$

那么

$$\text{IIM}_{1,0}^{[1,1]}(T^*) = \frac{\mu_{[1,1]}\lambda_{[1,1]}}{\lambda_{[1,1]}+\mu_{[1,1]}}(a_0-a_1)\left\{\left[1-\left(1-\frac{\mu_{[2,1]}}{\lambda_{[2,1]}+\mu_{[2,1]}}\right)\cdot\left(1-\frac{\mu_{[2,2]}}{\lambda_{[2,2]}+\mu_{[2,2]}}\right)\right]\right.$$

$$\left.-\left[1-\left(1-\frac{\mu_{[2,1]}}{\lambda_{[2,1]}+\mu_{[2,1]}}\right)\cdot\left(1-\frac{\mu_{[2,2]}}{\lambda_{[2,2]}+\mu_{[2,2]}}\right)\right]\cdot\left[1-\left(1-\frac{\mu_{[1,2]}}{\lambda_{[1,2]}+\mu_{[1,2]}}\right)\right]\right\}$$

继续化简可得到

$$\text{IIM}_{1,0}^{[1,1]}(T^*) = (a_0-a_1)\frac{\lambda_{[1,1]}\mu_{[1,1]}\lambda_{[1,2]}(\lambda_{[2,1]}\mu_{[2,2]}+\lambda_{[2,2]}\mu_{[2,1]}+\mu_{[2,1]}\mu_{[2,2]})}{(\lambda_{[1,1]}+\mu_{[1,1]})(\lambda_{[1,2]}+\mu_{[1,2]})(\lambda_{[2,1]}+\mu_{[2,1]})(\lambda_{[2,2]}+\mu_{[2,2]})} \tag{5-29}$$

由式 (5-29) 可以看出，$\text{IIM}_{1,0}^{[1,1]}(T^*)$ 与 $\lambda_{[1,2]}$ 成正比，与 $\lambda_{[2,1]}$、$\lambda_{[2,2]}$、$\mu_{[2,1]}$、$\mu_{[2,2]}$ 正相关。

那么，延伸到一般的串-并联系统中，可以得出结论：指数分布条件下的二态串-并联系统中，组件劣化过程中，组件 $[i, j]$ 的综合重要度和与其并联的组件的失效率成正比，和与其不同列的组件的失效率和维修率均正相关。

5.4　Gamma 分布下的综合重要度变化

本节将讨论另外一种典型的连续型分布函数下的基于年龄更换策略的综合重要度——Gamma 分布。

5.4.1　Gamma 分布

(1) 概率密度函数。

非负随机变量 X 有密度函数

$$f(t) = \frac{\lambda(\lambda t)^{\alpha-1}}{\Gamma(\alpha)} \mathrm{e}^{-\lambda t} , \quad t \geqslant 0; \lambda, \alpha > 0 \tag{5-30}$$

其中，$\Gamma(\alpha) = \int_0^\infty x^{\alpha-1} \mathrm{e}^{-x} \mathrm{d}x$，则称 X 遵从参数为 (α, λ) 的 Γ 分布，α 称为形状参数，λ 为尺度参数，简记为 $X \sim \Gamma(\alpha, \lambda; t)$。易见 $\Gamma(1, \lambda; t)$ 分布就是参数的指数分布。

(2) 失效率。

对 $\Gamma(\alpha, \lambda; t)$，有

$$\frac{1}{r(t)} = \int_0^\infty \left(1 + \frac{u}{t}\right)^{\alpha-1} \mathrm{e}^{-\lambda u} \mathrm{d}u \tag{5-31}$$

当 $0 < \alpha \leqslant 1$，$\Gamma(\alpha, \lambda; t) \in \{\mathrm{DFR}\}$；当 $\alpha \geqslant 1$，$\Gamma(\alpha, \lambda; t) \in \{\mathrm{IFR}\}$。

(3) 均值与方差。

$$E(X) = \frac{\alpha}{\lambda}, \quad \mathrm{Var}(X) = \frac{\alpha}{\lambda^2} \tag{5-32}$$

(4) 参数条件。

组件寿命遵从 Γ 分布 $F(t) = 1 - (1+t)\mathrm{e}^{-t}$。此时 $\lambda = \frac{1}{2}$，$r(t) = \frac{t}{1+t}$，$r(\infty) = 1$，有

$$C_1(T) = \frac{c_f - (c_f - c_p)(1+T)\mathrm{e}^{-T}}{2 - 2\mathrm{e}^{-T} - T\mathrm{e}^{-T}} \tag{5-33}$$

其中，$c_f > 2c_p$，$P_0(t) = F(t)$，$P_1(t) = 1 - F(t) = R(t)$。

5.4.2　Gamma 分布下年龄更换策略

对于 Γ 分布 $F(t) = 1 - (1+t)e^{-t}$，由于 $r(T)$ 连续严格单调增，如果 $c_f > c_p$，有

$$1 = r(\infty) = \frac{\lambda c_f}{c_f - c_p} = \frac{c_f}{2(c_f - c_p)} \tag{5-34}$$

即当 $c_f > 2c_p$ 时，存在唯一的有限解 T^*，它满足方程

$$(c_f - c_p)\frac{T - 1 + e^{-T}}{1 + T} = c_p \tag{5-35}$$

且最小损失为

$$C_1(T^*) = (c_f - c_p)r(T^*) = (c_f - c_p)*\frac{T^*}{(1 + T^*)} \tag{5-36}$$

由式 (5-35) 求解 T^*，因为式 (5-35) 为超越方程，没有准确解，只能用泰勒展开式解出近似解，具体求解方法如下。

(1) 泰勒展开式。

首先，需要了解泰勒展开式的意义及计算公式：泰勒展开式为多项式展开的一种方式，给出多项式 $f(x)$，在 $x = x_0$ 的泰勒展开式为

$$f(x) = f(x_0) + f'(x_0)(x - x_0) + \frac{f''(x_0)}{2!}(x - x_0)^2 + \cdots + \frac{f^{(n)}(x_0)}{n!}(x - x_0)^n + R_n(x) \tag{5-37}$$

式 (5-37) 表示 $f(x)$ 按 $(x - x_0)$ 的幂展开的带有拉格朗日型余项的 n 阶泰勒公式。其中，$R_n(x) = \frac{f^{(n+1)}(\xi)}{(n+1)!}(x - x_0)$（$x_0 < \xi < x$）（拉格朗日型余项）。

(2) 求解 T^*。

式 (5-35) 变形得到类似公式

$$f(T^*) = (c_f - c_p)e^{-T^*} + (c_f - 2c_p)T^* - c_f \tag{5-38}$$

用泰勒展开式求解式 (5-38)，令 $x_0 = 1$，则

$$f(1) = (c_f - c_p)e^{-1} - 2c_p, \quad f'(T^*) = (c_p - c_f)e^{-T^*} + c_f - 2c_p$$

$$f'(1) = (c_f - c_p)e^{-1} + c_f - 2c_p, \quad f''(T^*) = (c_f - c_p)e^{-T^*}, \quad f''(1) = (c_f - c_p)e^{-1}$$

所以

$$f(T^*) = f(1) + f'(1)(T^* - 1) + \frac{f''(1)}{2!}(T^* - 1)^2$$

$$= (c_f - c_p)\mathrm{e}^{-1} - 2c_p + [(c_f - c_p)\mathrm{e}^{-1} + c_f - 2c_p]$$

$$\cdot (T^* - 1) + \frac{(c_f - c_p)\mathrm{e}^{-1}}{2}(T^* - 1)^2$$

对方程求解得到 T^*

$$T^* = \frac{2c_p - c_f \pm \sqrt{(1 - \mathrm{e}^{-2} + 2\mathrm{e}^{-1})c_f{}^2 + (2 - \mathrm{e}^{-1})(2 + \mathrm{e}^{-1})c_p{}^2 + (2 - \mathrm{e}^{-1})(1 + \mathrm{e}^{-1})c_f c_p}}{(c_f - c_p)\mathrm{e}^{-1}}$$

化简后的结果为

$$T^* = \frac{2c_p\mathrm{e} - c_f\mathrm{e} \pm \sqrt{(\mathrm{e}^2 + 2\mathrm{e} - 1)c_f{}^2 + (2\mathrm{e} - 1)(2\mathrm{e} + 1)c_p{}^2 + (2\mathrm{e} - 1)(\mathrm{e} + 1)c_f c_p}}{c_f - c_p}$$

因为 $T^* > 0$，即

$$T_i^* = \frac{2c_{pi}\mathrm{e} - c_{fi}\mathrm{e} + \sqrt{(\mathrm{e}^2 + 2\mathrm{e} - 1)c_{fi}{}^2 + (2\mathrm{e} - 1)(2\mathrm{e} + 1)c_{pi}{}^2 + (2\mathrm{e} - 1)(\mathrm{e} + 1)c_{fi} c_{pi}}}{c_{fi} - c_{pi}} \tag{5-39}$$

5.4.3　综合重要度计算

Gamma 分布下基于更换年龄的综合重要度计算的关键同样是最优时间 T^*，在上一章节中，已经解出了最优时间，所以在之后的计算中可以直接把 T^* 代入求解。下面同样针对四种典型系统来分别讨论。

定理 5-12　二态劣化的串联系统中各个组件均独立且工作时间服从 Gamma 分布时 (假设更换时间可忽略不计)，组件的综合重要度表达式为

$$\mathrm{IIM}_{1,0}^i(T_i^*) = T_i^*\mathrm{e}^{-Ti}a_1(1 + T_1^*)\mathrm{e}^{-T_1^*}(1 + T_2^*)\mathrm{e}^{-T_2^*}\cdots(1 + T_{i-1}^*)\mathrm{e}^{-T_{i-1}^*}(1 + T_{i+1}^*)\mathrm{e}^{-T_{i+1}^*}\cdots(1 + T_N^*)\mathrm{e}^{-T_N^*}$$

$$= \prod_{k=1, k \neq i}^{N} \frac{(2\mathrm{e} - 1)c_{pk} + (1 - \mathrm{e})c_{fk}}{c_{fk} - c_{pk}}$$

$$\cdot \frac{\pm\sqrt{(\mathrm{e}^2 + 2\mathrm{e} - 1)c_{fk}{}^2 + (2\mathrm{e} - 1)(2\mathrm{e} + 1)c_{pk}{}^2 + (2\mathrm{e} - 1)(\mathrm{e} + 1)c_{fk} c_{pk}}}{c_{fk} - c_{pk}} \cdot \mathrm{e}^{-\sum_{k=1}^{N} T_k^*} T_i^* a_1$$

$$\tag{5-40}$$

证明

$$\text{IIM}_{1,0}^i(t) = P_1^i(t) r_{l,m}^i(t) a_1 \left[\prod_{k=1, k \neq i}^{N} P_1^k(t) - 0 \right]$$

此时，要考虑的是每个更换时间点的重要度，所以上式中的 t 应为之前求得的 T^*，故

$$\text{IIM}_{1,0}^i(T_i^*) = P_1^i(T_i^*) r_{l,m}^i(T_i) a_1 \prod_{k=1, k \neq i}^{N} P_1^k(T_i^*) \tag{5-41}$$

其中，$r(t) = \dfrac{t}{1+t}$，$P_1^i(T_i^*) = 1 - F(T_i^*) = (1 + T_i^*) e^{-T_i^*}$ 并代入之前求解的 T^*，有

$$
\begin{aligned}
\text{IIM}_{1,0}^i(T_i^*) &= (1 + T_i^*) e^{-T_i^*} \frac{T_i^*}{1 + T_i^*} a_1 (1 + T_1^*) e^{-T_1^*} (1 + T_2^*) e^{-T_2^*} \cdots \\
&\quad (1 + T_{i-1}^*) e^{-T_{i-1}^*} (1 + T_{i+1}^*) e^{-T_{i+1}^*} \cdots (1 + T_N^*) e^{-T_N^*} \\
&= T_i^* e^{-T_i^*} a_1 (1 + T_1^*) e^{-T_1^*} (1 + T_2^*) e^{-T_2^*} \cdots (1 + T_{i-1}^*) \\
&\quad e^{-T_{i-1}^*} (1 + T_{i+1}^*) e^{-T_{i+1}^*} \cdots (1 + T_N^*) e^{-T_N^*}
\end{aligned} \tag{5-42}
$$

最终解出

$$
\begin{aligned}
\text{IIM}_{1,0}^i(T_i^*) = \prod_{k=1, k \neq i}^{N} &\frac{(2e-1)c_{pk} + (1-e)c_{fk}}{c_{fk} - c_{pk}} \\
&\frac{\pm \sqrt{(e^2 + 2e - 1)c_{fk}^2 + (2e-1)(2e+1)c_{pk}^2 + (2e-1)(e+1)c_{fk}c_{pk}}}{c_{fk} - c_{pk}} \cdot e^{-\sum_{k=1}^{N} T_k^*} T_i^* a_1
\end{aligned}
$$

证毕。

根据式(5-42)

$$\text{IIM}_{1,0}^i(T_i^*) = T_i^* e^{-Ti} a_1 (1 + T_1^*) e^{-T_1^*} (1 + T_2^*) e^{-T_2^*} \cdots (1 + T_{i-1}^*) e^{-T_{i-1}^*} (1 + T_{i+1}^*) e^{-T_{i+1}^*} \cdots (1 + T_N^*) e^{-T_N^*}$$

可类似看成

$$f(t) = mt e^{-t} \tag{5-43}$$

其中，t 为未知数且 $t > 0$，m 为常数且 $m > 0$，那么式(5-42)和式(5-43)具有相同的曲线性质。对式(5-43)求导得到

$$f'(t) = m(e^{-t} - t e^{-t}) \tag{5-44}$$

由式(5-44)可以看出，当 $0 < t < 1$ 时，$f'(t) > 0$，曲线 $f(t)$ 单调递增；$t > 1$ 时，

$f'(t)<0$，曲线 $f(t)$ 单调递减；$t=1$ 时，$f'(t)=0$，所以 $t-1$ 是曲线 $f(t)$ 的极大值点。

所以，组件 i 的重要度曲线呈现先单调增再单调减的趋势，并在 $T^*=1$ 时达到极大值。

对于式 (5-40) 求解出的最优时间的表达式，分子分母同时除以 c_{pi} 可化简为

$$T_i^* = \frac{2\mathrm{e} - \dfrac{c_{fi}}{c_{pi}}\mathrm{e} \pm \sqrt{(\mathrm{e}^2+2\mathrm{e}-1)\left(\dfrac{c_{fi}}{c_{pi}}\right)^2 + (2\mathrm{e}-1)(2\mathrm{e}+1) + (2\mathrm{e}-1)(\mathrm{e}+1)\cdot\dfrac{c_{fi}}{c_{pi}}}}{\dfrac{c_{fi}}{c_{pi}}-1} \tag{5-45}$$

令比例系数 $\delta_i = \dfrac{c_{f_i}}{c_{p_i}}$，因为 $c_f > 2c_p > 0$，所以 $\delta_i > 2$，则

$$T_i^* = \frac{2\mathrm{e}-\delta_i\mathrm{e}+\sqrt{(\mathrm{e}^2+2\mathrm{e}-1)\delta_i^2+(2\mathrm{e}-1)(2\mathrm{e}+1)+(2\mathrm{e}-1)(\mathrm{e}+1)\delta_i}}{\delta_i-1} \tag{5-46}$$

由式 (5-46) 可以看出，最优时间 T^* 仅与 δ_i 有关，且呈负相关。

定理 5-13　二态劣化的并联系统中各个组件均独立且工作时间服从 Gamma 分布时（假设更换时间可忽略不计），组件的综合重要度表达式为

$$\mathrm{IIM}_{1,0}^i(T_i^*) = T_i^*\mathrm{e}^{-T_i^*}\prod_{k=1,k\neq i}^{N}[1-(1+T_k^*)\mathrm{e}^{-T_k^*}]a_1 \tag{5-47}$$

证明

$$\mathrm{IIM}_{1,0}^i(t) = P_1^i(t)r_{l,m}^i(t)a_1\left[1-\left(1-\prod_{k=1,k\neq i}^{N}P_0^k(t)\right)\right] = P_1^i(t)\lambda_i a_1\prod_{k=1,k\neq i}^{N}P_0^k(t)$$

此时，要考虑的是每个更换时间点的重要度，所以式中的 t 应为之前求得的 T^*，故

$$\mathrm{IIM}_{1,0}^i(T_i^*) = P_1^i(T_i^*)\lambda_i a_1\prod_{k=1,k\neq i}^{N}(1-P_1^k(T_i^*)) \tag{5-48}$$

其中，$r(t)=\dfrac{t}{1+t}$，$P_1^i(T_i^*)=1-F(T_i^*)=(1+T_i^*)\mathrm{e}^{-T_i^*}$ 并代入之前求解的 T^*，有

$$\mathrm{IIM}_{1,0}^i(T_i^*) = P_1^i(T_i^*)r_{1,0}^i(T_i^*)a_1\prod_{k=1,k\neq i}^{N}(1-P_1^k(T_i^*))$$

$$= (1+T_i^*)\mathrm{e}^{-T_i^*}\frac{T_i^*}{1+T_i^*}a_1[1-(1+T_1^*)\mathrm{e}^{-T_1^*}][1-(1+T_2^*)\mathrm{e}^{-T_2^*}]$$

$$\cdots[1-(1+T_{i-1}^*)\mathrm{e}^{-T_{i-1}^*}]\cdot[1-(1+T_{i+1}^*)\mathrm{e}^{-T_{i+1}^*}]\cdots[1-(1+T_N^*)\mathrm{e}^{-T_N^*}] \tag{5-49}$$

$$= T_i^*\mathrm{e}^{-T_i^*}\prod_{k=1,k\neq i}^{N}[1-(1+T_k^*)\mathrm{e}^{-T_k^*}]a_1$$

证毕。

根据式(5-49)

$$\mathrm{IIM}_{1,0}^{i}(T_i^*) = T_i^*\mathrm{e}^{-T_i^*}\prod_{k=1,k\neq i}^{N}[1-(1+T_k^*)\mathrm{e}^{-T_k^*}]a_1$$

可类似看成

$$f(t) = mt\mathrm{e}^{-t} \tag{5-50}$$

其中，t 为未知数且 $t>0$，m 为常数且 $m\leqslant 0$，那么式(5-50)和式(5-49)具有相同的曲线性质。对式(5-50)求导得到

$$f'(t) = m(\mathrm{e}^{-t} - t\mathrm{e}^{-t}) \tag{5-51}$$

由式(5-51)可以看出，当 $0<t<1$ 时，$f'(t)<0$，曲线 $f(t)$ 单调递减；$t>1$ 时，$f'(t)>0$，曲线 $f(t)$ 单调递增；$t=1$ 时，$f'(t)=0$，所以 $t=1$ 是曲线 $f(t)$ 的极大值点。所以，组件 i 的重要度曲线呈现先单调减再单调增的趋势，并在 $T^*=1$ 时达到极大值。

定理 5-14　二态劣化的并-串联系统中各个组件均独立且工作时间服从Gamma 分布时(假设更换时间可忽略不计)，组件的综合重要度表达式

$$\mathrm{IIM}_{1,0}^{[i,j]}(T_{ij}^*) = T_{ij}^*\mathrm{e}^{-T_{ij}^*}(a_0-a_1)\left\{\left[1-\prod_{h=1,h\neq i}^{N}\left(1-\prod_{k=1}^{N_k}(1+T_{hk}^*)\mathrm{e}^{-T_{hk}^*}\right)\right.\right.$$

$$\left.\cdot\left(1-\prod_{k=1,k\neq j}^{N_k}(1+T_{ik}^*)\mathrm{e}^{-T_{ik}^*}\right)\right] - \left[1-\prod_{h=1,h\neq i}^{N}\left(1-\prod_{k=1}^{N_k}(1+T_{hk}^*)\mathrm{e}^{-T_{hk}^*}\right)\right]\right\} \tag{5-52}$$

证明

$$\mathrm{IIM}_{1,0}^{[i,j]}(t) = P_1^{[i,j]}(t)r_{1,0}^{[i,j]}(t)(a_0-a_1)\left\{\left[1-\prod_{h=1,h\neq i}^{N}\left(1-\prod_{k=1}^{N_k}P_{hk}\right)\right.\right.$$

$$\left.\cdot\left(1-\prod_{k=1,k\neq j}^{N_k}P_{ik}\right)\right] - \left[1-\prod_{h=1,h\neq i}^{N}\left(1-\prod_{k=1}^{N_k}P_{hk}\right)\right]\right\}$$

此时，要考虑的是每个更换时间点的重要度，所以上式中的 t 应为之前求得的 T^*，故

$$\mathrm{IIM}_{1,0}^{[i,j]}(T_{ij}^*) = P_1^{[i,j]}(T_{ij}^*)r_{1,0}^{[i,j]}(T_{ij}^*)(a_0 - a_1)\left\{\left[1 - \prod_{h=1,h\neq i}^{N}\left(1 - \prod_{k=1}^{N_k}P_{hk}\right)\right.\right.$$

$$\left.\left.\cdot\left(1 - \prod_{k=1,k\neq j}^{N_k}P_{ik}\right)\right] - \left[1 - \prod_{h=1,h\neq i}^{N}\left(1 - \prod_{k=1}^{N_k}P_{hk}\right)\right]\right\}$$

其中，$r(t) = \dfrac{t}{1+t}$，$P_{ij} = P_1^{i,j}(T_{ij}^*) = 1 - F(T_{ij}^*) = (1 + T_{ij}^*)\mathrm{e}^{-T_{ij}^*}$，并代入之前求解的 T^*

$$\mathrm{IIM}_{1,0}^{[i,j]}(T_{ij}^*) = (1 + T_{ij}^*)\mathrm{e}^{-T_{ij}^*}\frac{T_{ij}^*}{1+T_{ij}^*}(a_0 - a_1)\left\{\left[1 - \prod_{h=1,h\neq i}^{N}\left(1 - \prod_{k=1}^{N_k}(1 + T_{hk}^*)\mathrm{e}^{-T_{hk}^*}\right)\right.\right.$$

$$\left.\left.\cdot\left(1 - \prod_{k=1,k\neq j}^{N_k}(1 + T_{ik}^*)\mathrm{e}^{-T_{ik}^*}\right)\right] - \left[1 - \prod_{h=1,h\neq i}^{N}\left(1 - \prod_{k=1}^{N_k}(1 + T_{hk}^*)\mathrm{e}^{-T_{hk}^*}\right)\right]\right\}$$

化简后得到

$$\mathrm{IIM}_{1,0}^{[i,j]}(T_{ij}^*) = T_{ij}^*\mathrm{e}^{-T_{ij}^*}(a_0 - a_1)\left\{\left[1 - \prod_{h=1,h\neq i}^{N}\left(1 - \prod_{k=1}^{N_k}(1 + T_{hk}^*)\mathrm{e}^{-T_{hk}^*}\right)\right.\right.$$

$$\left.\left.\cdot\left(1 - \prod_{k=1,k\neq j}^{N_k}(1 + T_{ik}^*)\mathrm{e}^{-T_{ik}^*}\right)\right] - \left[1 - \prod_{h=1,h\neq i}^{N}\left(1 - \prod_{k=1}^{N_k}(1 + T_{hk}^*)\mathrm{e}^{-T_{hk}^*}\right)\right]\right\}$$

下面针对式(5-52)，从简单到复杂进行分析。

当 $N = 2$，$k = 2$ 时，系统结构图如图 5-12 所示。

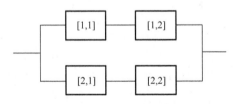

图 5-12　并-串联系统简易图

$$\mathrm{IIM}_{1,0}^{[1,1]}(T^*) = P_1^{[1,1]}(T^*)\lambda_{1,0}^{[1,1]}(T^*)(a_0 - a_1)\{[1 - (1 - P_{21}\cdot P_{22})\cdot(1 - P_{12})] - [1 - (1 - P_{21}\cdot P_{22})]\}$$

$$= P_1^{[1,1]}(T^*)\lambda_{1,0}^{[1,1]}(T^*)(a_0 - a_1)\cdot(P_{12} - P_{12}\cdot P_{21}\cdot P_{22})$$

那么

$$\mathrm{IIM}_{1,0}^{[1,1]}(T^*) = T_{11}^* \mathrm{e}^{-T_{11}^*}(a_0 - a_1)[(1 + T_{12}^*)\mathrm{e}^{-T_{12}^*} - (1 + T_{12}^*)\mathrm{e}^{-T_{12}^*} \cdot (1 + T_{21}^*)\mathrm{e}^{-T_{21}^*} \cdot (1 + T_{22}^*)\mathrm{e}^{-T_{22}^*}]$$

$$(5\text{-}53)$$

上式可类似看成

$$f(t) = mt\mathrm{e}^{-t} \tag{5-54}$$

其中，t 为未知数且 $t > 0$，那么式(5-54)和式(5-53)具有相同的曲线性质。

$m = (a_0 - a_1)[(1 + T_{12}^*)\mathrm{e}^{-T_{12}^*} - (1 + T_{12}^*)\mathrm{e}^{-T_{12}^*} \cdot (1 + T_{21}^*)\mathrm{e}^{-T_{21}^*} \cdot (1 + T_{22}^*)\mathrm{e}^{-T_{22}^*}]$，因为 $[(1 + T_{12}^*)$ $\mathrm{e}^{-T_{12}^*} - (1 + T_{12}^*)\mathrm{e}^{-T_{12}^*} \cdot (1 + T_{21}^*)\mathrm{e}^{-T_{21}^*} \cdot (1 + T_{22}^*)\mathrm{e}^{-T_{22}^*}] < 0$ 且 $(a_0 - a_1) < 0$，则常数 $m > 0$，对式(5-54)求导得到

$$f'(t) = m(\mathrm{e}^{-t} - t\mathrm{e}^{-t}) \tag{5-55}$$

由式(5-55)可以看出，当 $0 < t < 1$ 时，$f'(t) > 0$，曲线 $f(t)$ 单调递增；$t > 1$ 时，$f'(t) < 0$，曲线 $f(t)$ 单调递减；$t = 1$ 时，$f'(t) = 0$，所以 $t = 1$ 是曲线 $f(t)$ 的极大值点。所以，组件 i 的重要度曲线呈现先单调增再单调减的趋势，并在 $T^* = 1$ 时达到极大值。

定理 5-15　二态劣化的串-并联系统中各个组件均独立且工作时间服从 Gamma 分布时(假设更换时间可忽略不计)，组件的综合重要度表达式

$$\mathrm{IIM}_{1,0}^{[i,j]}(T_{ij}^*) = T_{ij}^* \mathrm{e}^{-T_{ij}^*}(a_0 - a_1)\left\{ \prod_{h=1,h\neq i}^{N}\left[1 - \prod_{k=1}^{N_k}(1 - (1 + T_{hk}^*)\mathrm{e}^{-T_{hk}^*}) \right] \right.$$

$$\left. - \prod_{h=1,h\neq i}^{N}\left[1 - \prod_{k=1}^{N_k}(1 - (1 + T_{hk}^*)\mathrm{e}^{-T_{hk}^*}) \right] \cdot \left[1 - \prod_{k=1,k\neq j}^{N_k}(1 - (1 + T_{ik}^*)\mathrm{e}^{-T_{ik}^*}) \right] \right\} \tag{5-56}$$

证明

$$\mathrm{IIM}_{1,0}^{[i,j]}(t) = P_1^{[i,j]}(t)r_{1,0}^{[i,j]}(t)(a_0 - a_1)\left\{ \prod_{h=1,h\neq i}^{N}\left[1 - \prod_{k=1}^{N_k}(1 - P_{hk}) \right] \right.$$

$$\left. - \prod_{h=1,h\neq i}^{N}\left[1 - \prod_{k=1}^{N_k}(1 - P_{hk}) \right]\left[1 - \prod_{k=1,k\neq j}^{N_k}(1 - P_{ik}) \right] \right\}$$

此时，要考虑的是每个更换时间点的重要度，所以式中的 t 应为之前求得的 T^*，故

$$\mathrm{IIM}_{1,0}^{[i,j]}(T_{ij}^*) = P_1^{[i,j]}(T_{ij}^*)r_{1,0}^{[i,j]}(T_{ij}^*)(a_0-a_1)\left\{\prod_{h=1,h\neq i}^{N}\left[1-\prod_{k=1}^{N_k}(1-P_{hk})\right]\right.$$
$$\left. -\prod_{h=1,h\neq i}^{N}\left[1-\prod_{k=1}^{N_k}(1-P_{hk})\right]\left[1-\prod_{k=1,k\neq j}^{N_k}(1-P_{ik})\right]\right\} \tag{5-57}$$

其中，$r(t)=\dfrac{t}{1+t}$，$P_{ij}=P_1^{i,j}(T_{ij}^*)=1-F(T_{ij}^*)=(1+T_{ij}^*)\mathrm{e}^{-T_{ij}^*}$，并代入之前求解的 T^*。

$$\mathrm{IIM}_{1,0}^{[i,j]}(T_{ij}^*) = (1+T_{ij}^*)\mathrm{e}^{-T_{ij}^*}\frac{T_{ij}^*}{1+T_{ij}^*}(a_0-a_1)\left\{\prod_{h=1,h\neq i}^{N}\left[1-\prod_{k=1}^{N_k}(1-(1+T_{hk}^*)\mathrm{e}^{-T_{hk}^*})\right]\right.$$
$$\left. -\prod_{h=1,h\neq i}^{N}\left[1-\prod_{k=1}^{N_k}(1-(1+T_{hk}^*)\mathrm{e}^{-T_{hk}^*})\right]\cdot\left[1-\prod_{k=1,k\neq j}^{N_k}(1-(1+T_{ik}^*)\mathrm{e}^{-T_{ik}^*})\right]\right\}$$

化简后得到

$$\mathrm{IIM}_{1,0}^{[i,j]}(T_{ij}^*) = T_{ij}^*\mathrm{e}^{-T_{ij}^*}(a_0-a_1)\left\{\prod_{h=1,h\neq i}^{N}[1-\prod_{k=1}^{N_k}(1-(1+T_{hk}^*)\mathrm{e}^{-T_{hk}^*})]\right.$$
$$\left. -\prod_{h=1,h\neq i}^{N}\left[1-\prod_{k=1}^{N_k}(1-(1+T_{hk}^*)\mathrm{e}^{-T_{hk}^*})\right]\cdot\left[1-\prod_{k=1,k\neq j}^{N_k}(1-(1+T_{ik}^*)\mathrm{e}^{-T_{ik}^*})\right]\right\}$$

下面针对式(5-56)，从简单到复杂进行分析。

当 $N=2$，$k=2$ 时，系统结构图如图 5-13 所示。

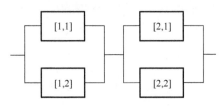

图 5-13　串-并联系统简易图

$$\mathrm{IIM}_{1,0}^{[1,1]}(T^*)$$
$$= P_1^{[1,1]}(T^*)\lambda_{1,0}^{[1,1]}(T^*)(a_0-a_1)\{[1-(1-P_{21})\cdot(1-P_{22})]$$
$$-[1-(1-P_{21})\cdot(1-P_{22})]\cdot[1-(1-P_{12})]\}$$
$$= P_1^{[1,1]}(T^*)\lambda_{1,0}^{[1,1]}(T^*)(a_0-a_1)\{[1-(1-P_{21})\cdot(1-P_{22})]$$
$$-[1-(1-P_{21})\cdot(1-P_{22})]\cdot P_{12}\}$$
$$= P_1^{[1,1]}(T^*)\lambda_{1,0}^{[1,1]}(T^*)(a_0-a_1)(P_{12}-1)(P_{21}P_{22}-P_{21}-P_{22})$$

那么

$$\mathrm{IIM}_{1,0}^{[1,1]}(T^*) = T_{11}^* \mathrm{e}^{-T_{11}^*}(a_0 - a_1)[(1 + T_{12}^*)\mathrm{e}^{-T_{12}^*} - 1)] \cdot [(1 + T_{21}^*)(1 + T_{22}^*)$$
$$\cdot \mathrm{e}^{-T_{21}^* - T_{22}^*} - (1 + T_{21}^*)\mathrm{e}^{-T_{21}^*} - (1 + T_{22}^*)\mathrm{e}^{-T_{22}^*})] \tag{5-58}$$

上式可类似看成

$$f(t) = mt\mathrm{e}^{-t} \tag{5-59}$$

其中，t 为未知数且 $t > 0$，那么式(5-59)和式(5-58)具有相同的曲线性质。

$m = (a_0 - a_1)[(1 + T_{12}^*)\mathrm{e}^{-T_{12}^*} - 1)] \cdot [(1 + T_{21}^*)(1 + T_{22}^*)\mathrm{e}^{-T_{21}^* - T_{22}^*} - (1 + T_{21}^*)\mathrm{e}^{-T_{21}^*} - (1 + T_{22}^*)\mathrm{e}^{-T_{22}^*})]$，
其中，$[(1 + T_{21}^*)(1 + T_{22}^*)\mathrm{e}^{-T_{21}^* - T_{22}^*} - (1 + T_{21}^*)\mathrm{e}^{-T_{21}^*} - (1 + T_{22}^*)\mathrm{e}^{-T_{22}^*})] < 0$，$[(1 + T_{12}^*)\mathrm{e}^{-T_{12}^*} - 1)] < 0$ 且 $(a_0 - a_1) < 0$，则常数 $m < 0$，对式(5-59)求导得到

$$f'(t) = m(\mathrm{e}^{-t} - t\mathrm{e}^{-t}) \tag{5-60}$$

由式(5-60)可以看出，当 $0 < t < 1$ 时，$f'(t) < 0$，曲线 $f(t)$ 单调递增；$t > 1$ 时，$f'(t) > 0$，曲线 $f(t)$ 单调递减；$t = 1$ 时，$f'(t) = 0$，所以 $t = 1$ 是曲线 $f(t)$ 的极大值点。所以，组件 i 的重要度曲线呈现先单调减再单调增的趋势，并在 $T^* = 1$ 时达到极大值。

5.5 本 章 小 结

本节给出了综合重要度在半马尔可夫过程的应用，并讨论了综合重要度在半马尔可夫过程中的相关定理和性质，算例分析验证了综合重要度理论。综合重要度可以用来识别系统中的关键组件，使得系统性能得到最大提升。本章主要内容已由作者发表于文献[124]～文献[126]。

第6章　基于不同成本的系统综合重要度

本章基于综合重要度理论和维修理论的相关知识，提出基于成本的综合重要度，综合考虑了维修过程中组件状态转移率、组件状态对系统性能的影响，以及成本对组件重要程度的影响。探讨了基于成本的综合重要度在典型系统中的基本性质和计算方法，并与其他重要度进行比较，给出它们之间的联系。重点探索替换维修策略、年龄更换维修策略、混合维修策略对系统组件重要度的影响机理，提出在不同维修策略条件下，基于成本的综合重要度计算方法。

6.1　综合重要度与其他重要度的关系

Birnbaum 重要度定义为

$$I_i^{\mathrm{BM}}(t) = \frac{\partial R_S(t)}{\partial R_i(t)} = \Pr(\varPhi(1_i, X) = 1) - \Pr(\varPhi(0_i, X) = 1) \tag{6-1}$$

其中，R_S 为系统可靠性，R_i 为组件 i 的可靠性，$\varPhi(\cdot)$ 为系统结构函数，$(1_i, X)$ 为组件状态向量，第 i 个组件的状态为 1，$(0_i, X)$ 为组件状态向量，第 i 个组件的状态为 0。

其物理意义为当组件 i 的可靠性改变一定量时，系统可靠性 $R_S(t)$ 的改变量。当组件 i 可靠性改变量一定时，系统的可靠性变化越大，Birnbaum 重要度的值越大，反映该组件的重要程度越高。但是 Birnbaum 重要度仅针对于二态系统进行了定义。Griffith 将 Birnbaum 重要度扩展到了多态系统。

假设 a_j 为系统在状态 j 下的系统性能，而系统从完全失效到完好状态下的系统性能表示为 $a_0 \leqslant a_1 \leqslant \cdots \leqslant a_M$，其中，$a_0$ 表示系统完全失效情况下的系统性能，一般情况下，$a_0 = 0$。所以可以得到系统性能的期望为

$$U = \sum_{j=1}^{M} a_j \Pr(\varPhi(X) = j) = \sum_{j=1}^{M} a_j \Pr(\varPhi(x_1, x_2, \cdots, x_n) = j) \tag{6-2}$$

其中，U 为系统性能期望，a_j 为系统在状态 j 下的系统性能，M 为系统的状态数。

基于以上概念，Griffith[15]提出了 Griffith 重要度，其计算公式为

$$I_m^G(i) = \sum_{j=1}^{M} (a_j - a_{j-1})[\Pr(\Phi(m_i, X) \geq j) - \Pr(\Phi((m-1)_i, X) \geq j)] \qquad (6\text{-}3)$$

它表示当组件从状态 m 降低到状态 0 时，系统性能的变化。如果 $M=1$，即系统为二态系统的情况下，假设 $a_j = j$，代入上式可得

$$
\begin{aligned}
I_l^G(i) &= \sum_{j=1}^{1} (a_j - a_{j-1})[\Pr(\Phi(m_i, X) \geq j) - \Pr(\Phi((m-1)_i, X) \geq j)] \\
&= (a_1 - a_0)[\Pr(\Phi(1_i, X) \geq 1) - \Pr(\Phi((1-1)_i, X) \geq 1)] \qquad (6\text{-}4) \\
&= \Pr(\Phi(1_i, X) = 1) - \Pr(\Phi(0_i, X) = 1)
\end{aligned}
$$

恰好为 Birnbaum 重要度的定义，说明 Griffith 重要度是 Birnbaum 重要度在多态系统下的拓展。

但是 Birnbaum 重要度和 Griffith 重要度都只考虑了系统的静态性能，没有考虑到组件状态的动态变化过程，因此基于 Birnbaum 重要度和 Griffith 重要度，Si 等[23]提出了基于劣化多态系统的综合重要度(Integrated Importance Measure，IIM)，它综合考虑了组件的状态分布概率及状态转移概率，用以全面分析组件状态的转移如何影响系统的性能。其计算公式为

$$
\begin{aligned}
I_m^{\mathrm{IIM}}(i) &= P_{im} \cdot \lambda_{m,0}^i \sum_{j=1}^{M} (a_j - a_{j-1})[\Pr(\Phi(m_i, X) \geq j) - \Pr(\Phi(0_i, X) \geq j)] \\
&\qquad\qquad\qquad\qquad\qquad\qquad\qquad\qquad\qquad\qquad (6\text{-}5) \\
&= P_{im} \cdot \lambda_{m,0}^i \sum_{j=1}^{M} a_j [\Pr(\Phi(m_i, X) = j) - \Pr(\Phi(0_i, X) = j)]
\end{aligned}
$$

其中，P_{im} 为组件 i 处于 m 状态的概率，$\lambda_{m,0}^i$ 为组件 i 从 m 状态转移到 0 状态的概率，$\Phi(\cdot)$ 为系统结构函数，(m_i, X) 为组件状态向量，第 i 个组件状态为 m。

上式表示了当组件 i 从状态 m 转移到状态 0 时，单位时间内系统性能的期望变化。根据所有组件状态综合重要度的排序，综合重要度能衡量哪个组件状态对系统性能影响是最重要的，从而能够在设计阶段和实际生产阶段发现设备的关键薄弱环节，指导维修实践。

Ramirez-Marquez 和 Coit 提出了 MAD(Mean Absolute Deviation)重要度，其表达式为

$$I^{\mathrm{MAD}}(i) = \sum_{l=0}^{M} P_{il} \left| P(\Phi(l_i, X) \geq d) - P(\Phi(X) \geq d) \right| \qquad (6\text{-}6)$$

其中，d 为系统的恒定需求。其表达式的后一部分可以改写为

$$\begin{aligned}
P(\Phi(l_i, X) \geq d) - P(\Phi(X) \geq d) &= P(\Phi(l_i, X) \geq d) - \sum_{m=0}^{M} P_{im} P(\Phi(m_i, X) \geq d) \\
&= P(\Phi(l_i, X) \geq d) - P_{il} P(\Phi(l_i, X) \geq d) \\
&\quad - \sum_{m=0, m \neq l}^{M} P_{im} P(\Phi(m_i, X) \geq d) \\
&= \sum_{m=0, m \neq l}^{M} P_{im} [P(\Phi(l_i, X) \geq d) - P(\Phi(m_i, X) \geq d)]
\end{aligned} \tag{6-7}$$

如果假设系统的恒定需求等于系统的状态，则式(6-7)可化简为

$$\begin{aligned}
I^{\mathrm{MAD}}(i) &= \sum_{l=0}^{M} P_{il} \left| P(\Phi(l_i, X) \geq d) - P(\Phi(X) \geq d) \right| \\
&= \sum_{l=0}^{M} P_{il} \left| \sum_{m=0, m \neq l}^{M} P_{im} \sum_{j=0}^{M} [P(\Phi(l_i, X) = j) - P(\Phi(m_i, X) = j)] \right| \\
&= \sum_{l=0}^{M} \left| \sum_{m=0, m \neq l}^{M} P_{il} P_{im} \sum_{j=0}^{M} [P(\Phi(l_i, X) = j) - P(\Phi(m_i, X) = j)] \right|
\end{aligned} \tag{6-8}$$

如果系统和组件都是二态的，即运行状态和失效状态，那么有

$$\begin{aligned}
&P(\Phi(l_i, X) \geq d) - P(\Phi(X) \geq d) \\
&= \sum_{m \neq l} P(x_i = m)[P(\Phi(l_i, X) = 1) - P(\Phi(m_i, X) = 1)]
\end{aligned} \tag{6-9}$$

因此式(6-8)可以简化为

$$\begin{aligned}
I^{\mathrm{MAD}}(i) &= \sum_{l} \mathrm{Pr}_{x_i = l} \left| \mathrm{Pr}(\Phi(l_i, X) \geq d) - \mathrm{Pr}(\Phi(X) \geq d) \right| \\
&= \sum_{l} \mathrm{Pr}_{x_i = l} \left| \sum_{m \neq l} \mathrm{Pr}_{x_i = m} [\mathrm{Pr}(\Phi(l_i, X) = 1) - \mathrm{Pr}(\Phi(m_i, X) = 1)] \right| \\
&= \sum_{l} \left| \sum_{m \neq l} \mathrm{Pr}_{x_i = l} \mathrm{Pr}_{x_i = m} [\mathrm{Pr}(\Phi(l_i, X) = 1) - \mathrm{Pr}(\Phi(m_i, X) = 1)] \right| \\
&= 2 \mathrm{Pr}_{x_i = 0} \mathrm{Pr}_{x_i = 1} [\mathrm{Pr}(\Phi(1_i, X) = 1) - \mathrm{Pr}(\Phi(0_i, X) = 1)]
\end{aligned} \tag{6-10}$$

组件状态的转移率 $\lambda_i(t) = -\dfrac{R_i'(t)}{R_i(t)} = (-\ln R_i(t))'$，结合式(6-1)并代入式(6-5)可得

$$I_i^{\mathrm{IIM}}(t) = \lambda_i(t) R_i(t) I_i^{\mathrm{BM}}(t) = -\frac{R_i'(t)}{R_i(t)} \cdot R_i(t) \cdot \frac{\partial R_S(t)}{\partial R_i(t)}$$

$$= -R_i'(t) \cdot \frac{\partial R_S(t)}{\partial R_i(t)} = -\frac{\mathrm{d}R_i(t)}{\mathrm{d}t} \cdot \frac{\partial R_S(t)}{\partial R_i(t)} \tag{6-11}$$

综上，有

$$I_i^{\mathrm{BM}}(t) = \frac{\partial R_S(t)}{\partial R_i(t)} \tag{6-12}$$

$$I_i^{\mathrm{MAD}}(t) = 2(1 - R_i(t))R_i(t)\frac{\partial R_S(t)}{\partial R_i(t)} \tag{6-13}$$

$$I_i^{\mathrm{IIM}}(t) = -\frac{\mathrm{d}R_i(t)}{\mathrm{d}t} \cdot \frac{\partial R_S(t)}{\partial R_i(t)} \tag{6-14}$$

对比可得，Birnbaum 重要度仅仅考虑了组件的可靠性对系统可靠性的影响，MAD 重要度则强调了组件的状态概率分布和组件可靠性对系统可靠性的影响，强调的是静态性能；而综合重要度强调了组件状态转移率和组件可靠性对系统可靠性的影响，强调的是动态性能。

6.2　不同成本分析

在实际生产中，生产商对于生产成本的降低非常关心。而生产成本中的很大一部分都涉及设备的成本。年龄周期费用对于设备的采购和维护都有着重要意义。使用部门一旦决定采购某种设备，就要综合考虑其在全生命周期内的各项维修和保养费用。

企业常常考虑的是，如果采用某项设备，那么每年平均需要多少维护其正常运行的费用以及事故后的维修费用。因此，考虑单位时间内的成本就是一个极其有用的指标。

系统成本的来源通常有以下三个方面。

(1)提升系统可靠性的成本。

即便在组件可靠性的提升相同的情况下，系统的不同组件需要的成本往往是不同的。例如，在一个供水系统中，提升水泵可靠性的成本与提升配电盘可靠性的成本经常是不同的。

(2)组件失效的成本。

组件失效时会增加成本。在供水系统中，通常不同的失效组件会增加不同的成本。这种不同也会引起重要度的改变。

（3）系统失效的成本。

系统通常为完成某个具体任务而设计和建造。当系统失效时，就可能会引起一些损失，如对健康和环境的破坏、释放危险物质、经济上的直接或者间接损失等。同样在供水系统中，系统失效会使得系统用户的生产线停止运行，产生经济损失。

第一种来源的成本已经被讨论过很多[70]，然而第二种和第三种来源的成本却很少被考虑到。但是在实际系统运行过程中，通过增加某些组件的可靠性提升系统可靠性时，提升不同组件可靠性产生的费用也不同。因为整个系统运行的目标是在尽量少的成本的前提下延长系统的工作时间，这就需要考虑一种新的重要度，能够反映第二种和第三种来源的成本对重要度以及系统可靠性提升的影响。

通常不同组件引发的系统失效所需要的系统维修时间不同，从而相应成本也不同。所以系统在 $(0,t)$ 内成本包括不同组件引起的系统失效的费用和不同的失效组件成本两个方面，因此系统在 $(0,t)$ 内从单个组件的角度考虑的成本为

$$C^k(t) = C_{s,k}(t) + C_k(t) = c_{s,k}\Lambda_k(t) + c_k\Lambda_k(t) = (c_k + c_{s,k})\Lambda_k(t) \tag{6-15}$$

其中，$\Lambda_k(t)$ 可以理解为组件 k 在 $(0,t)$ 时间段内发生故障的次数的期望。需要注意的是，组件的失效不一定会导致系统的失效，若组件 k 的失效不会导致系统的失效，那么 $c_{s,k} = 0$，即组件 k 失效导致的系统失效的成本为 0。

6.3　基于成本的综合重要度

Birnbaum 重要度[1]定义为 $I_i^{\mathrm{BM}}(t) = \dfrac{\partial R_S(t)}{\partial R_i(t)}$，其物理意义为当组件 i 的可靠性改变一定量时，系统可靠性的改变量。当组件可靠性改变量一定时，系统的可靠性变化越大，Birnbaum 重要度的值越大，反映该组件的重要程度越高。

当选择组件进行维修时，目标是寻找最小的 $C(t)$。因此有以下定义，组件 i 基于成本的 Birnbaum 重要度为

$$I_i^{\mathrm{BM},c}(t) = \frac{\partial C(t)}{\partial I_i^{\mathrm{BM}}(t)} \tag{6-16}$$

其物理意义为，当 I_i^c 较大时，组件 i 可靠性的微小变化就会导致整个系统在 $(0,t)$ 时间段内的成本发生相对较大的改变。

据此可以推广至基于费用的综合重要度，即组件 i 基于系统成本的综合重要度为

$$I_i^{\text{IIM},c}(t) = \frac{\partial C(t)}{\partial I_i^{\text{IIM}}(t)} \tag{6-17}$$

其物理意义为当组件 i 综合重要度改变一定量时，系统成本改变量。当组件可靠性改变量一定时，系统成本改变量越大，说明该组件综合重要度的变化对成本的影响越大。

对于任一时刻 t，成本与综合重要度的比值 $\dfrac{C(t)}{I_i^{\text{IIM}}(t)}$ 反映了 $(0,t)$ 时间段内重要度随费用的平均值。而 $\dfrac{\partial C(t)}{\partial I_i^{\text{IIM}}(t)}$ 则体现了在 t 时刻成本和综合重要度相对变化的趋势。

如果系统中组件 i 和组件 j 满足不等式 $R_i'(t)I_i^{\text{BM}}(t) > R_j'(t)I_j^{\text{BM}}(t)$，则在相同成本的情况下应该优先维修组件 i。

由式(6-17)和式(6-14)可得

$$I_i^{\text{IIM},c}(t) = \frac{\partial C(t)}{\partial I_i^{\text{IIM}}(t)} = \frac{C(t)}{-\dfrac{\mathrm{d}R_i(t)}{\mathrm{d}t} \cdot \dfrac{\partial R_S(t)}{\partial R_i(t)}} = -\frac{C(t)}{R_i'(t)I_i^{\text{BM}}(t)} \tag{6-18}$$

因此，当 $R_i'(t)I_i^{\text{BM}}(t) > R_j'(t)I_j^{\text{BM}}(t)$ 时，相同的成本下，维修 j 组件所带来的重要度提高要小于维修组件 i 所带来的组件重要度提高，因此应该优先维修 i 组件。

基于成本的 Birnbaum 重要度为

$$I_i^{\text{BM},c}(t) = \frac{\partial C(t)}{\partial I_i^{\text{BM}}(t)} \tag{6-19}$$

则 $I_i^{\text{IIM},c}$ 与基于成本的 Birnbaum 重要度 $I_i^{\text{BM},c}(t)$ 的关系为

$$I_i^{\text{IIM},c}(t) = -I_i^{\text{BM},c}(t)\frac{1}{\dfrac{\mathrm{d}I_i^{BM}(t)}{\mathrm{d}t} + \dfrac{\mathrm{d}^2 R_i(t)}{\mathrm{d}t^2}\dfrac{\mathrm{d}t}{\mathrm{d}R_i(t)}I_i^{\text{BM}}(t)} \tag{6-20}$$

由于

$$I_i^{\text{IIM}}(t) = \lambda\lambda_i(t)R_i(t)I_i^{\text{BM}}(t) = -\frac{\mathrm{d}R_i(t)/\mathrm{d}t}{R_i(t)}R_i(t)I_i^{\text{BM}}(t) = -\frac{\mathrm{d}R_i(t)}{\mathrm{d}t}I_i^{\text{BM}}(t) \tag{6-21}$$

故有

$$I_i^{\text{IIM},c}(t) = \frac{\partial C(t)}{\partial I_i^{\text{IIM}}(t)} = \frac{\partial C(t)}{\partial R_i(t)}\frac{\mathrm{d}R_i(t)}{\mathrm{d}t}\frac{\mathrm{d}t}{\mathrm{d}I_i^{\text{IIM}}(t)} = I_i^{\text{BM},c}(t)\frac{\mathrm{d}R_i(t)}{\mathrm{d}t}\frac{\mathrm{d}t}{\mathrm{d}I_i^{\text{IIM}}(t)}$$

$$= -I_i^{\mathrm{BM},c}(t)\frac{\mathrm{d}R_i(t)}{\mathrm{d}t}\frac{1}{\dfrac{\mathrm{d}R_i(t)}{\mathrm{d}t}\dfrac{\mathrm{d}I_i^{\mathrm{BM}}(t)}{\mathrm{d}t}+\dfrac{\mathrm{d}^2 R_i(t)}{\mathrm{d}t^2}I_i^{\mathrm{BM}}(t)}$$

$$= -I_i^{\mathrm{BM},c}(t)\frac{1}{\dfrac{\mathrm{d}I_i^{\mathrm{BM}}(t)}{\mathrm{d}t}+\dfrac{\mathrm{d}^2 R_i(t)}{\mathrm{d}t^2}\dfrac{\mathrm{d}t}{\mathrm{d}R_i(t)}I_i^{\mathrm{BM}}(t)} \qquad (6\text{-}22)$$

6.4　替换维修策略下的基于成本的综合重要度

基于成本的综合重要度，采用最为常用的替换维修策略对系统的可靠性变化进行分析，推导出其在替换维修策略下的计算方法。

替换维修策略是最基本的一种维修策略，即任何组件损坏时都及时进行维修，不考虑维修和故障检测，组件一旦失效就会立即被检测到并且进行维修。因此这是一种理想状态下的维修策略，但仍可以提供维修理论方面的一些基本结论，在维修实践中起到一定指导作用。

其示意图如图 6-1 所示。

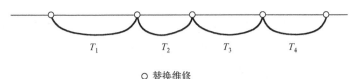

○ 替换维修

图 6-1　替换维修策略示意图

指数分布可以用来表示独立随机事件发生的时间间隔。它的一个最重要的性质是所谓"无记忆性"。即若一个产品的年龄遵从指数分布，则当它使用了时间 t 以后如果仍然正常，那么它在 t 以后的剩余年龄与新的年龄一样遵从原来的指数分布。

由于组件在每次替换维修后都修复如新，不失一般性，可以用指数分布描述替换维修策略。即每一个组件的年龄都遵从指数分布，每一次维修都是一个新的年龄分布的开始。假设组件年龄分布为

$$R(t) = \mathrm{e}^{-\lambda_i t} \qquad (6\text{-}23)$$

此时组件年龄的密度函数为

$$f(t) = F'(t) = (1 - R(t))' = \lambda_i \mathrm{e}^{-\lambda_i t}, \quad \lambda > 0, \ t \geqslant 0 \qquad (6\text{-}24)$$

失效率为

$$r(t) = \frac{R'(t)}{R(t)} = \lambda_i \tag{6-25}$$

因此可得

$$\Lambda(t) = \int_0^t r(\chi)\mathrm{d}\chi = \int_0^t \lambda_i \mathrm{d}\chi = \lambda_i t \tag{6-26}$$

在单位时间内的组件 k 的成本为组件本身的成本与组件引起的系统失效的费用之和，即

$$C^i(t) = (c_i + c_{s,i})\Lambda_i(t) = (c_i + c_{s,i})\lambda_i t \tag{6-27}$$

而组件的综合重要度为

$$I_i^{\mathrm{IIM}}(t) = -\frac{\mathrm{d}R_i(t)}{\mathrm{d}t} \cdot \frac{\partial R_S(t)}{\partial R_i(t)} = \lambda_i \mathrm{e}^{-\lambda_i t} \cdot I_i^{\mathrm{BM}}(t) \tag{6-28}$$

所以，组件 i 基于成本的综合重要度为

$$I_i^{\mathrm{IIM},c}(t) = \frac{\partial C^i(t)}{\partial I_i^{\mathrm{IIM}}(t)} = \frac{(c_i + c_{s,i})\lambda_i t}{\lambda_i \mathrm{e}^{-\lambda_i t} I_i^{\mathrm{BM}}(t)} = \frac{(c_i + c_{s,i})t\mathrm{e}^{\lambda_i t}}{I_i^{\mathrm{BM}}(t)} \tag{6-29}$$

串联系统是组成系统的所有组件中任一单元失效就会导致整个系统失效的系统。假定各个组件是相互独立的，则其可靠性数学模型为

$$R_S = \prod_{i=1}^n R_i \tag{6-30}$$

定理 6-1　串联系统中，若组件之间相互独立，且每个组件的年龄服从参数为 λ 的指数分布，则组件 i 的基于成本的综合重要度为

$$I_i^{\mathrm{IIM},c}(t) = \frac{(c_i + c_{s,i})t}{\exp\left(-t\sum_{k=1}^n \lambda_k\right)} \tag{6-31}$$

证明　由式 (6-30) 可知，在串联系统中，任一组件失效（$R_i = 0$）时，都会导致系统整体的失效（$R_S = 0$），又因为任意短的时间内不可能有多于一个的组件同时失效，因此只考虑单组件引起的系统失效。组件 i 在 $(0,t)$ 时间段内的成本为

$$C^i(t) = (c_i + c_{s,i})\lambda_i t \tag{6-32}$$

串联系统中，组件 i 的 Birnbaum 重要度为

$$I_i^{\mathrm{BM}}(t) = \frac{\partial R_S(t)}{\partial R_i(t)} = \frac{\prod\limits_{k=1}^{n} R_k(t)}{R_i(t)} = \prod\limits_{k=1,k\neq i}^{n} R_k(t) = \exp\left(-t\sum\limits_{k=1,k\neq i}^{n}\lambda_k\right) \tag{6-33}$$

因此对于其中任一组件 i，其基于成本的综合重要度为

$$I_i^{\mathrm{IIM},c}(t) = \frac{\partial C^i(t)}{\partial I_i^{\mathrm{IIM}}(t)} = \frac{(c_i + c_{s,i})\lambda_i t}{\lambda_i(t)R_i(t)I_i^{\mathrm{BM}}(t)} = \frac{(c_i + c_{s,i})\lambda_i t}{\lambda_i e^{-\lambda_i t}\exp\left(-t\sum\limits_{k=1,k\neq i}^{n}\lambda_k\right)} = \frac{(c_i + c_{s,i})t}{\exp\left(-t\sum\limits_{k=1}^{n}\lambda_k\right)}$$

$$\tag{6-34}$$

证毕。

并联系统是组成系统的所有组件都失效时才失效的系统。假定各个组件是相互独立的，则其可靠性数学模型为

$$R_S = 1 - \prod_{i=1}^{n} F_i = 1 - \prod_{i=1}^{n}(1 - R_i) \tag{6-35}$$

定理 6-2　并联系统中，若各个组件相互独立，则组件 i 基于成本的综合重要度为

$$I_i^{\mathrm{IIM},c}(t) = \frac{c_i t}{e^{-\lambda_i t}\prod\limits_{k=1,k\neq i}^{n}(1 - \exp(-\lambda_k t))} \tag{6-36}$$

证明　由式(6-35)可知，在并联系统中，当且仅当所有组件失效（$\sum\limits_{i=1}^{n} R_i = 0$）时，整个系统才会失效（$R_S = 0$），而任意短的时间内不会有多于一个的组件同时失效，因此任意组件 i 导致的系统失效的概率为 0。所以并联系统中组件 i 在 $(0,t)$ 时间段内的成本为

$$C^i(t) = (c_i + c_{s,i})\varLambda_i(t) = c_i\lambda_i t \tag{6-37}$$

并联系统中，组件的 Birnbaum 重要度为

$$I_i^{\mathrm{BM}}(t) = \frac{\partial R_S(t)}{\partial R_i(t)} = \frac{\partial\left(1 - \prod\limits_{k=1}^{n}(1 - R_k)\right)}{\partial R_i(t)} = \prod\limits_{k=1,k\neq i}^{n}(1 - R_k) = \prod\limits_{k=1,k\neq i}^{n}(1 - \exp(-\lambda_k t)) \tag{6-38}$$

对于其中任一组件 i，其基于成本的综合重要度为

$$I_i^{\mathrm{IIM},c}(t) = \frac{\partial C^i(t)}{\partial I_i^{\mathrm{IIM},c}(t)} = \frac{c_i \lambda_i t}{\lambda_i(t) R_i(t) I_i^{\mathrm{BM}}(t)} = \frac{c_i \lambda_i t}{\lambda_i \mathrm{e}^{-\lambda_i t} \prod\limits_{k=1,k\neq i}^{n}(1-\exp(-\lambda_k t))}$$

$$= \frac{c_i t}{\mathrm{e}^{-\lambda_i t} \prod\limits_{k=1,k\neq i}^{n}(1-\exp(-\lambda_k t))} \tag{6-39}$$

证毕。

假设一个简单的混联系统，组件 2、3 并联之后与组件 1 串联。

(1) 由于组件 2 和组件 3 并联，并且任一组件损坏之后都会得到维修的条件下，组件 2 和组件 3 不会导致系统的失效。所以组件 2 和组件 3 引起的成本只包含维修组件本身的费用而不包括导致系统失效引起的成本，$c_{s,2}=0$，$c_{s,3}=0$。

(2) 组件 1 与系统的其余部分串联，组件 1 的失效将直接导致系统的失效。因此组件 1 引起的成本包含维修组件本身和系统失效的成本。

假设组件 1、2、3 分别服从参数为 λ_1、λ_2、λ_3 的指数分布且三者的失效概率统计相互独立，因此三者的可靠性函数为

$$R_i(t) = \mathrm{e}^{-\lambda_i t}, \quad i=1,2,3 \tag{6-40}$$

系统的可靠性函数为

$$R_S(t) = R_1(t)[1-(1-R_2(t))(1-R_3(t))] = R_1(t)[R_2(t)+R_3(t)-R_2(t)R_3(t)] \tag{6-41}$$

则组件 1、2、3 的 Birnbaum 重要度分别为

$$I_1^{\mathrm{BM}}(t) = \frac{\partial R_S(t)}{\partial R_1(t)} = \frac{R_1(t)[R_2(t)+R_3(t)-R_2(t)R_3(t)]}{R_1(t)} = R_2(t)+R_3(t)-R_2(t)R_3(t) \tag{6-42}$$

$$I_2^{\mathrm{BM}}(t) = \frac{\partial R_S(t)}{\partial R_2(t)} = \frac{R_1(t)[R_2(t)+R_3(t)-R_2(t)R_3(t)]}{R_2(t)} = R_1(t)-R_1(t)R_3(t) \tag{6-43}$$

$$I_3^{\mathrm{BM}}(t) = \frac{\partial R_S(t)}{\partial R_3(t)} = \frac{R_1(t)[R_2(t)+R_3(t)-R_2(t)R_3(t)]}{R_3(t)} = R_1(t)-R_1(t)R_2(t) \tag{6-44}$$

组件 1、2、3 基于成本的 Birnbaum 重要度为

$$I_1^{\mathrm{BM},c}(t) = \frac{\partial C^1(t)}{\partial I_1^{\mathrm{BM}}(t)} = \frac{(c_{s,1}+c_1)\lambda_1 t}{R_2(t)+R_3(t)-R_2(t)R_3(t)} = \frac{(c_{s,1}+c_1)\lambda_1 t}{\mathrm{e}^{-\lambda_2 t}+\mathrm{e}^{-\lambda_3 t}-\mathrm{e}^{-(\lambda_2+\lambda_3)t}} \tag{6-45}$$

$$I_2^{\mathrm{BM},c}(t) = \frac{\partial C^2(t)}{\partial I_2^{\mathrm{BM}}(t)} = \frac{c_2 \lambda_2 t}{R_1(t)-R_1(t)R_3(t)} = \frac{c_2 \lambda_2 t}{\mathrm{e}^{-\lambda_1 t}-\mathrm{e}^{-(\lambda_1+\lambda_3)t}} \tag{6-46}$$

$$I_3^{\mathrm{BM},c}(t) = \frac{\partial C^3(t)}{\partial I_3^{\mathrm{BM}}(t)} = \frac{\upsilon_3 \lambda_3 t}{R_1(t) - R_1(t)R_2(t)} = \frac{\upsilon_3 \lambda_3 t}{\mathrm{e}^{-\lambda_1 t} - \mathrm{e}^{-(\lambda_1+\lambda_2)t}} \tag{6-47}$$

所以，组件 1、2、3 基于成本的综合重要度分别为

$$\begin{aligned} I_1^{\mathrm{IIM},c}(t) &= \frac{\partial C^1(t)}{\partial I_1^{\mathrm{IIM}}(t)} = \frac{(c_{s,1}+c_1)\lambda_1 t}{\lambda_1(t)R_1(t)[R_2(t)+R_3(t)-R_2(t)R_3(t)]} \\ &= \frac{(c_{s,1}+c_1)t}{R_1(t)[R_2(t)+R_3(t)-R_2(t)R_3(t)]} = \frac{(c_{s,1}+c_1)t}{\mathrm{e}^{-(\lambda_1+\lambda_2)t}+\mathrm{e}^{-(\lambda_1+\lambda_3)t}-\mathrm{e}^{-(\lambda_1+\lambda_2+\lambda_3)t}} \end{aligned} \tag{6-48}$$

$$\begin{aligned} I_2^{\mathrm{IIM},c}(t) &= \frac{\partial C^2(t)}{\partial I_2^{\mathrm{IIM}}(t)} = \frac{c_2\lambda_2 t}{\lambda_2(t)R_2(t)[R_1(t)-R_1(t)R_3(t)]} \\ &= \frac{c_2 t}{R_2(t)[R_1(t)-R_1(t)R_3(t)]} = \frac{c_2 t}{\mathrm{e}^{-(\lambda_1+\lambda_2)t}-\mathrm{e}^{-(\lambda_1+\lambda_2+\lambda_3)t}} \end{aligned} \tag{6-49}$$

$$\begin{aligned} I_3^{\mathrm{IIM},c}(t) &= \frac{\partial C^3(t)}{\partial I_3^{\mathrm{IIM}}(t)} = \frac{c_3\lambda_3 t}{\lambda_3(t)R_3(t)[R_1(t)-R_1(t)R_2(t)]} \\ &= \frac{c_3 t}{R_3(t)[R_1(t)-R_1(t)R_2(t)]} = \frac{c_3 t}{\mathrm{e}^{-(\lambda_1+\lambda_3)t}-\mathrm{e}^{-(\lambda_1+\lambda_2+\lambda_3)t}} \end{aligned} \tag{6-50}$$

6.5　年龄更换维修策略下的基于成本的综合重要度

基于成本的综合重要度拓展到年龄更换维修策略，建立对应策略下的系统可靠性模型，对系统的可靠性变化进行分析，推导出其在年龄更换维修策略下的计算方法。

年龄更换维修策略是指：当组件在达到指定的年龄 T 仍然正常，则对组件做预防性维修，这种维修被称为预防性维修；若组件在 T 以前发生故障，则对组件进行事后更换，这种维修称为事后维修。如图 6-2 所示，制定的时间间隔 T 称为定时计划更换时间间隔。当在年龄更换维修策略的条件下，一台设备总是在到达它的年龄阈值 T 或者失效时被进行维修。

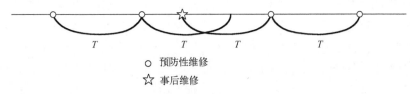

○　预防性维修

☆　事后维修

图 6-2　年龄更换维修策略示意图

　　定义维护周期为一个组件经过预防性维修或者事后维修后，达到其再次预防性维修或者事后维修所需时间。由此可得组件在一个维护周期内的期望工作时间（Expected Operational Time）为

$$E[U] = \int_0^T xf(x) + TR(T) = \int_0^T R(x)\mathrm{d}x \qquad (6\text{-}51)$$

　　由于组件以两种方式维修，一种方式是以事后维修的方式，其概率为 $F(t)$；另一种是以预防性维修的方式，概率为 $R(t) = 1 - F(t)$，所以组件在一个维修周期内的期望维修时间（Expected Replacement Time）为

$$E[\tilde{V}] = \tau_f F(T) + \tau_p R(T) \qquad (6\text{-}52)$$

　　相对应的维修周期也有两种，一种是达到时间 T 之后进行预防性维修，概率为 $R(t)$，另一种是在达到时间 T 之前即进行事后维修，概率为 $F(t)$。所以期望维修周期时间（Expected Cycle Length）为系统期望工作时间加上组件的期望维修时间

$$\mathrm{ECL}(T) = E[U] + E[\tilde{V}] = \int_0^T R(x)\mathrm{d}x + \tau_f F(T) + \tau_p R(T) \qquad (6\text{-}53)$$

　　而期望周期成本（Expected Cycle Cost）也可由相似的计算方法得出

$$\mathrm{ECC}(T) = c_f F(T) + c_p R(T) \qquad (6\text{-}54)$$

　　由更新极限定理可得，达到稳定状态时单位时间内的平均成本（Asymptotic Cost Per Unit Time）为期望周期成本与期望维修周期时间的比值，即

$$J_\infty(T) = \frac{\mathrm{ECC}(T)}{\mathrm{ECL}(T)} = \frac{c_f F(T) + c_p R(T)}{\int_0^T R(t)\mathrm{d}t + \tau_f F(T) + \tau_p R(T)} \qquad (6\text{-}55)$$

经过求导可得

$$r(T)\left[\int_0^T R(t)\mathrm{d}t + \tau_f F(T) + \tau_p R(T) \right] - F(T) = \frac{c_p}{c_f - c_p} \qquad (6\text{-}56)$$

　　一般在实际生产中事后维修的成本远大于预防性维修的成本，即有 $c_f > c_p$，下面根据维修时间是否忽略分为：事后维修时间和预防性维修时间都忽略为 0；事后维修时间和预防性维修时间相等且不为 0；事后维修时间和预防性维修时间都不可忽略且不相等。

　　(1)若维修时间忽略，即 $\tau_p = \tau_f = 0$，则式(6-55)和式(6-56)可以简化为

$$J_{\infty}(T) = \frac{c_f F(T) + c_p R(T)}{\int_0^T R(t)\mathrm{d}t} \tag{6-57}$$

$$r(T)\int_0^T R(t)\mathrm{d}t - F(T) = \frac{c_p}{c_f - c_p} \tag{6-58}$$

令 $h_l(t) = r(T)\displaystyle\int_0^T R(t)\mathrm{d}t - F(T)$ ，有 $h_1(0) = 0$ ， $h_2(\infty) = \dfrac{r(\infty)}{\lambda} - 1$ 。

①组件的故障率 $r(t)$ 严格单调递增。

（a）若 $r(\infty) > \dfrac{\lambda c_f}{c_f - c_p}$ ，则存在 T^* ，使得有最小的 $J_{\infty}(T^*) = (c_f - c_p)r(T^*)$ ，此时最优解存在。

（b）若 $r(\infty) \leqslant \dfrac{\lambda c_f}{c_f - c_p}$ ，则有最优解 $T^* = \infty$ ，使得 $J_{\infty}(T^*) = J_{\infty}(\infty) = \lambda c_f$ ，此时维修策略变为替换维修策略。即在任何情况下都是由替换维修完成组件替换工作，最优解不存在。

②组件的故障率 $r(t)$ 维持不变，此时年龄服从指数分布 $F(t) = 1 - \mathrm{e}^{-\lambda t}$ ，因此可得

$$\frac{\mathrm{d}}{\mathrm{d}x}J_{\infty}(T) = -\frac{\lambda^2 c_p \mathrm{e}^{-\lambda T}}{(1 - \mathrm{e}^{-\lambda T})^2} < 0 \tag{6-59}$$

即 $J_{\infty}(T)$ 为减函数，当 $T^* = \infty$ ，使得 $J_{\infty}(T^*) = J_{\infty}(\infty) = \lambda c_f$ ，此时维修策略变为替换维修，同样最优解不存在。

（2）若预防性维修时间与事后维修时间相同， $\tau_p = \tau_f = \tau \neq 0$ ，则式（6-55）和式（6-56）可以简化为

$$J_{\infty}(T) = \frac{\mathrm{ECC}(T)}{\mathrm{ECL}(T)} = \frac{c_f F(T) + c_p R(T)}{\int_0^T R(t)\mathrm{d}t + \tau} \tag{6-60}$$

$$r(T)\left(\int_0^T R(t)\mathrm{d}t + \tau\right) - F(T) = \frac{c_p}{c_f - c_p} \tag{6-61}$$

则同样令 $h_2(t) = r(T)\left(\displaystyle\int_0^T R(t)\mathrm{d}t + \tau\right) - F(T)$ ，有 $h_2(t) = 0$ ， $h_2(\infty) = r(\infty)\left(\dfrac{1}{\lambda} + \tau\right) - 1$ 。

①组件的故障率 $r(t)$ 严格单调递增。

(a) 若 $r(\infty) > \dfrac{c_f}{c_f - c_p} \cdot \dfrac{\lambda}{\lambda\tau + 1}$，则存在 T^*，有最小的 $J_\infty(T^*) = (c_f - c_p)r(T^*)$。

(b) 若 $r(\infty) \leqslant \dfrac{c_f}{c_f - c_p} \cdot \dfrac{\lambda}{\lambda\tau + 1}$，则有 $T^* = \infty$，使得 $J_\infty(T^*) = J_\infty(\infty) = \lambda c_f$，此时维修策略变为替换维修策略。

上述结论(a)与结论(b)表明，在考虑维修时间相同的条件下，问题的结论与不考虑维修时间的情况下是一样的，仅最优解 T^* 存在的条件有变化。

②若组件的故障率 $r(t)$ 维持不变，年龄服从指数分布，$F(t) = 1 - \mathrm{e}^{-\lambda t}$，有

$$\frac{\mathrm{d}}{\mathrm{d}T} J_\infty(T) = \left(\lambda\tau - \frac{c_p}{c_f - c_p} \right) \frac{(c_f - c_p)\mathrm{e}^{-T\lambda}\lambda^2}{(\mathrm{e}^{-T\lambda} - (1 + \lambda\tau))^2} \tag{6-62}$$

(a) 当 $\lambda\tau < \dfrac{c_p}{c_f - c_p}$ 时，$J_\infty(T)$ 单调递减，使 $J_\infty(T^*) = J_\infty(\infty) = \lambda c_f$，此时维修策略变为替换维修策略。

(b) 当 $\lambda\tau > \dfrac{c_p}{c_f - c_p}$ 时，$J_\infty(T)$ 单调递增，最小值出现在 $T = 0$ 处。这显然是不可能的，出现的原因在于这种情况下 $c_f \gg c_p$，即事后维修的费用远大于预防性维修，以至于在任意小的时间段内进行预防性维修所造成的成本都比进行事后维修的平均费用期望要小，因此采用了时刻进行预防性维修的方法避免事后维修，这显然也是不符合常识的。

(3) 若预防性维修时间与事后维修时间不同且不为 0，$\tau_p \neq 0$，$\tau_f \neq 0$。

$$J_\infty(T) = \frac{\mathrm{ECC}(T)}{\mathrm{ECL}(T)} = \frac{c_f F(T) + c_p R(T)}{\displaystyle\int_0^T R(t)\mathrm{d}t + \tau_f F(T) + \tau_p R(T)} \tag{6-63}$$

①当组件的故障率 $r(t)$ 严格单调递增。

不失一般性，假设年龄服从 Weibull 分布，形状参数 $k = 2$，尺度参数 $\lambda = 10$，则有 $F(t) = 1 - \mathrm{e}^{-t^2}$，此时故障率 $r(t) = 2t$ 严格单调递增。于是有

$$\frac{J_\infty(T)}{c_f} = \frac{1 - \mathrm{e}^{-t^2} + c_{pf}\mathrm{e}^{-t^2}}{\displaystyle\int_0^T \mathrm{e}^{-t^2}\mathrm{d}t + \tau_f(1 - \mathrm{e}^{-t^2}) + \tau_p\mathrm{e}^{-t^2}} \tag{6-64}$$

其中，$c_{pf} = c_p / c_f$ 且 $c_{pf} < 1$，求导可得

$$\frac{1}{c_f} \cdot \frac{\mathrm{d}}{\mathrm{d}T} J_\infty(T) = \frac{4 - 4c_{pf} - 4\mathrm{e}^{T^2}(1 + 2T(c_{pf}\tau_f - \tau_p) + (-1 + c_{pf})\sqrt{\pi}T\mathrm{Erf}(T))}{(-2\tau_f + 2\tau_p + \mathrm{e}^{T^2}(2\tau_f + \sqrt{\pi}\mathrm{Erf}(T)))^2} \tag{6-65}$$

其中，$\mathrm{Erf}(x)=\dfrac{2}{\sqrt{\pi}}\displaystyle\int_0^x \mathrm{e}^{-t^2}\mathrm{d}t$。由于分母大于 0，所以仅需要讨论分子。

定义 $h_3(T)=4-4c_{pf}-4\mathrm{e}^{T^2}(1+2T(c_{pf}\tau_f-\tau_p)+(-1+c_{pf})\sqrt{\pi}T\mathrm{Erf}(T))$，则

$$h(0)=-4c_{pf}<0 \tag{6-66}$$

$$h(\infty)=\begin{cases}\infty, & (1-c_{pf})\sqrt{\pi}-2c_{pf}\tau_f+2\tau_p>0\\ -\infty, & (1-c_{pf})\sqrt{\pi}-2c_{pf}\tau_f+2\tau_p\leqslant 0\end{cases} \tag{6-67}$$

(a) 当 $(1-c_{pf})\sqrt{\pi}-2c_{pf}\tau_f+2\tau_p>0$ 时，由零点定理可知存在零点 $(T^*,0)$ 满足 $h(T^*)=0$。

(b) 当 $(1-c_{pf})\sqrt{\pi}-2c_{pf}\tau_f+2\tau_p>0$ 时，存在 T^* 使得 $\dfrac{J_\infty(T)}{c_f}$ 取最小值。

② 若组件的故障率 $r(t)$ 维持不变，年龄服从指数分布，$F(t)=1-\mathrm{e}^{-\lambda t}$，有

$$\frac{\mathrm{d}}{\mathrm{d}T}J_\infty(T)=\left(\frac{c_f}{\tau_f}-\frac{c_p}{\tau_p}\cdot\frac{1+\lambda\tau_f}{\lambda\tau_f}\right)\frac{\mathrm{e}^{-T\lambda}\lambda^3\tau_p\tau_f}{(-\mathrm{e}^{-T\lambda}+(1+\lambda\tau f)+\lambda\mathrm{e}^{-T\lambda}(-\tau f+\tau_p))^2} \tag{6-68}$$

(a) 当 $\dfrac{c_f}{\tau_f}>\dfrac{c_p}{\tau_p}\cdot\dfrac{1+\lambda\tau_f}{\lambda\tau_f}$ 时，$J_\infty(T)$ 单调递增，最小值出现在 $T=0$ 处。这种情况是不可能的，出现原因在于事后维修的单位时间消费 $\left(\dfrac{c_f}{\tau_f}\right)$ 远大于预防性维修，导致在仅有预防性维修的情况下才能出现最优值。

(b) 当 $\dfrac{c_f}{\tau_f}<\dfrac{c_p}{\tau_p}\cdot\dfrac{1+\lambda\tau_f}{\lambda\tau_f}$ 时，$J_\infty(T)$ 单调递减，使 $J_\infty(T^*)=J_\infty(\infty)=\lambda c_f$，此时维修策略变为替换维修策略。

综上所述，年龄更换维修策略模型在各种情况下的结果如表 6-1 所示。

表 6-1 年龄更换维修策略下的模型最优解存在条件

维修时间忽略 $\tau_p=\tau_f=0$	故障率 $r(t)$ 严格单调递增	$r(\infty)>\dfrac{\lambda c_f}{c_f-c_p}$	$J_\infty(T^*)=(c_f-c_p)r(T^*)$
		$r(\infty)\leqslant\dfrac{\lambda c_f}{c_f-c_p}$	退化为替换维修
	故障率 $r(t)$ 维持不变		退化为替换维修
维修时间相等 $\tau_p=\tau_f=\tau\neq 0$	故障率 $r(t)$ 严格单调递增	$r(\infty)>\dfrac{c_f}{c_f-c_p}\cdot\dfrac{\lambda}{\lambda\tau+1}$	$J_\infty(T^*)=(c_f-c_p)r(T^*)$

维修时间相等 $\tau_p = \tau_f = \tau \neq 0$	故障率 $r(t)$ 严格单调递增	$r(\infty) \leqslant \dfrac{c_f}{c_f - c_p} \cdot \dfrac{\lambda}{\lambda\tau + 1}$	退化为替换维修
	故障率 $r(t)$ 维持不变	$\lambda\tau < \dfrac{c_p}{c_f - c_p}$	退化为替换维修
		$\lambda\tau > \dfrac{c_p}{c_f - c_p}$	与假设相斥
维修时间不相等 $\tau_p \neq 0, \tau_f \neq 0$	故障率 $r(t)$ 严格单调递增	$(1 - c_{pf})\sqrt{\pi} - 2c_{pf}\tau_f + 2\tau_p > 0$	$J_\infty(T^*) = (c_f - c_p)r(T^*)$
		$(1 - c_{pf})\sqrt{\pi} - 2c_{pf}\tau_f + 2\tau_p < 0$	无解
	故障率 $r(t)$ 维持不变	$\dfrac{c_f}{\tau_f} > \dfrac{c_p}{\tau_p} \cdot \dfrac{1 + \lambda\tau_f}{\lambda\tau_f}$	与假设相斥
		$\dfrac{c_f}{\tau_f} < \dfrac{c_p}{\tau_p} \cdot \dfrac{1 + \lambda\tau_f}{\lambda\tau_f}$	退化为替换维修

　　因为综合重要度需要考虑处于各个状态的概率,所以不能忽略维修时间(否则就一直处于完好的状态,中间间隔维修时间忽略不计的维修),转移率为周期的倒数,其表达式为

$$\lambda_i(T) = \frac{1}{\mathrm{ECL}(T)} = \frac{1}{\int_0^T R(t)\mathrm{d}t + \tau_f F(T) + \tau_p R(T)} \tag{6-69}$$

　　可靠性为周期内期望工作时间与周期长度的期望的比值为

$$R_i(T) = \frac{E[U]}{\mathrm{ECL}(T)} = \frac{\int_0^T R(x)\mathrm{d}x}{\int_0^T R(x)\mathrm{d}x + \tau F(T) + \tau R(T)} \tag{6-70}$$

则综合重要度为

$$I_i^{\mathrm{IIM}}(T) = \lambda_i(T)R_i(T)I_i^{\mathrm{BM}}(T) = \frac{1}{\mathrm{ECL}(T)} \cdot \frac{E[U]}{\mathrm{ECL}(T)} \cdot I_i^{\mathrm{BM}}(T) = \frac{E[U] \cdot I_i^{\mathrm{BM}}(T)}{\mathrm{ECL}^2(T)} \tag{6-71}$$

　　系统在稳定状态下组件 i 的单位时间内的成本为

$$J_\infty(T) = \frac{\mathrm{ECC}(T)}{\mathrm{ECL}(T)} = \frac{c_f F(T) + c_p R(T)}{\int_0^T R(t)\mathrm{d}t + \tau_f F(T) + \tau_p R(T)} \tag{6-72}$$

　　可得组件基于成本的综合重要度为

$$I_i^{\mathrm{IIM},c}(T) = \frac{\partial C(T)}{\partial I_i^{\mathrm{IIM}}(T)} = \frac{tJ_\infty(T)}{I_i^{\mathrm{IIM}}(T)} = t \cdot \frac{\mathrm{ECC}(T)}{\mathrm{ECL}(T)} \cdot \frac{\mathrm{ECL}(T)^2}{E[U] \cdot I_i^{\mathrm{BM}}(T)} = t\frac{\mathrm{ECC}(T) \cdot \mathrm{ECL}(T)}{E[U] \cdot I_i^{\mathrm{BM}}(T)} \tag{6-73}$$

其中，$\mathrm{ECC}(T)=c_f F(T)+c_p R(T)$，$\mathrm{ECL}(T)=\int_0^T R(x)\mathrm{d}x+\tau_f F(T)+\tau_p R(T)$，$E[U]=\int_0^T R(x)\mathrm{d}x$。

定理 6-3 串联系统中，若组件之间相互独立且服从指数分布，则组件 i 的基于成本的综合重要度为

$$I_i^{\mathrm{IIM},c}(t)=\frac{E[U]\exp\left(-t\sum_{k=1,k\neq i}^{n}\lambda_k\right)}{\mathrm{ECL}^2(T)} \tag{6-74}$$

证明 由式(6-30)可知，在串联系统中，任一组件失效（$R_i=0$）时，都会导致系统整体的失效（$R_S=0$），又因为任意短的时间内不可能有多于一个的组件同时失效，因此只考虑单组件引起的系统失效。组件 i 在 $(0,t)$ 时间段内的成本为

$$C^i(t)=tJ_\infty(T)=t\frac{\mathrm{ECC}(T)}{\mathrm{ECL}(T)} \tag{6-75}$$

串联系统中，组件 i 的 Birnbaum 重要度为

$$I_i^{\mathrm{BM}}(t)=\exp\left(-t\sum_{k=1,k\neq i}^{n}\lambda_k\right) \tag{6-76}$$

因此对于其中任一组件 i，其基于成本的综合重要度为

$$I_i^{\mathrm{IIM},c}(t)=\frac{\partial C(t)}{\partial I_i^{\mathrm{IIM}}(t)}=\frac{t\dfrac{\mathrm{ECC}(T)}{\mathrm{ECL}(T)}}{t\dfrac{\mathrm{ECC}(T)\cdot\mathrm{ECL}(T)}{E[U]\cdot I_i^{\mathrm{BM}}(T)}}=\frac{E[U]\exp\left(-t\sum_{k=1,k\neq i}^{n}\lambda_k\right)}{\mathrm{ECL}^2(T)} \tag{6-77}$$

其中，$E[U]=\int_0^T R(x)\mathrm{d}x$，$\mathrm{ECL}(T)=\int_0^T R(x)\mathrm{d}x+\tau_f F(T)+\tau_p R(T)$。

证毕。

定理 6-4 并联系统中，若组件之间相互独立且服从指数分布，则组件 i 基于成本的综合重要度为

$$I_i^{\mathrm{IIM},c}(t)=\frac{E[U]}{\mathrm{ECL}^2(T)}\prod_{k=1,k\neq i}^{n}(1-\exp(-\lambda_k t)) \tag{6-78}$$

证明 由式(6-35)可知，在并联系统中，当且仅当所有组件失效（$\sum_{i=1}^{n}R_i=0$）

时，整个系统才会失效（$R_S = 0$），而任意短的时间内不会有多于一个的组件同时失效，因此组件 i 导致的系统失效的概率为 0。所以并联系统中组件 i 在 $(0, t)$ 时间段内的成本为

$$C^i(t) = tJ_\infty(T) = t\frac{\mathrm{ECC}(T)}{\mathrm{ECL}(T)} \tag{6-79}$$

并联系统中，组件 i 的 Birnbaum 重要度为

$$I_i^{\mathrm{BM}}(t) = \prod_{k=1,k\neq i}^{n}(1-\exp(-\lambda_k t)) \tag{6-80}$$

对于其中任一组件 i，其基于成本的综合重要度为

$$
\begin{aligned}
I_i^{\mathrm{IIM},c}(t) &= \frac{\partial C(t)}{\partial I_i^{\mathrm{IIM},c}(t)} = \frac{t\dfrac{\mathrm{ECC}(T)}{\mathrm{ECL}(T)}}{t\dfrac{\mathrm{ECC}(T)\cdot\mathrm{ECL}(T)}{E[U]\cdot I_i^{\mathrm{BM}}(T)}} = \frac{\mathrm{ECC}(T)}{\mathrm{ECL}(T)}\cdot\frac{E[U]\cdot I_i^{\mathrm{BM}}(T)}{\mathrm{ECC}(T)\cdot\mathrm{ECL}(T)} \\
&= \frac{E[U]}{\mathrm{ECL}^2(T)}\prod_{k=1,k\neq i}^{n}(1-\exp(-\lambda_k t))
\end{aligned}
\tag{6-81}
$$

其中，$E[U] = \displaystyle\int_0^T R(x)\mathrm{d}x$，$\mathrm{ECL}(T) = \displaystyle\int_0^T R(x)\mathrm{d}x + \tau_f F(T) + \tau_p R(T)$。

证毕。

下面采用单组件系统，在年龄更换维修策略下分析相关参数的变化。假设组件年龄遵从 Weibull 分布，形状参数 $k = 2$，尺度参数 $\lambda = 10$，因此 $F(t) = 1 - \mathrm{e}^{-t^2}$；所有成本来自维修人员的工资，其总成本为 c，包含且仅包含预防性维修人员工资和事后维修人员工资；预防性维修人员工资成本所占比例为 p，则事后维修人员工资为 $c(1-p)$；维修时间长短与维修人员的工资水平呈反比关系，系数为 1，有 $c_p = cp$，$c_f = c(1-p)$，$\tau_p = \dfrac{1}{cp}$，$\tau_f = \dfrac{1}{c(1-p)}$，$\mathrm{cpf} = \dfrac{c_p}{c_f} = \dfrac{p}{1-p}$，$\mathrm{\tau pf} = \dfrac{\tau_p}{\tau_f} = \dfrac{1-p}{p}$。

为方便讨论和计算起见，引入了 cpf、τpf 两个变量分别代表预防性成本和事后成本的比例以及预防性维修时间和事后维修时间的比例。

假设在一个周期内的预防性维修和事后维修的预算之和 c 维持恒定不变，因此决策变量为预防性维修和事后维修分配的预算的比例 p，从而使得模型能够达到最小的稳态单位时间平均成本，可得

$$J_\infty(T) = \frac{(1-p)cF(T) + pcR(T)}{\displaystyle\int_0^T R(t)\mathrm{d}t + \dfrac{F(T)}{c(1-p)} + \dfrac{R(T)}{cp}} \tag{6-82}$$

由前面的分析可知，模型无法得到精确的解析解，因此用数值模拟的方法得到其近似解并讨论单位时间费用与模型参数的依赖关系。依照预防性成本和事后成本的比例 cpf = 0.1, 0.2, ⋯, 0.9, 1 等情况下最优年龄阈值的变化进行分析。

6.6　物流网络案例分析

对于物流网络来说，有的物流节点出现问题会使物流网络中断或崩溃，而有的则不会，这就说明物流网络中的网络节点对于物流网络的重要程度和关键性不尽相同。物流网络是指由物流过程中货物运动线路和一个个物流节点组成的网络结构。物流网络在整个供应链的供给和需求上起着衔接的作用，其中任何一个节点出现问题都会影响整个物流网络的可靠性。物流网络中存在着伴随着产品整个生命周期的各种各样的成本，其中降低缺货费用是保持物流网络可靠性和提升物流系统性能的重要手段，这一成本贯穿于整个物流网络。随着物流业的日益发展，物流网络也越来越复杂，而其中一些节点由于缺货可能会给整个物流系统带来巨大的经济损失。所以，降低缺货费用已经成为影响物流企业利润的关键。本节提出在持续补货策略下，串并联物流网络中基于缺货成本的 Birnbaum 重要度和综合重要度的计算方法。然后以销售物流网络为例，通过比较销售物流网络节点企业基于缺货成本的重要度，可以识别物流网络中的关键环节，有效降低物流网络的缺货成本，对改进物流网络系统有重要意义。

在现实的物流网络中，每一个物流节点都在努力降低自己的成本，而其中一直困扰着这些销售点、配送中心或者物流中心的是缺货成本，而由于每一个网络节点的缺货又会导致整个物流网络的中断或崩溃，这又会产生另一个方面的由各个节点企业来分摊的成本。每一个节点在货物流通过程中或多或少地都存在着缺货现象，那么因为缺货导致企业的成本的增加是每一个企业都要考虑的问题，所以单位时间的缺货费用这一指标对于企业来说都非常有用。

一般情况下，不同的网络节点企业的缺货数量、时间等都不相同，所以相应的缺货成本也不尽相同。物流网络在 $(0, t)$ 内的缺货成本包括不同物流网络节点企业的缺货成本和由于这些节点的缺货给整个物流网络带来的损失成本两部分。因此物流网络在 $(0, t)$ 内从单个网络节点企业的角度考虑的缺货费用为

$$C^i(t) = C_{s,i}(t) + C_i(t) = c_{s,i} \Lambda_i(t) + c_i \Lambda_i(t) = (c_i + c_{s,i}) \Lambda_i(t) \tag{6-83}$$

其中，$\Lambda_i(t)$ 可以理解为物流网络节点企业 i 在 $(0, t)$ 时间段内缺货的次数的期望。需要注意到的是，物流网络节点企业的缺货并不一定会导致物流网络瘫痪而产生损失成本，若物流网络节点企业 i 的缺货不会导致整个物流网络的瘫痪，那么

$c_{s,i}=0$，即物流网络节点企业i缺货导致的整个物流网络瘫痪从而需要支付的损失成本为0。

而物流网络节点企业的综合重要度为

$$I_i^{\text{IIM}}(t) = -\frac{\mathrm{d}R_i(t)}{\mathrm{d}t} \cdot \frac{\partial R_S(t)}{\partial R_i(t)} = \lambda_i \mathrm{e}^{-\lambda_i t} \cdot I_i^{\text{BM}}(t) \tag{6-84}$$

所以，物流网络节点企业i基于缺货成本的综合重要度为

$$I_i^{\text{IIM},c}(t) = \frac{C^i(t)}{I_i^{\text{IIM}}(t)} = \frac{(c_i + c_{s,i})\lambda_i t}{\lambda_i \mathrm{e}^{-\lambda_i t} I_i^{\text{BM}}(t)} = \frac{(c_i + c_{s,i})t \mathrm{e}^{\lambda_i t}}{I_i^{\text{BM}}(t)} \tag{6-85}$$

串联物流网络是组成整个物流网络的任何一个节点企业缺货都会导致整个物流网络瘫痪的一种物流网络。串联物流网络结构框图如图6-3所示。

图 6-3　串联物流网络结构

在串联物流网络中，任何一个物流节点企业缺货（$R_i=0$）时，都会导致整个物流网络的瘫痪（$R_S=0$），则成本函数为

$$C^i(t) = (c_{s,i} + c_i)\Lambda_i(t) = (c_{s,i} + c_i)\lambda_i t \tag{6-86}$$

所以串联物流网络中，节点企业i的 Birnbaum 重要度为

$$I_i^{\text{BM}}(t) = \frac{\partial R_S(t)}{\partial R_i(t)} = \frac{\prod_{k=1}^{n} R_k(t)}{R_i(t)} = \prod_{k=1, k\neq i}^{n} R_k(t) = \exp\left(-t \sum_{k=1, k\neq i}^{n} \lambda_k\right) \tag{6-87}$$

基于缺货成本 Birnbaum 重要度为

$$I_i^{\text{BM},c}(t) = \frac{C(t)}{I_i^{\text{BM}}(t)} = \frac{(c_i + c_{s,i})\lambda_i t}{\exp\left(-t \sum_{k=1, k\neq i}^{n} \lambda_k\right)} \tag{6-88}$$

根据串联物流网络中的 Birnbaum 重要度可以得到在串联条件下物流网络节点企业的综合重要度为

$$I_i^{\text{IIM}}(t) = \lambda_i \mathrm{e}^{-\lambda_i t} \exp\left(-t \sum_{k=1}^{n} \lambda_k\right) \tag{6-89}$$

所以串联物流网络结构中基于缺货成本的综合重要度为

$$I_i^{\text{IIM},C}(t) = \frac{C(t)}{I_i^{\text{IIM}}(t)} = \frac{(c_{s,i} \mid c_i)\varLambda_i(t)}{\lambda_i e^{-\lambda_i t} \exp\left(-t\sum_{k=1}^{n}\lambda_k\right)} = \frac{(c_{s,i} \mid c_i)t}{e^{-\lambda_i t} \exp\left(-t\sum_{k=1}^{n}\lambda_k\right)} \tag{6-90}$$

并联物流网络是指在并联结构中，处于同一级的所有节点企业都缺货才会导致整个物流网络的瘫痪，并联物流网络的结构以销售网络中的销售点为例，如图 6-4 所示。

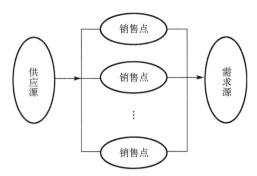

图 6-4 并联物流网络的结构

由并联物流网络可靠性模型可以知道，在并联物流网络中当且仅当同一级的所有节点企业缺货（$\sum_{i=1}^{n}R_i = 0$）时，整个物流网络系统才会瘫痪（$R_S = 0$）。在任意短的时间 Δt 内不会有多于一个的网络节点企业缺货，也就是说在本节的并联物流网络里，缺货成本仅仅为某个节点企业的缺货成本，不会产生因为缺货而导致的整个物流网络出现的损失成本。所以当物流网络为并联条件时，物流网络的缺货成本为

$$C^i(t) = (c_{s,i} + c_i)\varLambda_i(t) = c_i\lambda_i t \tag{6-91}$$

根据并联物流网络的可靠性模型和 Birnbaum 重要度，我们可以得到在并联物流网络里节点企业 i 的 Birnbaum 重要度为

$$I_i^{\text{BM}}(t) = \frac{\partial R_S(t)}{\partial R_i(t)} = \frac{\partial\left(1 - \prod_{k=1}^{n}(1-R_k)\right)}{\partial R_i(t)} = \prod_{k=1,k\neq i}^{n}(1-R_k) = \prod_{k=1,k\neq i}^{n}(1-\exp(-\lambda_k t)) \tag{6-92}$$

基于缺货成本的 Birnbaum 重要度模型中，可以得到在并联物流网络中节点企业 i 基于缺货成本的 Birnbaum 重要度为

$$I_i^{\mathrm{BM},c}(t) = \frac{C(t)}{I_i^{\mathrm{BM}}(t)} = \frac{c_i \lambda_i t}{\displaystyle\prod_{k=1,k\neq i}^{n}(1-R_k)} \tag{6-93}$$

其物理意义为，物流网络中节点企业的 Birnbaum 重要度发生改变后对整个物流网络的缺货成本影响大小。如果某节点企业 Birnbaum 重要度的变化对缺货成本影响较大，那么可以针对该企业采取一定措施来降低缺货成本，提高物流网络的可靠性。

同理，在计算并联物流网络里节点的综合重要度时，缺货成本同样仅为某个节点企业的缺货成本，不会产生因为缺货而导致的整个物流网络出现的损失成本，所以整个物流网络系统的缺货成本仍为 $c_i \lambda_i t$。根据并联网络中的 Birnbaum 重要度，引入状态转移率，也就是物流网络中的缺货率，可以得到在并联条件下物流网络节点的综合重要度为

$$I_i^{\mathrm{IIM}}(t) = \lambda_i \mathrm{e}^{-\lambda_i t} \prod_{k=1,k\neq i}^{n}(1-\exp(-\lambda_k t)) \tag{6-94}$$

根据上述的缺货成本函数和综合重要度函数，可以得到在并联物流网络中任何一个网络节点企业 i 的基于缺货成本的综合重要度为

$$I_i^{\mathrm{IIM},c}(t) = \frac{C^i(t)}{I_i^{\mathrm{IIM}}(t)} = \frac{c_i \lambda_i t}{\lambda_i \mathrm{e}^{-\lambda_i t} \displaystyle\prod_{k=1,k\neq i}^{n}(1-\exp(-\lambda_k t))} = \frac{c_i t}{\mathrm{e}^{-\lambda_i t} \displaystyle\prod_{k=1,k\neq i}^{n}(1-\exp(-\lambda_k t))} \tag{6-95}$$

其物理意义为，物流网络中节点企业的综合重要度发生改变后对整个物流网络的缺货成本影响大小。

在某一个三级销售物流网络里，假设有两家工厂来供货，有一个配送中心进行整合配送，然后将货物送往两个销售点，如图 6-5 所示。

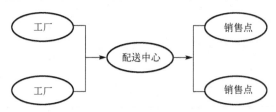

图 6-5　销售物流网络结构

可以看出，这个三级销售物流网络结构是一个串并联混合结构，第一级和第三级是有两个成员的并联系统，第二级是只有一个成员的串联部分。从基础物流

网络结构来说，这一个三级销售物流网络结构是一个特殊的网状结构，因为在现实中的网状结构中是没有限制的，各成员之间都是可以有货物往来的，而在这一模型中假设同一级之间相互独立，即两个工厂之间、两个销售点之间没有货物来往，则销售物流网络结构转化成的可靠性模型如图 6-6 所示。

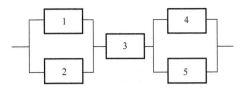

图 6-6　销售物流网络可靠性模型

由销售物流网络结构可以看出：

(1)两个工厂处于并联状态，两个销售点处于并联状态，在持续补货策略下，任何一个节点企业缺货都会得到补充，而且在短时间 Δt 内不会有多于一个的网络节点缺货，所以工厂和销售点不会导致整个物流网络的瘫痪。

(2)配送中心与其他节点处于串联状态，所以配送中心缺货将直接导致物流网络的瘫痪。

在现实的物流网络中，每一次工厂、物流中心、配送中心货物从上游流向下游销售点和顾客都不影响以后货物在物流网络中的流动，所以假设物流网络具有无记忆性，服从指数分布，即假设物流网络节点 1、2、3、4、5 分别服从参数为 λ_1、λ_2、λ_3、λ_4、λ_5 的指数分布，所以它们的可靠性函数为 $R_i(t)=\mathrm{e}^{-\lambda_i t}, i=1,2,3,4,5$。

根据每一个网络节点的可靠性函数以及串并联物流网络的性质可以得出上述销售物流网络系统的可靠性为

$$R_S(t)=[1-(1-R_1(t))(1-R_2(t))]R_3(t)[1-(1-R_4(t))(1-R_5(t))]$$
$$=[R_1(t)+R_2(t)-R_1(t)R_2(t)]R_3(t)[R_4(t)+R_5(t)-R_4(t)R_5(t)] \tag{6-96}$$

根据 Birnbaum 重要度公式可以计算出物流网络节点 1、2、3、4、5 的 Birnbaum 重要度分别为

$$I_1^{\mathrm{BM}}(t)=\frac{\partial R_S(t)}{\partial R_1(t)}=[R_3(t)-R_2(t)R_3(t)][R_4(t)+R_5(t)-R_4(t)R_5(t)]$$

$$I_2^{\mathrm{BM}}(t)=\frac{\partial R_S(t)}{\partial R_2(t)}=[R_3(t)-R_1(t)R_3(t)][R_4(t)+R_5(t)-R_4(t)R_5(t)]$$

$$I_3^{\mathrm{BM}}(t)=\frac{\partial R_S(t)}{\partial R_3(t)}=[R_1(t)+R_2(t)-R_1(t)R_2(t)][R_4(t)+R_5(t)-R_4(t)R_5(t)]$$

$$I_4^{\mathrm{BM}}(t) = \frac{\partial R_S(t)}{\partial R_4(t)} = [R_3(t) - R_3(t)R_5(t)][R_1(t) + R_2(t) - R_1(t)R_2(t)]$$

$$I_5^{\mathrm{BM}}(t) = \frac{\partial R_S(t)}{\partial R_5(t)} = [R_3(t) - R_3(t)R_4(t)][R_1(t) + R_2(t) - R_1(t)R_2(t)]$$

所以可以得到物流网络节点 1、2、3、4、5 基于缺货成本的 Birnbaum 重要度分别为

$$I_1^{\mathrm{BM},c}(t) = \frac{C^1(t)}{I_1^{\mathrm{BM}}(t)} = \frac{c_1\lambda_1 t}{[R_3(t) - R_2(t)R_3(t)][R_4(t) + R_5(t) - R_4(t)R_5(t)]}$$
$$= \frac{c_1\lambda_1 t}{[\mathrm{e}^{-\lambda_3 t} - \mathrm{e}^{-(\lambda_2+\lambda_3)t}][\mathrm{e}^{-\lambda_4 t} + \mathrm{e}^{-\lambda_5 t} - \mathrm{e}^{-(\lambda_4+\lambda_5)t}]}$$

$$I_2^{\mathrm{BM},c}(t) = \frac{C^2(t)}{I_2^{\mathrm{BM}}(t)} = \frac{c_2\lambda_2 t}{[R_3(t) - R_1(t)R_3(t)][R_4(t) + R_5(t) - R_4(t)R_5(t)]}$$
$$= \frac{c_2\lambda_2 t}{[\mathrm{e}^{-\lambda_3 t} - \mathrm{e}^{-(\lambda_1+\lambda_3)t}][\mathrm{e}^{-\lambda_4 t} + \mathrm{e}^{-\lambda_5 t} - \mathrm{e}^{-(\lambda_4+\lambda_5)t}]}$$

$$I_3^{\mathrm{BM},c}(t) = \frac{C^3(t)}{I_3^{\mathrm{BM}}(t)} = \frac{(c_{s,3}+c_3)\lambda_3 t}{[R_1(t) + R_2(t) - R_1(t)R_2(t)][R_4(t) + R_5(t) - R_4(t)R_5(t)]}$$
$$= \frac{(c_{s,3}+c_3)\lambda_3 t}{[\mathrm{e}^{-\lambda_1 t} + \mathrm{e}^{-\lambda_2 t} - \mathrm{e}^{-(\lambda_1+\lambda_2)t}][\mathrm{e}^{-\lambda_4 t} + \mathrm{e}^{-\lambda_5 t} - \mathrm{e}^{-(\lambda_4+\lambda_5)t}]}$$

$$I_4^{\mathrm{BM},c}(t) = \frac{C^4(t)}{I_4^{\mathrm{BM}}(t)} = \frac{c_4\lambda_4 t}{[R_3(t) - R_3(t)R_5(t)][R_1(t) + R_2(t) - R_1(t)R_2(t)]}$$
$$= \frac{c_4\lambda_4 t}{[\mathrm{e}^{-\lambda_3 t} - \mathrm{e}^{-(\lambda_3+\lambda_5)t}][\mathrm{e}^{-\lambda_1 t} + \mathrm{e}^{-\lambda_2 t} - \mathrm{e}^{-(\lambda_1+\lambda_2)t}]}$$

$$I_5^{\mathrm{BM},c}(t) = \frac{C^5(t)}{I_5^{\mathrm{BM}}(t)} = \frac{c_5\lambda_5 t}{[R_3(t) - R_3(t)R_4(t)][R_1(t) + R_2(t) - R_1(t)R_2(t)]}$$
$$= \frac{c_5\lambda_5 t}{[\mathrm{e}^{-\lambda_3 t} - \mathrm{e}^{-(\lambda_3+\lambda_4)t}][\mathrm{e}^{-\lambda_1 t} + \mathrm{e}^{-\lambda_2 t} - \mathrm{e}^{-(\lambda_1+\lambda_2)t}]}$$

以上述基于缺货成本的 Birnbaum 重要度计算方法为基础,通过引入可靠性理论中的状态转移率,在重要度理论称为失效率,在本节物流网络中称为缺货率,可以得出物流网络节点 1、2、3、4、5 基于缺货成本的综合重要度,基于缺货成本的综合重要度反映了物流网络中各节点企业综合重要度的变化对物流网络系统缺货成本的影响,通过对比最终的计算结果,对基于缺货成本的综合重要度较大的节点企业进行优先补货,$I^{\mathrm{IIM},c}(t)$ 计算过程如下

$$I_1^{\text{IIM},c}(t) = \frac{C^1(t)}{I_1^{\text{IIM}}(t)} = \frac{c_1 \lambda_1 t}{\lambda_1 R_1(t)[R_3(t) - R_2(t)R_3(t)][R_4(t) + R_5(t) - R_4(t)R_5(t)]}$$

$$= \frac{c_1 t}{R_1(t)[R_3(t) - R_2(t)R_3(t)][R_4(t) + R_5(t) - R_4(t)R_5(t)]}$$

$$= \frac{c_1 t}{\mathrm{e}^{-\lambda_1 t}[\mathrm{e}^{-\lambda_3 t} - \mathrm{e}^{-(\lambda_2+\lambda_3)t}][\mathrm{e}^{-\lambda_4 t} + \mathrm{e}^{-\lambda_5 t} - \mathrm{e}^{-(\lambda_4+\lambda_5)t}]}$$

$$I_2^{\text{IIM},c}(t) = \frac{C^2(t)}{I_2^{\text{IIM}}(t)} = \frac{c_2 \lambda_2 t}{\lambda_2 R_2(t)[R_3(t) - R_1(t)R_3(t)][R_4(t) + R_5(t) - R_4(t)R_5(t)]}$$

$$= \frac{c_2 t}{R_2(t)[R_3(t) - R_1(t)R_3(t)][R_4(t) + R_5(t) - R_4(t)R_5(t)]}$$

$$= \frac{c_2 t}{\mathrm{e}^{-\lambda_2 t}[\mathrm{e}^{-\lambda_3 t} - \mathrm{e}^{-(\lambda_1+\lambda_3)t}][\mathrm{e}^{-\lambda_4 t} + \mathrm{e}^{-\lambda_5 t} - \mathrm{e}^{-(\lambda_4+\lambda_5)t}]}$$

$$I_3^{\text{IIM},c}(t) = \frac{C^3(t)}{I_3^{\text{IIM}}(t)} = \frac{(c_{s,3} + c_3)\lambda_3 t}{\lambda_3 R_3(t)[R_1(t) + R_2(t) - R_1(t)R_2(t)][R_4(t) + R_5(t) - R_4(t)R_5(t)]}$$

$$= \frac{(c_{s,3} + c_3)t}{R_3(t)[R_1(t) + R_2(t) - R_1(t)R_2(t)][R_4(t) + R_5(t) - R_4(t)R_5(t)]}$$

$$= \frac{(c_{s,3} + c_3)t}{\mathrm{e}^{-\lambda_3 t}[\mathrm{e}^{-\lambda_1 t} + \mathrm{e}^{-\lambda_2 t} - \mathrm{e}^{-(\lambda_1+\lambda_2)t}][\mathrm{e}^{-\lambda_4 t} + \mathrm{e}^{-\lambda_5 t} - \mathrm{e}^{-(\lambda_4+\lambda_5)t}]}$$

$$I_4^{\text{IIM},c}(t) = \frac{C^4(t)}{I_4^{\text{IIM}}(t)} = \frac{c_4 \lambda_4 t}{\lambda_4 R_4(t)[R_3(t) - R_3(t)R_5(t)][R_1(t) + R_2(t) - R_1(t)R_2(t)]}$$

$$= \frac{c_4 t}{R_4(t)[R_3(t) - R_3(t)R_5(t)][R_1(t) + R_2(t) - R_1(t)R_2(t)]}$$

$$= \frac{c_4 t}{\mathrm{e}^{-\lambda_4 t}[\mathrm{e}^{-\lambda_3 t} - \mathrm{e}^{-(\lambda_3+\lambda_5)t}][\mathrm{e}^{-\lambda_1 t} + \mathrm{e}^{-\lambda_2 t} - \mathrm{e}^{-(\lambda_1+\lambda_2)t}]}$$

$$I_5^{\text{IIM},c}(t) = \frac{C^5(t)}{I_5^{\text{IIM}}(t)} = \frac{c_5 \lambda_5 t}{\lambda_5 R_5(t)[R_3(t) - R_3(t)R_4(t)][R_1(t) + R_2(t) - R_1(t)R_2(t)]}$$

$$= \frac{c_5 t}{R_5(t)[R_3(t) - R_3(t)R_4(t)][R_1(t) + R_2(t) - R_1(t)R_2(t)]}$$

$$= \frac{c_5 t}{\mathrm{e}^{-\lambda_5 t}[\mathrm{e}^{-\lambda_3 t} - \mathrm{e}^{-(\lambda_3+\lambda_4)t}][\mathrm{e}^{-\lambda_1 t} + \mathrm{e}^{-\lambda_2 t} - \mathrm{e}^{-(\lambda_1+\lambda_2)t}]}$$

6.7　本　章　小　结

　　本章提出的维修费用的综合重要度不但考虑了组件状态和系统的结构函数对于系统性能的影响，还加入了组件维修费用对重要度的影响，使得组件的重要度排序更直接地指导生产实践，寻找出系统性能中的关键瓶颈，对实际的维修实践有着很强的启发意义。最后提出的基于成本的综合重要度不仅考虑了网络节点的状态和物流网络的结构对整个系统的影响，还加入了缺货成本对重要度的影响，可以更有效地识别物流网络的关键环节，从而降低缺货成本。本章主要内容已由作者发表于文献[127]～文献[129]。

第7章　系统结构演化过程中的重要度分析

为了节约系统研制成本和缩短研制周期，目前我国大部分新研系统是在原有系统的基础上进行改进而来。改进型系统由于继承了上一代系统的全部或部分组件，从可靠性角度来讲，其结构必然与上一代系统有相同之处，因此其可靠性水平也必然含有上一代系统的信息。将系统结构和应力施加作为可靠性试验中可以进行优化的两个方面，将其各自看成一个独立的系统，通过重要度的方法分别进行优化，从而达到对可靠性鉴定试验进行优化的目的，以提高试验效率，降低试验成本。研究了系统结构演化及其重要度排序规律，以产品设计模块化的现状为依据，从单一组件逐步演化到五组件结构，以及 N 组件串联和并联结构，在此基础上，对演化规律进行了梳理，并对典型结构进行了重要度分析，得到了关于系统结构演化与各组件重要度排序规律的七条性质。

7.1　系统结构演化

系统的结构发展经历了从简单到复杂，再到简单的过程，在复杂系统的高可靠性要求下，复杂系统的结构被要求越简单越好，特别是电子信息技术的运用以及系统总线的出现，系统从以前的复杂的拓扑结构发展为简单的串联和并联结构，降低了组件之间的相互关联性，提高了其独立性，即某一个组件的工作与失效不再严重依赖于其他组件。绝大部分复杂系统中的各个组件，除了电子信息系统严重依赖于供电单元和机械系统严重依赖于动力单元外，其自身工作与失效基本取决于自身的内部单元。这得益于 20 世纪末兴起的模块化设计。基于此现实情况，在系统结构的演化过程中主要以串联和并联两种连接方式作为系统的演化推进方式，并假定各组件相互独立。

7.1.1　N 个组件结构

由于是要得到系统可靠性函数，进而进行重要度分析，在结构的演化过程中用可靠性逻辑图来代替结构图，以下所有结构图均为系统可靠性逻辑图。其中每一个方框代表一个组件，方框之间用短线联结，表示其逻辑关系。通过逐个增加组件的方式，来进行结构演化的推演。

(1)两组件结构。

两组件结构通过串联和并联两种连接方式，一共只有两种系统结构，即基本的串联和并联结构，如图 7-1 所示。

图 7-1　两组件结构图

(2)三组件结构。

三组件结构通过各种串并联组合，有四种结构，如图 7-2 所示。

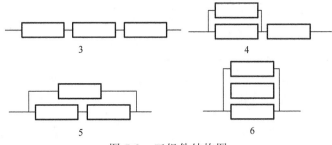

图 7-2　三组件结构图

(3)四组件结构。

四组件结构相对比较复杂，通过组合，一共有八种结构，如图 7-3 所示。

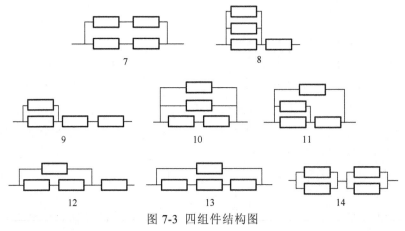

图 7-3　四组件结构图

(4)五组件结构。

五组件结构相对四组件更为复杂，在四组件的八种基本结构的基础上串联或并联一个组件可以得到 20 种结构，如图 7-4 所示。

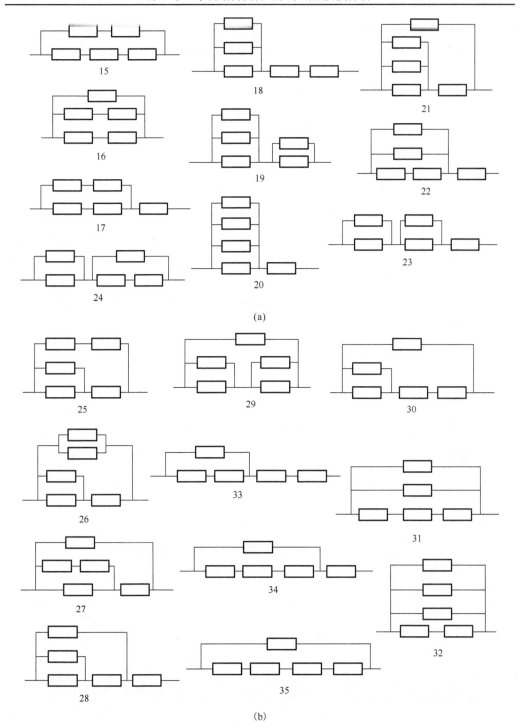

图 7-4　五组件结构图

(5) 串联结构和并联结构。

N 组件串联结构和 N 组件并联结构如图 7-5 所示。

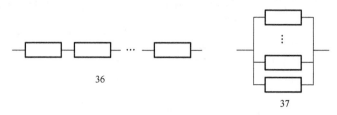

图 7-5　串联结构和并联结构图

由于继续增加组件会让系统结构变得越来越复杂，不便于分析和研究，在实际系统中，每一个组件即上图所示的每一个方框，都有其内部的可靠性逻辑关系，用上述的任何一个结构代替上述任意结构中的一个组件便会得到更为复杂的系统结构。上述 37 种结构虽然不能涵盖所有的系统结构，但通过用结构替代组件进行扩展或对复杂系统进行简化后已经能够满足本书研究所需。下面对演化路径进行归纳。

7.1.2　系统演化路径

虽然结构数量并不是太多，但是演化的路径却有多重途径。用圆代表一种结构，其中 0 号为单个组件，用实线箭头代表增加一个组件，用虚线箭头代表用同样的方式（串联或并联）增加 N 个组件，生成的演化总图如图 7-6 所示。

根据演化总图，可以得到由单个组件演化到五个组件的演化路径如下

(1) 0——1——3——9——18

(2) 0——1——3——9——24

(3) 0——1——3——9——30

(4) 0——1——3——9——33

(5) 0——1——3——12——22

(6) 0——1——3——12——24

(7) 0——1——3——12——27

(8) 0——1——3——12——33

(9) 0——1——3——13——15

(10) 0——1——3——13——30

(11) 0——1——3——13——31

(12) 0——1——3——13——34

(13) 0——1——3——13——35

(14) 0——1——4——8——18

(15) 0——1——4——8——19

(16) 0——1——4——8——20

(17) 0——1——4——8——21

(18) 0——1——4——8——22

(19) 0——1——4——9——18

(20) 0——1——4——9——24

(21) 0——1——4——9——30

(22) 0——1——4——9——33

(23) 0——1——4——11——25

(24) 0——1——4——11——26

(25) 0——1——4——11——27

(26) 0——1——4——11——28

(27) 0——1——4——11——29

(28) 0——1——4——11——30

(29) 0——1——4——14——19

(30) 0——1——4——14——23

(31) 0——1——4——14——24

(32) 0——1——4——14——29

(33) 0——1——5——7——16

(34) 0——1——5——7——17

(35) 0——1——5——7——25

(36) 0——1——5——10——16

(37) 0——1——5——10——22

(38) 0——1——5——10——31

(39) 0——1——5——10——32

(40) 0——1——5——11——25

(41) 0——1——5——11——26

(42) 0——1——5——11——27

(43) 0——1——5——11——28

(44) 0——1——5——11——29

(45) 0——1——5——11——30

(46) 0——1——5——12——22

(47) 0——1——5——12——24

(48) 0——1——5——12——27

(49) 0——1——5——12——33

(50) 0——1——5——12——34

(51) 0——1——5——13——15

(52) 0——1——5——13——30

(53) 0——1——5——13——31

(54) 0——1——5——13——34

(55) 0——1——5——13——35

(56) 0——2——4——8——18

(57) 0——2——4——8——19

(58) 0——2——4——8——20

(59) 0——2——4——8——21

(60) 0——2——4——8——22

(61) 0——2——4——9——18

(62) 0——2——4——9——24

(63) 0——2——4——9——30

(64) 0——2——4——9——33

(65) 0——2——4——11——25

(66) 0——2——4——11——26

(67) 0——2——4——11——27

(68) 0——2——4——11——28

(69) 0——2——4——11——29

(70) 0——2——4——11——30

(71) 0——2——4——14——19

(72) 0——2——4——14——23

(73) 0——2——4——14——24

(74) 0——2——4——14——29

(75) 0——2——5——7——16

(76) 0——2——5——7——17

(77) 0——2——5——7——25

(78) 0——2——5——10——16

(79) 0——2——5——10——22

(80) 0——2——5——10——31

(81) 0——2——5——10——32

(82) 0——2——5——11——25

(83) 0——2——5——11——26

(84) 0——2——5——11——27

(85) 0——2——5——11——28

(86) 0——2——5——11——29

(87) 0——2——5——11——30

(88) 0——2——5——12——22

(89) 0——2——5——12——24

(90) 0——2——5——12——27

(91) 0——2——5——12——33

(92) 0——2——5——12——34

(93) 0——2——5——13——15

(94) 0——2——5——13——30

(95) 0——2——5——13——31

(96) 0——2——5——13——34

(97) 0——2——5——13——35

(98) 0——2——6——8——18

(99) 0——2——6——8——19

(100) 0——2——6——8——20

(101) 0——2——6——8——21

(102) 0——2——6——8——22

(103) 0——2——6——10——16

(104) 0——2——6——10——17

(105) 0——2——6——10——25

(106) 0——1——3——36

(107) 0——2——6——37

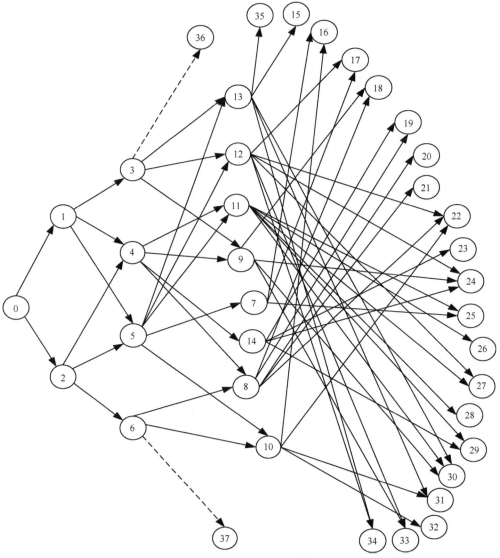

图 7-6　演化总图

根据演化总图可以得到如上 107 条演化路径。

本节以一个组件为基础，推导了五个组件所能形成的 35 种结构，加上 N 组件串联和并联结构共 37 种结构，并根据结构之间的相互继承关系，总结出 107 条演化路径，以作为下一章演化规律分析的基础。

7.2 系统结构演化的重要度分析

本节为了研究的方便，挑选出七条比较具有代表性的演化路径进行重要度研究，分别是 16、55、57、63、79、106、107 号演化路径。

7.2.1 串联结构

106 为典型的串联结构，先分别对其进行分析。106 号路径结构演化如图 7-7 所示。

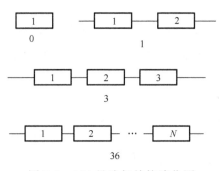

图 7-7　106 号路径结构演化图

在图 7-7 中，系统演化过程为单个组件 1 串联组件 2 形成结构 1，继续串联组件 3 形成结构 3，继续串联 $N-3$ 个组件，形成 N 个组件串联的结构 36。

在结构 0 中，由于只有一个组件，所以系统的结构函数为 $\Phi(X(t)) = \min\{X_1(t)\}$。系统的可靠性函数为 $R(t) = P_{11}(t)$。各组件重要度为 $I_1(t) = 1$。

在结构 2 中，系统的结构函数为 $\Phi(X(t)) = \min\{X_1(t), X_2(t)\}$。系统的可靠性函数为 $R(t) = P_{11}(t)P_{21}(t)$。各组件重要度为 $I_1(t) = P_{21}(t)$，$I_2(t) = P_{11}(t)$，所以如果 $P_{21}(t) \geq P_{11}(t)$，那么 $I_1(t) \geq I_2(t)$。

同理，在结构 3 中，如果 $P_{31}(t) \geq P_{21}(t) \geq P_{11}(t)$，那么 $I_1(t) \geq I_2(t) \geq I_3(t)$。由此可推得，在结构 36 代表的 N 组件串联系统中，可靠性越小的组件，其相对系统来说重要度越高。

由此可见，在相互独立的串联系统中，当增加一个串联组件形成下一代系统时，其薄弱环节取决于新系统的所有组件各自的可靠性，而不仅仅是新增加的组件，可靠性越低的组件，对系统可靠性的影响就越大。因此，从系统设计的角度来讲，为了提高系统可靠性，应该对可靠性低的组件采取措施，使其可靠性提高。对于鉴定实验来讲，应该重点关注可靠性低的组件，并进行针对性的应力设计，从而能快速发现系统的薄弱环节或通过鉴定。

7.2.2　并联结构

107 号演化路径为典型的并联结构，其系统结构演化如图 7-8 所示。

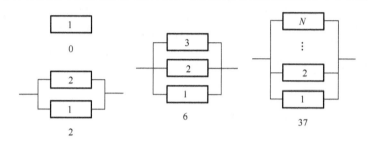

图 7-8　107 号路径结构演化图

在图 7-8 中，系统演化过程为单个的组件 1 并联组件 2 形成结构 2，继续并联组件 3 形成结构 6，继续串联 $N-3$ 个组件，形成 N 个组件并联的结构 37。

在结构 0 中，$I_1(t)=1$。

在结构 2 中，系统的结构函数为 $\Phi(X(t))=\max\{X_1(t),X_2(t)\}$。系统的可靠性函数为 $R(t)=P_{11}(t)+P_{21}(t)-P_{11}(t)P_{21}(t)$。各组件重要度为 $I_1(t)=1-P_{21}(t)$，$I_2(t)=1-P_{11}(t)$，所以如果 $P_{21}(t)\geq P_{11}(t)$，那么 $I_1(t)\leq I_2(t)$。

同理，在结构 3 中，如果 $P_{31}(t)\geq P_{21}(t)\geq P_{11}(t)$，那么 $I_1(t)\leq I_2(t)\leq I_3(t)$。由此可推得，在结构 37 代表的 N 组件并联系统中，可靠性越大的组件，其相对系统来说重要度越高。

由此可见，在相互独立的并联系统中，当增加一个并联组件形成下一代系统时，其薄弱环节取决于新系统的所有组件各自的可靠性，而不仅仅是新增加的组件，可靠性越高的组件，对系统可靠性的影响就越大。因此，从系统设计的角度来讲，为了提高系统可靠性，应该对可靠性高的组件采取措施，使其可靠性提高，如果所有组件可靠性都很高的情况下，系统可靠性将大大提高。对于鉴定实验来讲，应该重点关注可靠性高的组件，如果为了发现系统缺陷，可以逐步隔离高可靠性组件，并进行针对性的应力设计，从而能快速发现使系统性能降低的关键环节或通过鉴定。

7.2.3　混联结构

除了 106 和 107 两种演化路径，其余均含有混联结构，下面逐个进行分析。

(1) 16 号演化路径。

16 号演化路径的结构演变过程如图 7-9 所示。

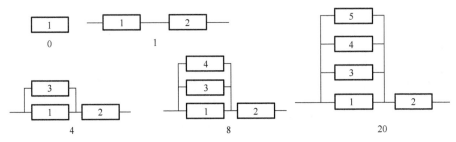

图 7-9　16 号路径结构演化图

在 16 号路径的演化过程中，由组件 1 先串联上组件 2 形成结构 1，再在结构 1 的基础上让组件 1 并联上组件 3 形成结构 4，继续与组件 1、3 并联上组件 4 形成结构 8，继续将组件 5 与组件 1、3、4 并联形成结构 20。

在结构 0 中，$I_1(t) = 1$。

在结构 1 中，如果 $P_{21}(t) \geqslant P_{11}(t)$，那么 $I_1(t) \geqslant I_2(t)$。

在结构 4 中，系统的结构函数为 $\Phi(X(t)) = \min\{\max\{X_1(t), X_3(t)\}, X_2(t)\}$。系统的可靠性函数为 $R(t) = [1 - (1 - P_{11}(t))(1 - P_{31}(t))] \cdot P_{21}(t)$。

各组件的重要度分别为

$$I_1(t) = \frac{\partial R(t)}{\partial P_{11}(t)} = P_{21}(t) - P_{21}(t)P_{31}(t)$$

$$I_2(t) = \frac{\partial R(t)}{\partial P_{21}(t)} = P_{11}(t) + P_{31}(t) - P_{11}(t)P_{31}(t)$$

$$I_3(t) = \frac{\partial R(t)}{\partial P_{31}(t)} = P_{21}(t) - P_{11}(t)P_{21}(t)$$

定理 7-1　在结构 4 中

①若 $P_{21}(t) \leqslant P_{11}(t) \leqslant P_{31}(t)$，则各组件的 Birnbaum 重要度关系为 $I_2(t) > I_3(t) \geqslant I_1(t)$。

②若 $P_{11}(t) < P_{21}(t) < P_{31}(t)$，则各组件的 Birnbaum 重要度关系为 $I_2(t) > I_3(t) > I_1(t)$。

证明

①可以得到

$$I_2(t) - I_3(t) = P_{11}(t) + P_{31}(t) - P_{11}(t)P_{31}(t) - (P_{21}(t) - P_{11}(t)P_{21}(t))$$
$$= P_{31}(t)(1 - P_{11}(t)) + P_{11}(t) - P_{21}(t) + P_{11}(t)P_{21}(t)$$

因为 $P_{21}(t) \le P_{11}(t)$，所以 $P_{11}(t) - P_{21}(t) \ge 0$ 且 $1 - P_{11}(t) > 0$，可得上式大于零，即 $I_2(t) - I_3(t) > 0$，所以 $I_2(t) > I_3(t)$。

又因为 $P_{11}(t) \le P_{31}(t)$，所以

$$I_3(t) - I_1(t) = P_{21}(t) - P_{11}(t)P_{21}(t) - P_{21}(t) + P_{21}(t)P_{31}(t) = P_{21}(t)(P_{31}(t) - P_{11}(t)) \ge 0$$

即 $I_3(t) \ge I_1(t)$，所以 $I_2(t) > I_3(t) \ge I_1(t)$ 成立。

②可以得到

$$I_3(t) - I_1(t) = P_{21}(t) - P_{11}(t)P_{21}(t) - P_{21}(t) + P_{21}(t)P_{31}(t) = P_{21}(t)(P_{31}(t) - P_{11}(t)) > 0$$

$$I_2(t) - I_3(t) = P_{11}(t) + P_{31}(t) - P_{11}(t)P_{31}(t) - (P_{21}(t) - P_{11}(t)P_{21}(t))$$
$$= P_{31}(t)(1 - P_{11}(t)) + P_{11}(t) - P_{21}(t) + P_{11}(t)P_{21}(t) > 0$$

综上所述，得证。

另外，在结构 4 中，当 $P_{11}(t) < P_{31}(t) < P_{21}(t)$ 时，各组件的 Birnbaum 重要度关系只能根据各组件的可靠性具体值确定。

同理，在结构 8 中

①若 $P_{21}(t) \le P_{11}(t) \le P_{31}(t) \le P_{41}(t)$，则各组件的 Birnbaum 重要度关系为 $I_2(t) > I_4(t) \ge I_3(t) \ge I_1(t)$。

②若 $P_{11}(t) < P_{21}(t) < P_{31}(t) < P_{41}(t)$，则各组件的 Birnbaum 重要度关系为 $I_2(t) > I_4(t) > I_3(t) > I_1(t)$。

在结构 20 中

①若 $P_{21}(t) \le P_{11}(t) \le P_{31}(t) \le P_{41}(t) \le P_{51}(t)$，则各组件的 Birnbaum 重要度关系为 $I_2(t) > I_5(t) \ge I_4(t) \ge I_3(t) \ge I_1(t)$。

②若 $P_{11}(t) < P_{21}(t) < P_{31}(t) < P_{41}(t) < P_{51}(t)$，则各组件的 Birnbaum 重要度关系为 $I_2(t) > I_5(t) > I_4(t) > I_3(t) > I_1(t)$。

由此可见，在串并混联结构中，串联组件的重要度始终最高，而并联部分的重要度取决于并联组件各自的可靠性。从设计的角度来讲，应重点关注串联组件的可靠性。从鉴定试验的角度来讲，串联组件也应该是重点关注的对象。

(2) 55 号演化路径。

55 号演化路径的结构演变过程如图 7-10 所示。

在 55 号路径的演化过程中，由单个组件 1 串联上组件 2 形成结构 1，组件 1、2 再同时并联上组件 3 形成结构 5，在结构 5 的基础上再分别串联上组件 4 和 5 形成结构 13 和 35。

在结构 0 中，$I_1(t) = 1$。

在结构 1 中，如果 $P_{21}(t) \ge P_{11}(t)$，那么 $I_1(t) \ge I_2(t)$。

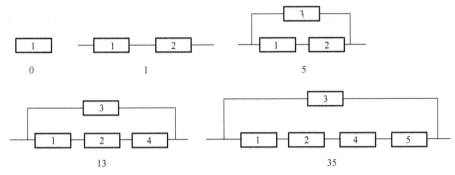

图 7-10　55 号路径结构演化图

在结构 5 中，该系统的结构函数为 $\varPhi(X(t)) = \max\{\min\{X_1(t), X_2(t)\}, X_3(t)\}$，则系统可靠性为

$$R(t) = 1 - (1 - P_{31}(t))(1 - P_{11}(t)P_{21}(t)) = P_{11}(t)P_{21}(t) + P_{31}(t) - P_{11}(t)P_{21}(t)P_{31}(t)$$

各组件 Birnbaum 重要度为

$$I_1(t) = P_{21}(t) - P_{21}(t)P_{31}(t)，\quad I_2(t) = P_{11}(t) - P_{11}(t)P_{31}(t)，\quad I_3(t) = 1 - P_{11}(t)P_{21}(t)$$

定理 7-2　在结构 5 中，若 $P_{11}(t) > P_{21}(t) > P_{31}(t)$，且 $P_{11}(t), P_{21}(t), P_{31}(t) \in \left(0, \dfrac{\sqrt{5}-1}{2}\right]$ 时，即在 0 到黄金分割点之间时，$I_3(t) > I_2(t) > I_1(t)$。

证明

$$I_3(t) - I_2(t) = 1 - P_{11}(t)P_{21}(t) - (P_{11}(t) - P_{11}(t)P_{31}(t)) = 1 - P_{11}(t)(P_{21}(t) - P_{31}(t) + 1)$$

令 $x = \max\left(0, \dfrac{\sqrt{5}-1}{2}\right)$，则 $I_3(t) - I_2(t) = 1 - P_{11}(t)(P_{21}(t) - P_{31}(t) + 1) > 1 - x(x+1) = 0$，即 $I_3(t) > I_2(t)$；又因为 $P_{11}(t) > P_{21}(t) > P_{31}(t)$，所以

$$I_2(t) - I_1(t) = P_{11}(t) - P_{11}(t)P_{31}(t) - P_{21}(t) + P_{21}(t)P_{31}(t) = (P_{11}(t) - P_{21}(t))(1 - P_{31}(t))$$

有 $I_2(t) > I_1(t)$，得证。

同理，在结构 13 中

① 若 $P_{11}(t) > P_{31}(t) > P_{21}(t) > P_{41}(t)$，则各组件的 Birnbaum 重要度排序为 $I_3(t) > I_2(t) > I_1(t)$。

② 若 $P_{31}(t) > P_{11}(t) > P_{21}(t) > P_{41}(t)$，则各组件的 Birnbaum 重要度排序为 $I_3(t) > I_4(t) > I_2(t) > I_1(t)$。

③ 若 $P_{11}(t) > P_{21}(t) > P_{41}(t) > P_{31}(t)$，则各组件的 Birnbaum 重要度排序需要根据各组件的可靠性具体值确定。

在结构 35 中

①若 $P_{11}(t) > P_{31}(t) > P_{21}(t) > P_{41}(t) > P_{41}(t)$，则各组件 Birnbaum 重要度排序为 $I_3(t) > I_2(t) > I_1(t)$。

②若 $P_{31}(t) > P_{11}(t) > P_{21}(t) > P_{41}(t) > P_{51}(t)$，则各组件 Birnbaum 重要度排序为 $I_3(t) > I_5(t) > I_4(t) > I_2(t) > I_1(t)$。

③若 $P_{11}(t) > P_{21}(t) > P_{41}(t) > P_{51}(t) > P_{31}(t)$，则各组件的 Birnbaum 重要度排序需要根据各组件的可靠性具体值确定。

由上述分析可知，在 55 号演化路径中，当并联组件 3 的可靠性不是最小时，其重要度最高，串联部分组件的重要度取决于其可靠性大小，可靠性越小，重要度越高。当并联组件可靠性最小时，需要根据具体的可靠性数值进行定量分析。

(3) 63 号演化路径。

63 号路径的结构演化过程如图 7-11 所示。

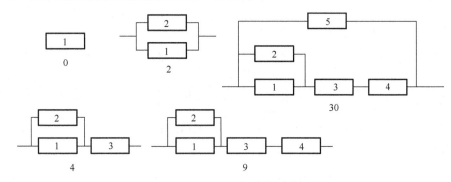

图 7-11　63 号路径结构演化图

在 63 号演化路径中，由单个组件 1 并联组件 2 形成结构 2，再串联上组件 3 形成结构 4，结构 4 再串联组件 4 形成结构 9，结构 9 再并联组件 5 形成结构 30。

在结构 0 中，组件 Birnbaum 重要度为 $I_1(t) = 1$。

在结构 2 中，如果 $P_{21}(t) \geqslant P_{11}(t)$，那么 $I_1(t) \leqslant I_2(t)$。

在结构 4 中，系统结构函数为 $\Phi(X(t)) = \min\{\max\{X_1(t), X_2(t)\}, X_3(t)\}$。系统可靠性函数为 $R(t) = [1 - (1 - P_{11}(t))(1 - P_{21}(t))] \cdot P_{31}(t)$。

各组件的重要度分别为

$$I_1(t) = \frac{\partial R(t)}{\partial P_{11}(t)} = P_{31}(t) - P_{31}(t)P_{21}(t)$$

$$I_2(t) = \frac{\partial R(t)}{\partial P_{21}(t)} = P_{31}(t) - P_{11}(t)P_{31}(t)$$

$$I_3(t) = \frac{\partial R(t)}{\partial P_{31}(t)} = P_{11}(t) + P_{21}(t) - P_{11}(t)P_{21}(t)$$

在结构 4 中

①若 $P_{31}(t) \leqslant P_{11}(t) \leqslant P_{21}(t)$ ，则各组件的 Birnbaum 重要度关系为 $I_3(t) > I_2(t) \geqslant I_1(t)$ 。

②若 $P_{11}(t) < P_{31}(t) < P_{21}(t)$ ，则各组件的 Birnbaum 重要度关系为 $I_3(t) > I_2(t) > I_1(t)$ 。

在结构 9 中，系统的结构函数为 $\Phi(X(t)) = \min\{\max\{X_1(t), X_2(t)\}, X_3(t), X_4(t)\}$ ，系统的可靠性是 $R(t) = P_{31}(t)P_{41}(t)(P_{11}(t) + P_{21}(t) - P_{11}(t)P_{21}(t))$ 。

各组件重要度如下

$$I_1(t) = P_{31}(t)P_{41}(t)(1 - P_{21}(t))$$

$$I_2(t) = P_{31}(t)P_{41}(t)(1 - P_{11}(t))$$

$$I_3(t) = P_{41}(t)(P_{11}(t) + P_{21}(t) - P_{11}(t)P_{21}(t))$$

$$I_4(t) = P_{31}(t)(P_{11}(t) + P_{21}(t) - P_{11}(t)P_{21}(t))$$

定理 7-3　在结构 9 中

①若 $P_{11}(t) > P_{31}(t) > P_{41}(t) > P_{21}(t)$ ，则各组件 Birnbaum 重要度排序为 $I_4(t) > I_3(t) > I_1(t) > I_2(t)$ 。

②若 $P_{11}(t) > P_{21}(t) > P_{31}(t) > P_{41}(t)$ ，则各组件 Birnbaum 重要度排序为 $I_4(t) > I_3(t) > I_1(t) > I_2(t)$ 。

证明

① $I_1(t) - I_2(t) = P_{31}(t)P_{41}(t)(P_{11}(t) - P_{21}(t)) > 0$ ，所以 $I_1(t) > I_2(t)$ ；

$I_3(t) - I_1(t) = P_{41}(t)(P_{11}(t) - P_{31}(t)) + P_{21}(t)P_{41}(t)(1 - P_{31}(t)) + P_{21}(t)P_{31}(t)P_{41}(t) > 0$ ，所以 $I_3(t) > I_1(t)$ ；

$I_4(t) - I_3(t) = (P_{31}(t) - P_{41}(t))(P_{11}(t) + P_{21}(t) - P_{11}(t)P_{21}(t)) > 0$ ，所以 $I_4(t) > I_3(t)$ ；

综上可得 $I_4(t) > I_3(t) > I_1(t) > I_2(t)$ 。

同理可证②成立。

在结构 30 中，系统的结构函数为

$$\Phi(X(t)) = \max\{\min\{\max\{X_1(t), X_2(t)\}, X_3(t), X_4(t)\}, X_5(t)\}$$

系统的可靠性是

$$R(t) = P_{31}(t)P_{41}(t)(P_{11}(t) + P_{21}(t) - P_{11}(t)P_{21}(t))(1 - P_{51}(t)) + P_{51}(t)$$

各组件的重要度如下

$$I_1(t) = P_{31}(t)P_{41}(t)(1-P_{21}(t))(1-P_{51}(t))$$

$$I_2(t) = P_{31}(t)P_{41}(t)(1-P_{11}(t))(1-P_{51}(t))$$

$$I_3(t) = P_{41}(t)(P_{11}(t)+P_{21}(t)-P_{11}(t)P_{21}(t))(1-P_{51}(t))$$

$$I_4(t) = P_{31}(t)(P_{11}(t)+P_{21}(t)-P_{11}(t)P_{21}(t))(1-P_{51}(t))$$

$$I_5(t) = 1-P_{31}(t)P_{41}(t)(P_{11}(t)+P_{21}(t)-P_{11}(t)P_{21}(t))$$

定理 7-4　在结构 30 中，若 $P_{51}(t) > P_{31}(t) > P_{41}(t)$，则各组件 Birnbaum 重要度排序为 $I_5(t) > I_4(t) > I_3(t) > I_1(t) > I_2(t)$。

证明　由定理 7-3 可知 $I_4(t) > I_3(t) > I_1(t) > I_2(t)$；$I_5(t) - I_4(t) = 1-(1+P_{31}(t) - P_{51}(t))(P_{11}(t)+P_{21}(t)-P_{11}(t)P_{21}(t)) > 0$，所以，$I_5(t) > I_4(t)$，因此可得 $I_5(t) > I_4(t) > I_3(t) > I_1(t) > I_2(t)$。得证。

由上述分析可知，在 63 号演化路径中，对于并联系统进行串联后，串联组件在一般情况下都会是系统最重要的组件，但是对一个混联系统并联某一组件后，该并联组件重要度往往最高。此外要注意的是，当并联的组件可靠性极低时或串联组件可靠性极高时应该根据组件的可靠性值具体分析。

(4) 71 号演化路径。

71 号路径的结构演化过程如图 7-12 所示。

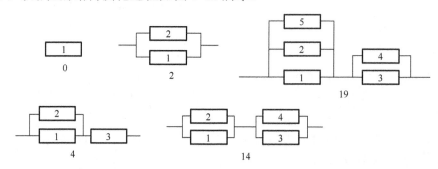

图 7-12　71 号路径结构演化图

在 71 号演化路径中由单个组件 1 并联组件 2 形成结构 2，再串联上组件 3 形成结构 4，结构 4 中的串联组件 3 再并联组件 4 形成并-串混联结构，继续在组件 1、2 上并联组件 5 形成结构 19，该路径是典型的并-串混联结构，并不断在并联部分增加并联组件进行演化。

在结构 0 中，$I_1(t) = 1$。

在结构 2 中，如果 $P_{21}(t) \geqslant P_{11}(t)$，那么 $I_1(t) \leqslant I_2(t)$。

在结构 4 中

①若 $P_{31}(t) \leqslant P_{11}(t) \leqslant P_{21}(t)$，则各组件的 Birnbaum 重要度关系为 $I_3(t) > I_2(t) \geqslant I_1(t)$。

②若 $P_{11}(t) < P_{31}(t) < P_{21}(t)$，则各组件的 Birnbaum 重要度关系为 $I_3(t) > I_2(t) > I_1(t)$。

在结构 14 中，系统结构函数为 $\Phi(X(t)) = \min\{\max\{X_1(t), X_2(t)\}, \max(X_3(t), X_4(t)\}$。系统可靠性函数为 $R(t) = [1 - (1 - P_{11}(t))(1 - P_{21}(t))] \cdot [1 - (1 - P_{31}(t))(1 - P_{41}(t))]$。

各组件的重要度分别为

$$I_1(t) = \frac{\partial R(t)}{\partial P_{11}(t)} = (1 - P_{21}(t))(P_{31}(t) + P_{41}(t) - P_{31}(t)P_{41}(t))$$

$$I_2(t) = \frac{\partial R(t)}{\partial P_{21}(t)} = (1 - P_{11}(t))(P_{31}(t) + P_{41}(t) - P_{31}(t)P_{41}(t))$$

$$I_3(t) = \frac{\partial R(t)}{\partial P_{31}(t)} = (1 - P_{41}(t))(P_{11}(t) + P_{21}(t) - P_{11}(t)P_{21}(t))$$

$$I_4(t) = \frac{\partial R(t)}{\partial P_{41}(t)} = (1 - P_{31}(t))(P_{11}(t) + P_{21}(t) - P_{11}(t)P_{21}(t))$$

定理 7-5　在结构 14 中，若 $P_{11}(t) \geqslant P_{21}(t) \geqslant P_{31}(t) \geqslant P_{41}(t)$，则各组件 Birnbaum 重要度排序为 $I_3(t) \geqslant I_4(t) \geqslant I_1(t) \geqslant I_2(t)$。

证明　$I_1(t) - I_2(t) = (P_{11}(t) - P_{21}(t))(P_{31}(t) + P_{41}(t) - P_{31}(t)P_{41}(t)) \geqslant 0$，所以 $I_1(t) \geqslant I_2(t)$；$I_4(t) - I_1(t) = (1 - P_{31}(t))(P_{11}(t) + P_{21}(t) - P_{11}(t)P_{21}(t)) - (1 - P_{21}(t))(P_{31}(t) + P_{41}(t) - P_{31}(t)P_{41}(t))$；又 $1 - P_{31}(t) \geqslant 1 - P_{21}(t)$，$P_{11}(t) + P_{21}(t) - P_{11}(t)P_{21}(t) \geqslant P_{31}(t) + P_{41}(t) - P_{31}(t)P_{41}(t)$，所以，$I_4(t) - I_1(t) \geqslant 0$，所以 $I_4(t) \geqslant I_1(t)$；$I_3(t) - I_4(t) = (P_{31}(t) - P_{41}(t))(P_{11}(t) + P_{21}(t) - P_{11}(t)P_{21}(t)) \geqslant 0$，所以 $I_3(t) \geqslant I_4(t)$。

综上可得 $I_3(t) \geqslant I_4(t) \geqslant I_1(t) \geqslant I_2(t)$。得证。

在结构 14 中，其他情况下，全部组件的重要度排序需要根据具体可靠性值来确定。

在结构 19 中，系统结构函数为

$$\Phi(X(t)) = \min\{\max\{X_1(t), X_2(t), X_5(t)\}, \max\{X_3(t), X_4(t)\}\}$$

系统可靠性函数为

$$R(t) = [1 - (1 - P_{11}(t))(1 - P_{21}(t))(1 - P_{51}(t))] \cdot [1 - (1 - P_{31}(t))(1 - P_{41}(t))]$$

各组件的重要度分别为

$$I_1(t) = \frac{\partial R(t)}{\partial P_{11}(t)} = (1 - P_{21}(t))(1 - P_{51}(t))(P_{31}(t) + P_{41}(t) - P_{31}(t)P_{41}(t))$$

$$I_2(t) = \frac{\partial R(t)}{\partial P_{21}(t)} = (1 - P_{11}(t))(1 - P_{51}(t))(P_{31}(t) + P_{41}(t) - P_{31}(t)P_{41}(t))$$

$$I_3(t) = \frac{\partial R(t)}{\partial P_{31}(t)} = (1 - P_{41}(t))[1 - (1 - P_{11}(t))(1 - P_{21}(t))(1 - P_{51}(t))]$$

$$I_4(t) = \frac{\partial R(t)}{\partial P_{41}(t)} = (1 - P_{31}(t))[1 - (1 - P_{11}(t))(1 - P_{21}(t))(1 - P_{51}(t))]$$

$$I_5(t) = \frac{\partial R(t)}{\partial P_{51}(t)} = (1 - P_{11}(t))(1 - P_{21}(t))(P_{31}(t) + P_{41}(t) - P_{31}(t)P_{41}(t))$$

若 $P_{11}(t) \geqslant P_{21}(t) \geqslant P_{51}(t) \geqslant P_{31}(t) \geqslant P_{41}(t)$，则有 $I_3(t) \geqslant I_4(t) > I_1(t) \geqslant I_2(t) \geqslant I_5(t)$。

证明

$I_1(t) - I_2(t) = (P_{11}(t) - P_{21}(t))(1 - P_{51}(t))(P_{31}(t) + P_{41}(t) - P_{31}(t)P_{41}(t)) \geqslant 0$，所以 $I_1(t) \geqslant I_2(t)$；同理 $I_2(t) \geqslant I_5(t)$。

$I_4(t) - I_1(t) = (1 - P_{31}(t))[1 - (1 - P_{11}(t))(1 - P_{21}(t))(1 - P_{51}(t))] - (1 - P_{21}(t))(1 - P_{51}(t))(P_{31}(t) + P_{41}(t) - P_{31}(t)P_{41}(t))$，$1 - P_{31}(t) > (1 - P_{21}(t))(1 - P_{51}(t))$，$1 - (1 - P_{11}(t))(1 - P_{21}(t))(1 - P_{51}(t)) > P_{31}(t) + P_{41}(t) - P_{31}(t)P_{41}(t)$，所以 $I_4(t) - I_1(t) > 0$，所以 $I_4(t) > I_1(t)$。

$I_3(t) - I_4(t) = (P_{31}(t) - P_{41}(t))[1 - (1 - P_{11}(t))(1 - P_{21}(t))(1 - P_{51}(t))] \geqslant 0$，所以 $I_3(t) \geqslant I_4(t)$。

综上可得 $I_3(t) \geqslant I_4(t) > I_1(t) \geqslant I_2(t) \geqslant I_5(t)$。得证。

在结构 14 中，其他情况下，全部组件的重要度排序需要根据具体可靠性值来确定。

由上述分析可知，在路径 71 中，并—串结构的各个组件虽然在结构中处于同等的位置，但是其重要度却取决于每个并联部分的可靠性值及各组件的具体值，这也是各组件重要度相差比较小的一种结构演化方式,特别是在结构 14 和 19 中,在进行系统设计或维护时,每一个组件都应该被视为对系统具有较大影响的组件。

(5) 79 号演化路径。

79 号路径的结构演化过程如下图 7-13 所示。

在 79 号演化路径中，由单个组件结构 1 并联组件 2 构成结构 2，再在组件 1 上串联组件 3 形成结构 5，继续在结构 5 中的组件 2 上并联组件 4 形成结构 10，最后在结构 10 上串联组件 5 形成结构 22。

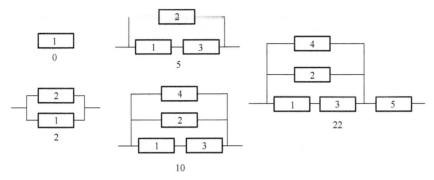

图 7-13　79 号路径结构演化图

在结构 0 中，　$I_1(t) = 1$。

在结构 2 中，如果 $P_{21}(t) \geqslant P_{11}(t)$，那么 $I_1(t) \leqslant I_2(t)$。

在结构 5 中

①若 $P_{11}(t) > P_{31}(t) > P_{21}(t)$，且 $P_{11}(t), P_{21}(t), P_{31}(t) \in \left(0, \dfrac{\sqrt{5}-1}{2}\right]$ 时，即在 0 到黄金分割点之间时，$I_2(t) > I_3(t) > I_1(t)$。

②若 $P_{11}(t) > P_{21}(t) > P_{31}(t)$，则各组件的 Birnbaum 重要度排序为 $I_3(t) > I_2(t) > I_1(t)$。

③若 $P_{21}(t) > P_{11}(t) > P_{31}(t)$，则各组件的 Birnbaum 重要度排序为 $I_2(t) > I_3(t) > I_1(t)$。

在结构 10 中

①若 $P_{11}(t) > P_{21}(t) > P_{41}(t) > P_{31}(t)$，则各组件的 Birnbaum 重要度排序为 $I_3(t) > I_2(t) > I_1(t)$。

②若 $P_{21}(t) > P_{41}(t) > P_{11}(t) > P_{31}(t)$，则各组件的 Birnbaum 重要度排序为 $I_2(t) > I_4(t) > I_3(t) > I_1(t)$。

在结构 22 中，系统的结构函数为

$$\Phi(X(t)) = \min\{\max\{\min\{X_1(t), X_3(t)\}, X_2(t), X_4(t)\}, X_5(t)\}$$

系统可靠性函数为

$$R(t) = [1 - (1 - P_{11}(t)P_{31}(t))(1 - P_{21}(t))(1 - P_{41}(t))] \cdot P_{51}(t)$$

各组件的重要度分别为

$$I_1(t) = \frac{\partial R(t)}{\partial P_{11}(t)} = P_{31}(t)(1 - P_{21}(t))(1 - P_{41}(t))P_{51}(t)$$

$$I_2(t) = \frac{\partial R(t)}{\partial P_{21}(t)} = (1 - P_{11}(t)P_{31}(t))(1 - P_{41}(t))P_{51}(t)$$

$$I_3(t) = \frac{\partial R(t)}{\partial P_{31}(t)} = P_{11}(t)(1 - P_{21}(t))(1 - P_{41}(t))P_{51}(t)$$

$$I_4(t) = \frac{\partial R(t)}{\partial P_{41}(t)} = (1 - P_{11}(t)P_{31}(t))(1 - P_{21}(t))P_{51}(t)$$

$$I_5(t) = \frac{\partial R(t)}{\partial P_{41}(t)} = 1 - (1 - P_{11}(t)P_{31}(t))(1 - P_{21}(t))(1 - P_{41}(t))$$

在结构 22 中

① 若 $P_{11}(t) > P_{21}(t) > P_{41}(t) > P_{31}(t) > P_{51}(t)$，则各组件的 Birnbaum 重要度排序为 $I_3(t) > I_2(t) > I_1(t)$。

② 若 $P_{21}(t) > P_{51}(t) > P_{41}(t) > P_{11}(t) > P_{31}(t)$，则各组件的 Birnbaum 重要度排序为 $I_5(t) > I_2(t) > I_4(t) > I_3(t) > I_1(t)$。

证明 ① $I_5(t) - I_2(t) = 1 - (1 - P_{11}(t)P_{31}(t))(1 - P_{41}(t))(1 - P_{21}(t) - P_{51}(t)) > 0$，所以 $I_5(t) > I_2(t)$，又由结构 10 的性质可知 $I_2(t) > I_4(t) > I_3(t) > I_1(t)$，所以 $I_3(t) > I_2(t) > I_1(t)$。

同理可证②成立。得证。

由 79 号路径结构演变过程的分析可知，无论结构如何演化，其下一代结构与上一代结构相同部分中的组件的重要度依然遵循上一代结构的排序，对于新增加组件的重要度排序就需要我们具体分析，但是其不会打乱上一代结构中的组件的重要度排序。

本节选取了七条具有一定代表性的演化路径进行了分析，得到了七条比较有代表性的性质和特殊结构的重要度排序规律，这些性质和规律给各种系统结构的重要度识别提供了理论基础。

7.3 案 例 分 析

某型 122 毫米自行榴弹炮(以下简称某型火炮)是在原有的某型自行榴弹炮的基础上进行数字化改造后的新型榴弹炮，该型火炮的主要改进部分为火控系统中的数字化数传电台和导航定位系统，连线方式由原来的分布式改为总线式，整个火控系统采用模块化设计，优化了系统结构。这些改进提高了火控系统的可维护性和互换性，提高了抗电磁干扰能力，增加了与上级之间的数字传输功能，火炮的准备时间由原来的夏季 30 分钟、冬季 60 分钟变为全天候条件下的 5 分钟，大大提高了火炮的作战效率。

由于该系统为现役系统，存在一些限制性要求，因此在分析时，以分系统为基本单元构建可靠性模型。该型火炮与其他具有全自动操瞄功能的自行火炮一样，由底盘系统、火力系统、光学观瞄系统、火控系统和指挥通信系统等分系统组成。以该火炮基本任务剖面为背景，指挥通信系统接收作战任务的指令后，由底盘系统机动到预定地域并展开，再由火控系统计算射击诸元，驱动身管瞄准，由火力系统实施射击，或由光学观瞄系统进行瞄准，再由火力系统实施射击，最后通过指挥通信系统上报战况或接受新的指令。因此，其可靠性模型如图 7-14 所示。

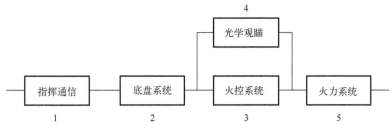

图 7-14　某型火炮可靠性框图

系统的结构函数为 $\Phi(X(t)) = \min\{X_1(t), X_2(t), \max\{X_3(t), X_4(t)\}, X_5(t)\}$。系统可靠性表达式为 $R(t) = P_{11}(t) \cdot P_{21}(t) \cdot [1 - (1 - P_{31}(t))(1 - P_{41}(t))] \cdot P_{51}(t)$。

各组件的重要度分别为

$$I_1(t) = \frac{\partial R(t)}{\partial P_{11}(t)} = P_{21}(t)P_{51}(t)(P_{31}(t) + P_{41}(t) - P_{31}(t)P_{41}(t))$$

$$I_2(t) = \frac{\partial R(t)}{\partial P_{21}(t)} = P_{11}(t)P_{51}(t)(P_{31}(t) + P_{41}(t) - P_{31}(t)P_{41}(t))$$

$$I_3(t) = \frac{\partial R(t)}{\partial P_{31}(t)} = P_{11}(t)P_{21}(t)P_{51}(t)(1 - P_{41}(t))$$

$$I_5(t) = \frac{\partial R(t)}{\partial P_{51}(t)} = P_{11}(t)P_{21}(t)(P_{31}(t) + P_{41}(t) - P_{31}(t)P_{41}(t))$$

在该型火炮中，指挥通信系统和包含导航定位系统的火控系统为新研系统，底盘系统、火力系统和光学观瞄系统为已定型系统。对于新研系统可以根据研制过程中的可靠性相关数据进行计算得到其可靠度；对于已定型系统，通过其研制、定型和使用情况可以得到详细的可靠性数据，各系统的可靠度关系为 $P_{11}(t) \approx$

$P_{31}(t) < P_{21}(t) \approx P_{41}(t) \approx P_{51}(t)$，可以得到其重要度排序为 $I_1(t) > I_2(t) \approx I_5(t) > I_4(t) > I_3(t)$。

由上述排序可将该型火炮各分系统在可靠性鉴定试验中分为四个等级，最重要的为指挥通信系统，其次是底盘系统和火力系统，之后是光学观瞄系统，最后是火控系统，如表 7-1 所示。

表 7-1　某型火炮系统重要度排序

序号	单元名称	重要度	排序	备注
1	指挥通信系统	$I_1(t)$	1	新研
2	底盘系统	$I_2(t)$	2	已定型
3	火控系统	$I_3(t)$	4	新研
4	光学观瞄系统	$I_4(t)$	3	已定型
5	火力系统	$I_5(t)$	2	已定型

该结论与大多数人一般性认识不同，原因在于从系统对于完成任务的可靠性来讲，火控系统与光学观瞄系统可以相互替代，只是当采用观瞄系统替代火控系统时，其瞄准精度、准备时间及全天候作战的性能会大大降低，但仍然具备瞄准的功能。换言之，即使火控系统出现故障，对整个系统来讲也并非致命故障，对于系统可靠性的影响不是最严重的。整个系统通过可靠性鉴定实验的概率仍然很大。如果不愿意以较大概率降级使用火炮，可以在研制指标中对火控系统单独设定可靠性指标。

因此，在可靠性鉴定实验的方案设计中，应将指挥通信系统作为最重要的被试品设计应力施加方案，底盘系统和火力系统作为一般被试品，光学观瞄系统由于重要度排序靠后，且为已定型产品，可以列为参试品，火控系统虽然排序靠后，但为新研产品，应安排相应的应力施加，但可以进行适当剪裁。

根据《军用设备环境试验方法》针对地面军用的系统试验应力主要有低气压、高温、低温、温度冲击、湿热、太阳辐射、振动、冲击、电应力等。其对系统可靠性鉴定试验采用的是一票否决式，某一种应力条件下系统出现致命故障，就不能通过可靠性鉴定试验。

由于各种应力对该型火炮通过可靠性鉴定试验的影响是一票否决的，所以应力施加模型如图 7-15 所示。

根据串联结构模型中的相关结论，我们可以很容易得到，应力施加模型的结构函数为 $\Phi(X(t)) = \min\{X_1(t), X_2(t), X_2(t), \cdots, X_9(t)\}$。系统函数为 $R(t) = P_{11}(t)P_{21}(t) \cdots P_{91}(t)$。

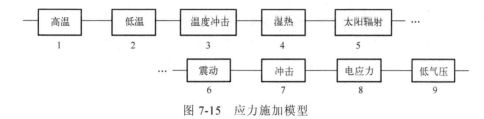

图 7-15　应力施加模型

各应力的重要度为

$$I_1(t) = P_{21}(t)P_{31}(t)\cdots P_{91}(t)$$

$$I_2(t) = P_{11}(t)P_{31}(t)P_{41}(t)\cdots P_{91}(t)$$

$$\vdots$$

$$I_9(t) = P_{11}(t)P_{21}(t)\cdots P_{81}(t)$$

其中，$P_{i1}(t)$ 表示 t 时刻第 i 种应力作用下系统正常工作的概率；$R(t)$ 表示系统在 t 时刻正常工作的概率。

该型火炮的主要被试品为指挥通信系统，为电子信息产品，火控系统为机电混合系统，一般被试品为底盘系统和火力系统，以机械结构为主，因此在考虑应力敏感度时应以电子信息产品为主，机械产品为辅。结合可靠性物理学相关知识，可赋予各应力敏感度如下：湿热、电应力和低气压最为敏感，因此 $P_{41}(t)$、$P_{81}(t)$、$P_{91}(t)$ 应赋予较低概率值，高温、低温和温度冲击对电子器件、电路以及机械结构有一定影响，因此应赋予 $P_{11}(t)$、$P_{21}(t)$、$P_{31}(t)$ 高于湿热等应力的概率值，冲击、振动对机械结构影响较大，但对电子信息产品影响一般，且机械产品在本系统中属于一般被试品，因此可赋予 $P_{61}(t)$、$P_{71}(t)$ 高于高温等应力的概率值，太阳辐射对有机材料影响较大，对机电产品影响十分微弱，因此对所有被试品均无明显影响，故可赋予 $P_{51}(t)$ 最大概率值。可得到各应力重要度排序为 $I_4(t) \approx I_8(t) \approx I_9(t) > I_1(t) \approx I_2(t) \approx I_3(t) > I_6(t) \approx I_7(t) > I_5(t)$。

在制定应力施加方案时，应重点考虑湿热、电应力和低气压等应力的施加，严格按照相关标准进行施加；高温、低温和温度冲击应在应力施加方案中予以体现，但可以做适当剪裁；冲击、振动可以体现也可以不体现，如有其他实验科目如射击试验，可不单独安排进行冲击和振动应力的施加；太阳辐射重要度最低，因此可以忽略。

在对系统进行被试品和参试品划分，并针对重点被试品进行应力敏感度优化后，可靠性试验方案大为简化，如表 7-2 所示。

表 7-2　某型火炮优化前后试验方案对比

优化前		优化后		备注
被试品	应力	被试品	应力	
指挥通信系统 底盘系统 火控系统 光学观瞄系统 火力系统	低气压 高温 低温 温度冲击 湿热 太阳辐射 振动 冲击 电应力	重点被试品 指挥通信系统 一般被试品 火控系统 底盘系统 火力系统 参试品 光学观瞄系统	重点 湿热 电应力 低气压 一般 高温 低温 温度冲击	优化前被试品为五个，优化后被试品重点一个，一般三个； 应力优化前为九种，优化后为重点三种，一般三种，合计六种

可以看出，在对某型火炮进行优化后，可靠性试验方案得到了很大优化，在试验考核时，试验人员可以有重点地针对各个系统设计整体可靠性应力施加方案，对于不对系统构成影响或对系统影响极其微弱的应力可以忽略，以节约试验成本和时间。该型火炮在实际定型试验中历时 6 个月，进行可靠性试验优化后，由于减少了冲击和振动应力的考核，所以会减少大量的射击科目和行驶试验科目，时间应至少节省 3 个月，同时也会节省大量弹药和油料。

7.4　本章小结

本章对系统演化出的结构逐个进行分析，力争找到其演化过程中重要度的漂移规律，从单一组件逐步演化到五组件结构，以及 N 组件串联结构和并联结构，分析了系统结构演化的过程，为系统可靠性模型的研究提供支撑。并对典型结构进行了重要度分析，得到了关于系统结构演化与各组件重要度排序规律的相关性质，给可靠性优化提供了理论基础。本章主要内容已由作者发表于文献[130]～文献[131]。

第8章 连续系统重要度和系统性能优化

本章以带有状态转移特征的多态系统为研究对象，研究单组件维修过程中的拓展重要度计算方法、物理意义；以连续态系统的系统性能分析为需求，研究面向连续态系统单组件的拓展重要度计算方法、物理意义；分析连续态系统中拓展重要度的基本性质及相关定理，并以串联、并联典型系统结构为例，验证拓展重要度的正确性；提出基于系统性能提升的多组件维修的维修决策方法。在对连续系统的重要度问题分析的基础上，探究多组件同时维修时系统性能提升情况。给出面向连续态系统多组件的系统性能提升计算方法、物理意义；分析连续态系统中系统性能提升在多维正态分布情况下的计算公式；在系统维修过程中，对于多态组件一般采用修复方式提高系统可靠性，即通过修理使组件由深度故障状态跃升到轻度故障状态基于修复提升概率；基于对多个组件修复过程进行建模，分析面向系统的多组件更换对系统可靠性的影响程度，结合系统维修方式及维修参数，提出一套系统连续态组件修复维修决策模型。

8.1 离散系统重要度扩展

在实际情况下，有的维修过程是在多态系统中进行的，如输油管道的疏通，它并不是一个失效和工作两种状态的切换过程，它们的状态转移是一个很复杂多样的过程。在这种条件下，GIM（Griffith Importance Measure）由于状态变化单一而并不适用。为了克服 GIM 的这个缺点，将 GIM 进行了恰当的拓展使其适用性更强。在多态系统中，首先引入转移概率的概念，它描述了状态在给定的时间和环境的情形下，从一个状态转移到另一个状态的条件概率。这和二态系统中的失效概率很类似。转移概率在离散系统和连续系统中的数学描述为

$$\begin{cases} P(l \mid m,t) = P\{x(v+t) = l \mid x(v) = m\} \\ F_m(l,t) = P\{x(v+t) \geq l \mid x(v) = m\} \end{cases}, \quad m,l \in M \tag{8-1}$$

其中，$P(l \mid m,t)$ 代表了组件在时刻 v 经过时间 t 从状态 m 转移到状态 l 的条件概率分布列；$F_m(l,t)$ 表示了组件在时刻 v 经过时间 t 从状态 m 转移到大于状态 l 的条件概率分布函数。

设定在一次维修过程中，组件状态离散分布，维修时间固定为 t，可以得到这

个组件所有可能的状态转移情况及其概率，可以将这些条件概率分布列放到一个上三角矩阵中，记作 $\{A_i, t\}$。

$$A_i = \begin{pmatrix} P(0\,|\,0) & P(1\,|\,0) & ... & P(M\,|\,0) \\ 0 & P(1\,|\,1) & ... & P(M\,|\,1) \\ \vdots & \vdots & & \vdots \\ 0 & 0 & ... & P(M\,|\,M) \end{pmatrix} \tag{8-2}$$

结合上面的矩阵，在定义 8-1 和定义 8-2 中给出了拓展 GIM 理论的定义。在接下来的表示中，维修时间都固定为 t，因此用 $P(l\,|\,m)$ 作为 $P(l\,|\,m,t)$ 的简写。

定义 8-1

$$I_m^P(i) = \sum_{l=m}^{M} P(l\,|\,m) \cdot \sum_{j=0}^{K} a_j \cdot [P\{\Phi(l_i,x) = j\} - P\{\Phi(m_i,x) = j\}] \tag{8-3}$$

$I_m^P(i)$ 从数学原理上看，表示的是组件 i 从状态 m 提升到状态 l，系统性能提升的期望。组件 i 最关键的状态可以用最大的 $I_m^P(i)$, $m \in M$ 来求得。因此，定义 8-1 对维修工程师来说是一个很重要的指标，可以用来决定组件应该在哪个状态下进行维修。将组件 i 所有状态的重要度放在如下向量中

$$I^P(i) = (I_0^P(i), I_1^P(i), \cdots, I_M^P(i)) \tag{8-4}$$

通过推导上面的向量，可以得到单个组件对系统性能提升的重要度，用定义 8-2 表示出来。

定义 8-2

$$I^P(i) = \sum_{m=0}^{M} P_m \cdot \sum_{l=m}^{M} P(l\,|\,m) \cdot \sum_{j=0}^{K} a_j \cdot [P\{\Phi(l_i,x) = j\} - P\{\Phi(m_i,x) = j\}] \tag{8-5}$$

$I^P(i)$ 从数学原理上分析是向量 $I^P(i)$ 中各元素的期望。通过对组件 i 的提升，$I^P(i)$ 能够给出系统性能提升的综合评价。得到在这个维修过程中最重要的组件是 $I^P(i)$, $i \in n$ 最大。定义 8-2 能够解决维修过程中哪个组件应该被维修使性能提升最大的问题。若 $P = (P_0, P_1, \cdots, P_M)$ 表示组件 i 在维修初始时的概率分布列。更进一步，可以得到定义 8-2 的矩阵表达式为

$$I^P(i) = \sum_{m=0}^{M} \sum_{l=m}^{M} P_m P(l\,|\,m) \cdot \left[\sum_{j=0}^{K} a_j \cdot P\{\Phi(l_i,x) = j\} - \sum_{j=0}^{K} a_j \cdot P\{\Phi(m_i,x) = j\} \right]$$

$$
= P \cdot \mathrm{diag} \left[\begin{pmatrix} P(0\,|\,0) & P(1\,|\,0) & \dots & P(M\,|\,0) \\ 0 & P(1\,|\,1) & \dots & P(M\,|\,1) \\ \vdots & \vdots & & \vdots \\ 0 & 0 & \dots & P(M\,|\,M) \end{pmatrix} \cdot \begin{pmatrix} E_0 - E_0 & E_0 - E_1 & \dots & E_0 - E_M \\ E_1 - E_0 & E_1 - E_1 & \dots & E_1 - E_M \\ \vdots & \vdots & & \vdots \\ E_M - E_0 & E_M - E_1 & \dots & E_M - E_M \end{pmatrix} \right]
$$

$$
= P \cdot \mathrm{diag}[A_i \cdot (E - E^{\mathrm{T}})]
$$

其中，$\mathrm{diag}[X]$ 表示由矩阵 X 的对角线元素重新构成的列向量；A_i 表示概率转移矩阵；E 表示由 E_m 组成的系统性能矩阵；E^{T} 代表矩阵 E 的转置矩阵。

$$
E = \begin{pmatrix} E_0 & E_0 & \dots & E_0 \\ E_1 & E_1 & \dots & E_1 \\ \vdots & \vdots & & \vdots \\ E_M & E_M & \dots & E_M \end{pmatrix} \tag{8-6}
$$

其中，$E_m = \sum\limits_{j=0}^{K} a_j \cdot P\{\Phi(m_i, x) = j\}$ 是 GIM 方法中组件 i 处于状态 m 时的系统性能期望计算表达式。定义 8-2 的矩阵表达式可以帮助进一步分析 GGIM（Generalized Griffith Importance Measure）的数学性质。

8.1.1　扩展重要度与传统重要度关系

Griffith 重要度的计算表达式为

$$
I_m^G(i) = \sum_{j=0}^{K} a_j \cdot [\mathrm{Pr}\{\Phi(m_i, x) = j\} - \mathrm{Pr}\{\Phi((m-1)_i, x) = j\}]
$$

将组件 i 从状态 $m+1$ 到状态 l 的 Griffith 重要度计算式累加，得到

$$
\begin{aligned}
\sum_{k=m+1}^{l} I_k^G(i) = \sum_{j=0}^{K} a_j \cdot [&\mathrm{Pr}\{\Phi((m+1)_i, x) = j\} - \mathrm{Pr}\{\Phi(m_i, x) = j\} \\
&+ \mathrm{Pr}\{\Phi((m+2)_i, x) = j\} - \mathrm{Pr}\{\Phi((m+1)_i, x) = j\} \\
&+ \dots + \mathrm{Pr}\{\Phi(l_i, x) = j\} - \mathrm{Pr}\{\Phi((l-1)_i, x) = j\}] \\
= \sum_{j=0}^{K} a_j \cdot [&\mathrm{Pr}\{\Phi(l_i, x) = j\} - \mathrm{Pr}\{\Phi(m_i, x) = j\}]
\end{aligned}
$$

再结合定义 8-1，可以得出 $I_m^P(i)$ 与 $I_m^G(i)$ 一个直观的表达式如下

$$
I_m^P(i) = \sum_{l=m}^{M} P(l\,|\,m) \cdot \sum_{k=m+1}^{l} I_k^G(i) \tag{8-7}
$$

$I_m^P(i)$ 可以看成是 $I_m^G(i)$ 的一种加权平均式，从而使模型适用于带有复杂状态转移特征的多态系统。

Wu 重要度的计算表达式为

$$I_m^{\mathrm{Wu}}(i) = P_m \cdot \sum_{j=0}^{K} a_j \cdot \mathrm{Pr}\{\Phi(m_i, x) = j\} \tag{8-8}$$

在简单地推导后，可以得到 $I_m^P(i)$ 与 $I_l^{\mathrm{Wu}}(i)$ 的方程

$$I_m^P(i) = \sum_{l=m}^{M} p(l \mid m) \cdot (E_l - E_m) = \sum_{l=m}^{M} p(l \mid m) \cdot \left(\frac{\partial I_l^{\mathrm{Wu}}(i)}{\partial P_l} - \frac{\partial I_m^{\mathrm{Wu}}(i)}{\partial P_m} \right) \tag{8-9}$$

综合重要度旨在用随机过程解决组件状态转移的问题，该重要度的数学表达式为

$$I^{\mathrm{IIM}}(i) = \sum_{m=0}^{M} P_m \sum_{l=0}^{M} \mu_{m,l}(t) \sum_{j=0}^{M} a_j \cdot [P\{\Phi(m_i, x) = j\} - P\{\Phi(l_i, x) = j\}] \tag{8-10}$$

从另外的一个角度来看，$P(l \mid m, t)$ 可以解释为在时间 t 内的累计转移概率，可以表示为转移率 $\mu_{m,l}(t)$ 的积分形式 $P(l \mid m, t) = \int_0^t \mu_{m,l}(t')\mathrm{d}t'$，则

$$\begin{aligned}
\frac{\mathrm{d}I^P(i)}{\mathrm{d}t} &= \sum_{m=0}^{M} P_m \cdot \sum_{l=m}^{M} P'(l \mid m, t) \cdot \sum_{j=0}^{K} a_j \cdot [P\{\Phi(l_i, x) = j\} - P\{\Phi(m_i, x) = j\}] \\
&= \sum_{m=0}^{M} P_m \cdot \sum_{l=m}^{M} \mu_{m,l}(t) \cdot \sum_{j=0}^{K} a_j \cdot [P\{\Phi(l_i, x) = j\} - P\{\Phi(m_i, x) = j\}] = I^{\mathrm{IIM}}(i)
\end{aligned}$$

很显然，$I^{\mathrm{IIM}}(i)$ 是 $I^P(i)$ 的一个微分形式。$I^{\mathrm{IIM}}(i)$ 表示的是系统性能的改变效率，而 $I^P(i)$ 表示的是系统性能的改变量，它对维修决策更具有实际意义。另外，$I^P(i)$ 能够反映出时间对性能改变的影响程度。

8.1.2　扩展重要度性质

定理 8-1　如果给定系统的转移概率发生变化，GGIM 的变化值可以表示为

$$\Delta I^P(i) = P\mathrm{diag}[\Delta A_i (E - E^{\mathrm{T}})]$$

证明　注意到 $I^P(i) = P\mathrm{diag}[A_i (E - E^{\mathrm{T}})]$，并且

$$\Delta I^P(i) = I^{P^*}(i) - I^P(i) = P\{\mathrm{diag}[A_i^*(E - E^{\mathrm{T}})]\mathrm{diag}[A_i(E - E^{\mathrm{T}})]\}$$

这里的 diag[·] 运算仅仅是选出矩阵相应位置矩阵上的元素出来，再将矩阵运算 $\mathrm{diag}[A_i^*(E-E^\mathrm{T})]-\mathrm{diag}[A_i(E-E^\mathrm{T})]$ 中对应位置元素相减，有

$$\mathrm{diag}[A_i^*(E-E^\mathrm{T})]\mathrm{diag}[A_i(E-E^\mathrm{T})]\mathrm{diag}[(A_i^*-A_i)(E-E^\mathrm{T})]$$

所以 $\Delta I^P(i)=P\mathrm{diag}[\Delta A_i(E-E^\mathrm{T})]$ 。这表明了 $I^P(i)$ 与 $\Delta I^P(i)$ 数学表达式有相同的结构形式。

定理 8-2　$I^P(i)$ 是 M 维向量空间 P 到一维实空间 $[0,E_M]$ 的线性映射。

证明　注意到 $I^P(i)=P\mathrm{diag}[A_i(E-E^\mathrm{T})]$，因为 $\mathrm{diag}[A_i(E-E^\mathrm{T})]$ 计算出来是一个固定不变的列向量表示为 $(c_0,c_1,\cdots,c_M)^\mathrm{T}$。那么 $I^P(i)$ 就是 P 与 $(c_0,c_1,\cdots,c_M)^\mathrm{T}$ 的向量乘积。于是 $I^P(i)=c_0P_0+c_1P_1+\cdots+c_MP_M$。

对任意的 $P_1,P_2\in P,k\in\mathbf{R}^+$，都有 $I^{P_1+P_2}(i)=I^{P_1}(i)+I^{P_2}(i),I^{kP_1}(i)=kI^{P_1}(i)$。

这证明了 $I^P(i)$ 是从 M 维向量空间 P 到实空间的线性映射。

因为 $P_0+P_1+\cdots+P_M=1$，那么

$$c_{\min}=c_{\min}P_0+c_{\min}P_1+\cdots+c_{\min}P_M\leqslant I^P(i)\leqslant c_{\max}P_0+c_{\max}P_1+\cdots+c_{\max}P_M=c_{\max}$$

依照定义 8-2 的矩阵表达式，对任意的 $k\in[0,M]$，有

$$c_k=p(k\mid k)(E_k-E_k)+p(k+1\mid k)(E_{k+1}-E_k)+\cdots+p(M\mid k)(E_M-E_k)$$

相似地，因为 $p(k\mid k)+p(k+1\mid k)+\cdots+p(M\mid k)=1$，所以

$$0=E_k-E_k=c_{\min}\leqslant c_k\leqslant c_{\max}=E_M-E_k\leqslant E_M,\quad\forall k\in[0,M]$$

结合上面两个不等式，可以得到 $0\leqslant I^P(i)\leqslant E_M$，所以，$I^P(i)$ 是 M 维向量空间 P 到一维实空间 $[0,E_M]$ 的线性映射。

下面对 $I^P(i)$ 在串联和并联系统中的一些性质进行讨论。假设有一个由 n 个组件组成的多态串联系统。它的结构函数是 $\Phi(X)=\min\{x_1,x_2,\cdots,x_n\}$。

定理 8-3　组件 i 在串联系统中的 GGIM 可以表示为

$$I^P(i)=\sum_{m=0}^{M}\sum_{l=m}^{M}P_m\cdot P(l\mid m)\cdot\sum_{j=m}^{l}(a_j-a_{j-1})\cdot\prod_{k=1}^{n}P(x_k\geqslant j)$$

证明　有

$$\sum_{j=0}^{M}a_j\cdot[P\{\Phi(l_i,x)=j\}-P\{\Phi(m_i,x)=j\}]$$

$$=\sum_{j=1}^{M}(a_j-a_{j-1})\cdot[P\{\Phi(l_i,x)\geqslant j\}-P\{\Phi(m_i,x)\geqslant j\}]$$

$$= \sum_{j=m}^{l}(a_j - a_{j-1}) \cdot \prod_{k=1}^{n} P(x_k \geq j) \tag{8-11}$$

将式(8-11)的结果代入式(8-5)中，有

$$I^P(i) = \sum_{m=0}^{M}\sum_{l=m}^{M} P_m \cdot P(l\,|\,m) \cdot \sum_{j=1}^{K} a_j \cdot [P\{\Phi(l_i,x)=j\} - P\{\Phi(m_i,x)=j\}]$$

$$= \sum_{m=0}^{M}\sum_{l=m}^{M} P_m \cdot P(l\,|\,m) \cdot \sum_{j=m}^{l}(a_j - a_{j-1}) \cdot \prod_{k=1}^{n} P(x_k \geq j) \tag{8-12}$$

证毕。

式(8-12)简化了拓展 GIM 的计算过程，为更复杂的系统计算做了铺垫。

$I^P(i)$ 在并联系统中的计算过程也进行了探讨，并联系统的结构函数是 $\Phi(x) = \max\{x_1, x_2, \cdots, x_n\}$，这表示了系统性能水平和具有最大性能水平的组件性能一致。

定理 8-4　组件 i 在并联系统中的拓展 GIM 可以表示为

$$I^P(i) = \sum_{m=0}^{M}\sum_{l=m}^{M} P_m \cdot P(l\,|\,m) \cdot \sum_{j=m}^{l}(a_j - a_{j-1}) \cdot \prod_{k=1}^{n} P(x_k \leq j)$$

证明　有

$$\sum_{j=0}^{M} a_j \cdot [P\{\Phi(l_i,x)=j\} - P\{\Phi(m_i,x)=j\}]$$

$$= \sum_{j=1}^{M}(a_j - a_{j-1}) \cdot [P\{\Phi(l_i,x) \geq j\} - P[\Phi(m_i,x) \geq j]] \tag{8-13}$$

$$= \sum_{j=m}^{l}(a_j - a_{j-1}) \cdot \prod_{k=1}^{n} P(x_k \leq j)$$

将式(8-13)的结果代入式(8-5)，有

$$I^P(i) = \sum_{m=0}^{M}\sum_{l=m}^{M} P_m \cdot P(l\,|\,m) \cdot \sum_{j=0}^{K} a_j \cdot [P\{\Phi(l_i,x)=j\} - P\{\Phi(m_i,x)=j\}]$$

$$= \sum_{m=0}^{M}\sum_{l=m}^{M} P_m \cdot P(l\,|\,m) \cdot \sum_{j=m}^{l}(a_j - a_{j-1}) \cdot \prod_{k=1}^{n} P(x_k \leq j) \tag{8-14}$$

证毕。

8.2　连续系统重要度扩展

8.2.1　连续系统性能分析

系统性能连续变化在实际生产生活中非常常见,如机械刀具的连续损耗过程。基于结构函数的概念,把传统的多态空间拓展到非负实值空间,使其更好地刻画这种连续过程。系统性能表达式如下

$$U = \sum_{j=0}^{K} a_j \cdot P\{\varPhi(x) = j\} \tag{8-15}$$

从文献中可知,代表系统性能状态水平的变量 j 是一个非负整数。为了获得系统性能在连续态下的计算模型,假设一个新的非负实数变量 u 代替 j。与此同时,与变量等级 u 相对的性能函数 $a(u)$ 也可以发展成一个新的连续函数。组件的状态向量的密度函数表示为 $p(x_1, x_2, \cdots, x_n)$。由式(8-15),发现结构函数的值和系统性能等级相等。基于这个事实,系统等级 u 的累积分布函数可以表示如下

$$G(y) = P\{\varPhi(x) < y\} = \int \cdots \int_{\varPhi(x_1, x_2, \cdots, x_n) < y} p(x_1, x_2, \cdots, x_n) \mathrm{d}x_1 \cdots \mathrm{d}x_n = \int_0^y p(u) \mathrm{d}u \tag{8-16}$$

可以看出, $p(u)$ 表示系统水平的密度函数。基于式(8-15)和式(8-16),得到连续系统的系统性能表达式 $U = \int_{u=0}^{\infty} a(u) \cdot p(u) \mathrm{d}u$。显然,系统性能 U 表示成一个系统水平 u 的积分表达式。

用串、并联结构的系统分别举例来进一步阐明连续系统系统性能的计算过程。在并联结构系统中,连续系统的结构函数可以表示为 $\varPhi(x) = \max\{x_1, x_2, \cdots, x_n\}$。

定理 8-5　并联连续系统系统性能可以表示为 $U = \int_{u=0}^{\infty} a(u) \cdot \sum_{k \in N} \left[f_k(u) \prod_{i \neq k, i \in N} F_i(u) \right] \mathrm{d}u$

证明　通过对式(8-16)的分析,有

$$G(y) = P\{\varPhi(x) < y\} = \int \cdots \int_{\max\{x_1, x_2, \cdots, x_n\} < y} p(x_1, x_2, \cdots, x_n) \mathrm{d}x_1 \cdots \mathrm{d}x_n \tag{8-17}$$

$$= P\{x_1 < y\} \cdot P\{x_2 < y\} \cdots P\{x_n < y\} = \prod_{i=1}^{n} F_i(y)$$

因此系统性能水平 u 的密度函数为

$$p(u) = G'(u) = \sum_{k \in N} \left[F_k'(u) \prod_{i \neq k, i \in N} F_i(u) \right] \tag{8-18}$$

将 $p(u)$ 的结果代入系统性能公式，可以得到系统性能的连续化表达式

$$U = \int_{u=0}^{\infty} a(u) \cdot p(u) \mathrm{d}u = \int_{u=0}^{\infty} a(u) \cdot \sum_{k \in N} \left[f_k(u) \prod_{i \neq k, i \in N} F_i(u) \right] \mathrm{d}u \tag{8-19}$$

证毕。

推论 8-1　如果所有的变量 x_i 都遵循相同的分布情况，并联系统的性能表达式可以简化为 $U = \int_{u=0}^{\infty} a(u) \cdot n[F(u)]^{n-1} f(u) \mathrm{d}u$ 。

对于串联结构系统，连续系统的结构函数可以表示为 $\Phi(x) = \min\{x_1, x_2, \cdots, x_n\}$ 。

定理 8-6　串联连续系统系统性能可以表示为 $U = \int_{u=0}^{\infty} a(u) \cdot \sum_{k \in N} \left[f_k(u) \prod_{i \neq k, i \in N} [1 - F_i(u)] \right] \mathrm{d}u$

证明　通过对式 (8-16) 的分析，有

$$\begin{aligned}
G(y) &= 1 - P\{\Phi(x) \geq y\} = 1 - \int \cdots \int_{\min\{x_1, x_2, \cdots, x_n\} \geq y} p(x_1, x_2, \cdots, x_n) \mathrm{d}x_1 \cdots \mathrm{d}x_n \\
&= 1 - P\{x_1 \geq y\} \cdot P\{x_2 \geq y\} \cdots P\{x_n \geq y\} \\
&= 1 - \prod_{i=1}^{n} [1 - F_i(y)]
\end{aligned} \tag{8-20}$$

因此系统性能水平 u 的密度函数为

$$p(u) = G'(u) = \sum_{k \in N} \left[F_k'(u) \prod_{i \neq k, i \in N} [1 - F_i(u)] \right] \tag{8-21}$$

将 $p(u)$ 的结果代入系统性能公式，可以得到系统性能的连续化表达式

$$U = \int_{u=0}^{\infty} a(u) \cdot p(u) \mathrm{d}u = \int_{u=0}^{\infty} a(u) \cdot \sum_{k \in N} \left[f_k(u) \prod_{i \neq k, i \in N} [1 - F_i(u)] \right] \mathrm{d}u \tag{8-22}$$

证毕。

推论 8-2　如果所有的变量 x_i 都遵循相同的分布情况，串联系统的性能表达式可以简化为 $U = \int_{u=0}^{\infty} a(u) \cdot n[1 - F(u)]^{n-1} f(u) \mathrm{d}u$ 。

8.2.2　连续系统重要度性质

前面已经给出了连续态系统的性能计算方法和拓展 GIM 在离散多态系统中的应用。本小节将把这两部分内容融合，从而提出了连续系统的拓展 GIM 方法。单个组件的转移概率分布的表达式是

$$F_m(l,t) = P\{x(v+t) \geq l \mid x(v) = m\}, \ \ m,l \in M \tag{8-23}$$

转移概率的密度函数符号表示为 $p(l \mid m,t)$，即

$$p(l \mid m,t) = F_m'(l,t) \tag{8-24}$$

定义 8-3

$$I_m^P(i) = \int_{l \in m}^{\infty} p(l \mid m,t) \int_{u=0}^{\infty} a(u)[p_l(u) - p_m(u)] \mathrm{d}u \mathrm{d}l \tag{8-25}$$

其中，$p_k(u)$ 代表当组件 i 处在状态 k 时系统状态水平的密度函数，$k = m, l$。$I_m^P(i)$ 表示了当组件 i 从状态 m 提升到状态 l 后整个连续系统性能提升的期望，$l \in [m, M]$。$I_m^P(i)$ 可以认为是组件 i 处在状态 m 对系统性能提升的贡献值。组件 i 在维修之前的状态概率分布记为 $p(m)$，组件 i 的拓展 Griffith 重要度在定义 8-4 中给出。

定义 8-4

$$I^P(i) = \int_{m \in 0}^{\infty} p(m) \int_{l \in m}^{\infty} p(l \mid m,t) \int_{u=0}^{\infty} a(u)[p_l(u) - p_m(u)] \mathrm{d}u \mathrm{d}l \mathrm{d}m \tag{8-26}$$

相似地，$I^P(i)$ 表示了组件 i 对整个连续系统性能提升的期望，包含了 u、m 和 l 这三个参数的积分形式。所以说，拓展 Griffith 是充分考虑了维修过程中的所有有用信息，然后决策者对每个组件进行了公正的评估。

在串联结构系统中，连续态系统的结构函数仍然可以表示为 $\Phi(x) = \min\{x_1, x_2, \cdots, x_n\}$。

定理 8-7　串联连续系统中，组件 i 的拓展 Griffith 重要度表示为

$$I^P(i) = \int_{m \in 0}^{\infty} p(m) \int_{l \in m}^{\infty} p(l \mid m,t) \int_{u=m}^{\infty} a(u) \sum_{i \in M} \left[f_i(u) \prod_{k \neq i, k \in M} [1 - F_k(u)] \right] \mathrm{d}u \mathrm{d}l \mathrm{d}m$$

证明　对于任一个串联系统，有 $\Pr\{\Phi(l_i, x) > l\} = \Pr\{\min(l_i, x) > l\} = 0$，这意味着当组件 i 处在状态 l 时，系统性能水平不可能超过 l。基于这个事实和式（8-22），有

$$p_l(u) = \begin{cases} \sum_{i \in M} f_i(u) \prod_{k \neq i, k \in M} [1 - F_k(u)]], & u \leq l \\ 0, & u > l \end{cases}$$

相似地，同样有

$$p_m(u) = \begin{cases} \sum_{i \in M} \left[f_i(u) \prod_{k \neq i, k \in M} [1 - F_k(u)] \right], & u \leq m \\ 0, & u > m \end{cases}$$

将 $p_l(u)$ 和 $p_m(u)$ 的结果代入式 (8-26) 中，有

$$\begin{aligned} I^P(i) &= \int_{m \in 0}^{\infty} p(m) \int_{l \in m}^{\infty} p(l \mid m, t) \int_{u \in U}^{\infty} a(u)[p_l(u) - p_m(u)] \mathrm{d}u \mathrm{d}l \mathrm{d}m \\ &= \int_{m \in 0}^{\infty} p(m) \int_{l \in m}^{\infty} p(l \mid m, t) \int_{u \in m}^{\infty} a(u) \sum_{i \in M} \left[f_i(u) \prod_{k \neq i, k \in M} [1 - F_k(u)] \right] \mathrm{d}u \mathrm{d}l \mathrm{d}m \end{aligned} \tag{8-27}$$

证毕。

在并联结构系统中，连续态系统的结构函数仍然可以表示为 $\Phi(x) = \max\{x_1, x_2, \cdots, x_n\}$。

定理 8-8　并联连续系统中，组件 i 的拓展 Griffith 重要度表示为

$$I^P(i) = \int_{m \in 0}^{\infty} p(m) \int_{l \in m}^{\infty} p(l \mid m, t) \int_{u \in m}^{\infty} a(u) \sum_{i \in M} \left[f_i(u) \prod_{k \neq i, k \in M} F_k(u) \right] \mathrm{d}u \mathrm{d}l \mathrm{d}m$$

证明　对于任一个并联系统，我们有 $\Pr\{\Phi(l_i, x) < l\} = \Pr\{\max(l_i, x) < l\} = 0$，这意味着当组件 i 处在状态 l 时，系统性能水平不可能低于 l。基于这个事实和式 (8-19)，有

$$p_l(u) = \begin{cases} 0, & u < l \\ \sum_{i \in M} \left[f_i(u) \prod_{k \neq i, k \in M} F_k(u) \right], & u \geq l \end{cases}$$

相似地，同样有

$$p_m(u) = \begin{cases} 0, & u < m \\ \sum_{i \in M} \left[f_i(u) \prod_{k \neq i, k \in M} F_k(u) \right], & u \geq m \end{cases}$$

将 $p_l(u)$ 和 $p_m(u)$ 的结果代入式 (8-26) 中，有

$$I^P(i) = \int_{m \in 0}^{\infty} p(m) \int_{l \in m}^{\infty} p(l \mid m, t) \int_{u \in 0}^{\infty} a(u)[p_l(u) - p_m(u)] \mathrm{d}u \mathrm{d}l \mathrm{d}m$$

$$= \int_{m\in0}^{\infty} p(m) \int_{l\in m}^{\infty} p(l\,|\,m,t) \int_{u\in m}^{l} a(u) \sum_{i\in M} \left[f_i(u) \prod_{k\neq i, k\in M} F_k(u) \right] \mathrm{d}u\mathrm{d}l\mathrm{d}m \tag{8-28}$$

证毕。

8.3 基于重要度的连续系统性能优化

前面介绍了基于系统性能提升的 GGIM 的定义及性质，并成功运用于连续系统的系统性能运算及重要度分析。本节将对连续系统中的性能提升问题作进一步深化研究，并在此基础上探究多组件同时维修时系统性能提升情况。

8.3.1 连续系统性能

连续系统性能研究是当下可靠性的热点问题，将系统效用函数移植到连续系统中是可行的方法。顺着这个思路，前面的章节得到了相对应的连续系统性能表达式为 $U = \int_{u=0}^{\infty} a(u)\cdot p(u)\mathrm{d}u$，相对应地，$a(u)$ 表示系统状态 u 的效用函数；$p(u)$ 表示系统状态密度函数。系统性能 U 是一个只和系统水平 u 相关的积分表达式。

在传统的系统性能提升理论中，往往假设每个组件提升相同的水平，再求出系统性能对应的提升值。在此基础上，若某种维修资源使组件 i 状态从 m 提升至 l。连续系统性能提升表达式为 $\Delta U = \int_{u=0}^{\infty} a(u)\cdot[p_l(u) - p_m(u)]\mathrm{d}u$，其中，$a(u)$ 表示系统状态 u 的效用函数；$p_l(u)$ 表示组件 i 处于 l 状态时的系统状态密度函数；$p_m(u)$ 表示组件 i 处于 m 状态时的系统状态密度函数。显然，ΔU 表示的是维修前后系统性能期望的差值。

事实上，维修资源(人力、备件或时间等)很容易取得，不同组件的提升情况却是各不相同。假设组件状态的转移根据维修资源的分配量服从某固定分布，从而可以得到不同维修情形下的系统性能提升情况。

接下来仅以时间作为维修资源，分析系统的性能提升情况。其他维修资源分析类似。

组件状态转移情况可以用条件概率表示，但是在不同维修资源条件下，组件状态转移情况实际上是一个随机过程。连续系统组件 i 的状态转移函数如下

$$F_{m,l}^i(t) = P\{X_i(t+v) \geq l\,|\,X_i(v) = m\},\ m, l \in M \tag{8-29}$$

其中，$X_i(v) = m$ 表示组件 i 在时刻 v 处于 m 状态的概率；$X_i(t+v) \geq l$ 表示组件 i 在 t 时间间隔后大于 m 状态的概率；$F_{m,l}^i(t)$ 表示在维修时间 t 内，组件 i 从状态 m 转移到状态 l 之上的概率和，这是一个条件分布函数。

由此可以写出给定维修资源情况下的系统性能提升表达式

$$\Delta U(t) = \int_{m=0}^{\infty} p_i(m) \int_{l=m}^{\infty} p_{m,l}^i(t) \int_{u=0}^{\infty} a(u)[p_l^i(u) - p_m^i(u)]\mathrm{d}u\mathrm{d}l\mathrm{d}m \qquad (8\text{-}30)$$

其中，$p_i(m)$ 表示在时刻 v 时，组件 i 的状态概率分布列；与此同时，$p_{m,l}^i(t) = F_{m,l}^i{}'(t)$ 表示条件转移密度函数；$\Delta U(t)$ 是系统性能提升的期望值。

在维修决策过程中，非常重要的一件事是找到关键组件或子系统，倾尽维修资源使系统性能最大地提升。于是问题转变成了维修资源固定情况下，系统性能的最大提升值或者说使系统性能提升达标的情况下，所使用的维修资源最少。数学含义即固定 t，求最大的 $\Delta U(t)$ 或固定 $\Delta U(t)$ 求最小的 t。

8.3.2　基于重要度的连续系统性能分析

和二态系统中的失效率理论结合，发现组件状态转移概率等于累积转移率，数学表达式为 $P_{m,l}^i(t) = \int_0^t \mu_{m,l}^i(t')\mathrm{d}t'$，其中，$\mu_{m,l}^i(t')$ 表示组件 i 从状态 m 转移到 l 的转移率，$P_{m,l}^i(t)$ 是 $\mu_{m,l}^i(t')$ 关于时间 t 的积分形式。

多态系统中的组件状态平均转移率可以表示为 $\mathrm{ATR}_{m,l}^i(t) = \dfrac{1}{t}\int_0^t \mu_{m,l}^i(t')\mathrm{d}t'$。

定理 8-9　平均系统性能提升表达式

$$\frac{\Delta U(t)}{\Delta t} = \int_{m=0}^{\infty} p_i(m) \int_{l=m}^{\infty} \mathrm{ATR}_{m,l}^i(t) \int_{u=0}^{\infty} a(u)[p_l^i(u) - p_m^i(u)]\mathrm{d}u\mathrm{d}l\mathrm{d}m \qquad (8\text{-}31)$$

$\dfrac{\Delta U(t)}{\Delta t}$ 也可以看成系统性能提升平均速度，而 $\Delta U(t)$ 反映的是系统性能提升的总量。当维修时间确定时，这两者是成正比的，即反映的含义相同。当维修时间不确定时，$\dfrac{\Delta U(t)}{\Delta t}$ 可以更灵活地反映一段时间内的维修效率。

定理 8-10　系统性能提升密度表达式

$$\frac{\mathrm{d}U(t)}{\mathrm{d}t} = \int_{m=0}^{\infty} p_i(m) \int_{l=m}^{\infty} \mu_{m,l}^i(t) \int_{u=0}^{\infty} a(u)[p_l^i(u) - p_m^i(u)]\mathrm{d}u\mathrm{d}l\mathrm{d}m \qquad (8\text{-}32)$$

相对于 $\dfrac{\Delta U(t)}{\Delta t}$ 的系统性能提升平均速度，$\dfrac{\mathrm{d}U(t)}{\mathrm{d}t}$ 则可以理解为系统性能提升瞬时速度，它反映的是瞬时维修效率。可以直观反映出维修高效的时段，帮助维修决策。

定理 8-11　系统性能提升联合分布表达式

$$\Delta U(t) = \iint_{M^2} p_i(m,l;t) \int_{u=0}^{m} a(u)[p_l^i(u) - p_m^i(u)]\mathrm{d}u\mathrm{d}l\mathrm{d}m \tag{8-33}$$

证明

$$\Delta U(t) = \int_{m=0}^{\infty} p_i(m) \int_{l=m}^{\infty} p_{m,l}^i(t) \int_{u=0}^{\infty} a(u)[p_l^i(u) - p_m^i(u)]\mathrm{d}u\mathrm{d}l\mathrm{d}m$$

$$= \iint_{M^2} p_i(m) \cdot p^i(l\,|\,m;t) \int_{u=0}^{\infty} a(u)[p_l^i(u) - p_m^i(u)]\mathrm{d}u\mathrm{d}l\mathrm{d}m$$

$$= \iint_{M^2} p_i(m,l;t) \int_{u=0}^{\infty} a(u)[p_l^i(u) - p_m^i(u)]\mathrm{d}u\mathrm{d}l\mathrm{d}m$$

定理 8-11 将初始分布概率和条件转移概率整合为联合分布概率。此方程有助于简化公式从而利于多组件维修系统的计算和表达。

定理 8-12　组件 i 处于状态 m 时的系统性能提升联合分布表达式

$$\Delta U_{m\uparrow}^i(t) = \int_{l=m}^{\infty} \left(p_i(m,l;t) \,/\, \int_{l=m}^{\infty} p_i(m,l;t)\mathrm{d}l \right) \int_{u=0}^{\infty} a(u)[p_l^i(u) - p_m^i(u)]\mathrm{d}u\mathrm{d}l \tag{8-34}$$

证明

$$\Delta U_{m\uparrow}^i(t) = \int_{l=m}^{\infty} p(l\,|\,m;t) \int_{u=0}^{\infty} a(u)[p_l^i(u) - p_m^i(u)]\mathrm{d}u\mathrm{d}l$$

$$= \int_{l=m}^{\infty} \frac{p_i(m,l;t)}{p_i(m)} \int_{u=0}^{\infty} a(u)[p_l^i(u) - p_m^i(u)]\mathrm{d}u\mathrm{d}l$$

$$= \int_{l=m}^{\infty} \left(p_i(m,l;t) \,/\, \int_{l=m}^{\infty} p_i(m,l;t)\mathrm{d}l \right) \int_{u=0}^{\infty} a(u)[p_l^i(u) - p_m^i(u)]\mathrm{d}u\mathrm{d}l$$

$\Delta U_{m\uparrow}^i(t)$ 表示组件 i 从状态 m 随机提升到更高级状态时系统性能提升期望，常用在组件初始状态已知的情况，即 $p_i(m)$ 已知。

定理 8-13　组件 i 升到状态 l 时的系统性能提升联合分布表达式

$$\Delta U_{l\downarrow}^i(t) = \int_{m=0}^{l} \left(p_i(m,l;t) \,/\, \int_{m=0}^{l} p_i(m,l;t)\mathrm{d}m \right) \int_{u=0}^{\infty} a(u)[p_l^i(u) - p_m^i(u)]\mathrm{d}u\mathrm{d}m$$

证明

$$\Delta U_{l\downarrow}^i(t) = \int_{m=0}^{l} p(m\,|\,l;t) \int_{u=0}^{\infty} a(u)[p_l^i(u) - p_m^i(u)]\mathrm{d}u\mathrm{d}m$$

$$= \int_{m=0}^{l} \frac{p_i(m,l;t)}{p_i(l)} \int_{u=0}^{\infty} a(u)[p_l^i(u) - p_m^i(u)]\mathrm{d}u\mathrm{d}l$$

$$= \int_{m=0}^{l} \left(p_i(m,l;t) \,/\, \int_{m=0}^{l} p_i(m,l;t)\mathrm{d}m \right) \int_{u=0}^{\infty} a(u)[p_l^i(u) - p_m^i(u)]\mathrm{d}u\mathrm{d}m$$

$\Delta U_{l\downarrow}^{i}(t)$ 表示组件 i 从更低级状态随机提升到状态 l 时系统性能提升期望，常用在组件末尾状态已知的情况，即 $p_i(l)$ 已知。

随着维修资源的变化，转移概率函数会相应地发生变化。因此，$P_{m,l}^{i}(t)$ 是一个随机过程。下面针对布朗运动和泊松过程进行分析。

布朗运动是一个刻画轨迹无限长、处处连续且不可微的随机连续运动的随机过程，其定义为随机过程 $\{W(t), t \geq 0\}$，服从参数 σ^2 的 Wiener 过程，如果

(1) $\{W(t), t \geq 0\}$ 是平稳独立增量过程，且 $W(0) = 0$；

(2) 对任意的 $0 \leq s < t$，增量 $W(t) - W(s)$ 服从正态分布 $N(0, \sigma^2(t-s))$，其中，$\sigma > 0$。参数 σ 反映了各种不同 Wiener 过程的特征。

由定义从而具有如下四个具有代表性的性质。

(1) 马尔可夫性：由定义的第一个条件可以推出。在这个性质之下，之前关于综合重要度与随机过程以及马尔可夫过程的结合的所有结论在布朗运动中都存在或都适用。

(2) 空间齐次性：随机过程在空间中是平移不变的，即有

$$P(X(t_1) \leq x_1, X(t_2) \leq x_2, \cdots, X(t_n) \leq x_n \mid X(0) = 0)$$
$$= P(X(t_1) \leq x_1 + x, X(t_2) \leq x_2 + x, \cdots, X(t_n) \leq x_n + x \mid X(0) = 0 + x)$$

(3) 时间齐次性：对 $\forall t, u \geq 0$，均有以下等式与 u 无关

$$P(X(t+u) = j \mid X(u) = i) = P(X(t) = j \mid X(0) = i)$$

(4) 正态分布性：对 $\forall t \geq 0$，$X(t)$ 是正态分布的随机变量，且

$$E(X(t)) = 0, \quad D(X(t)) = \sigma^2 t$$

另外，布朗运动 $\{W(t)\}, t \geq 0$ 在 t 时刻的(绝对)概率密度函数为

$$p(t, x) = \exp(-x^2 / 2\sigma^2 t) / \sqrt{2\pi\sigma^2 t}$$

那么，布朗运动 $\{W(t)\}, t \geq 0$ 从 s 到 r 的转移概率密度函数为

$$p(s, r, t) = \exp(-(r-s)^2 / 2\sigma^2 t) / \sqrt{2\pi\sigma^2 t}$$

假设某特定组件状态的转移概率 $P_{m,l}^{i}(t)$ 服从布朗运动规律，但是限定组件状态都为正值，有 $P_{m,l}^{i}(t) \sim N_l(m, \sigma^2 t)$，这意味着

$$P_{m,l}^{i}(t) = \exp((l-m)^2 / 2\sigma t^2) / \sqrt{2\pi\sigma t^2}$$

将 $P_{m,l}^{i}(t)$ 代入式(8-30)可以得到面向布朗运动的系统性能提升计算公式

$$\Delta U(t) = \int_{m=0}^{\infty} p_i(m) \int_{l=0}^{\infty} \exp((l-m)^2 / 2\sigma t^2) / \sqrt{2\pi\sigma t^2} \int_{u=0}^{\infty} a(u)[p_l^i(u) - p_m^i(u)] \mathrm{d}u \mathrm{d}l \mathrm{d}m$$

当组件的提升和劣化过程平衡时，组件状态转移是服从布朗运动的。在这种情况下，不能直观地判断组件重要程度，但通过系统性能提升的计算可以清晰掌握系统健康状态。

许多偶然现象可以用泊松分布来描述，大量自然界的物理过程可以用泊松过程来刻画。关心的是随机事件的数目，而每一变化可用时间或空间上的点来表示。把满足下列三个条件的随机过程 $\{N(t), t \ge 0\}$ 称为强度为 $\lambda > 0$ 的泊松过程：

(1) $N(0) = 0$；

(2) $N(t)$ 是独立增量过程；

(3) 对任何 $t > 0$，$s \ge 0$ 增量 $N(s+t) - N(s)$ 服从参数为 λt 的泊松分布，即

$$P\{N(s+t) - N(s) = k\} = (\lambda k)^k \mathrm{e}^{-\lambda t} / k!$$

由泊松分布的定义可以求出 $E(N(t)) = D(N(t)) = \lambda t$。

假设某特定组件状态的转移概率 $P_{m,l}^i(t)$ 服从泊松过程，并认为 $P_{m,l}^i(t) \sim p(\lambda_{m,l} t)$，这意味着 $E(P_{m,l}^i(t)) = E\int_0^t \lambda_{m,l}^i \mathrm{d}t = E\lambda_{m,l}^i \cdot t = \dfrac{1}{\mathrm{MTBF}} \cdot t = \lambda_{m,l}^i \cdot t$。将其代入式 (8-30) 可以得到面向泊松过程的系统性能提升计算公式

$$\Delta U(t) = \int_{m=0}^{\infty} p_i(m) \int_{l=0}^{\infty} \lambda_{m,l}^i t \int_{u=0}^{\infty} a(u)[p_l^i(u) - p_m^i(u)] \mathrm{d}u \mathrm{d}l \mathrm{d}m$$

泊松过程是离散整数域内的模型，用到这里主要将连续函数近似为空间内密集的点，与此同时，这里的 $P_{m,l}^i(t)$ 也用到了泊松分布的期望值进行近似求解。

8.3.3　典型系统性能变化分析

在以上建立的面向布朗运动的连续态系统的模型下，针对典型系统结构，并给出其具体化计算公式。参照前面章节的串、并联系统，假设有一个由 n 个组件组成的串联系统。它的结构函数是 $\Phi(x) = \min\{x_1, x_2, \cdots, x_n\}$。

定理 8-14　串联系统中面向组件 i 服从布朗运动的系统性能提升表达式

$$\Delta U(t) = \int_{m=0}^{\infty} p_i(m) \int_{l=0}^{\infty} \frac{\exp((l-m)^2 / 2\sigma t^2)}{\sqrt{2\pi\sigma t^2}}$$

$$\int_{u=0}^{\infty} a(u) \sum_{i \in M} \left[f_i(u) \prod_{k \neq i, k \in M} [1 - F_k(u)] \right] \mathrm{d}u \mathrm{d}l \mathrm{d}m$$

证明　对于任一个串联系统，我们有 $\Pr\{\Phi(l_i,x)>l\}=\Pr\{\min(l_i,x)>l\}=0$，这意味着当组件 i 处在状态 l 时，系统性能水平不可能超过 l。基于这个事实和式(8-18)，有

$$p_l(u)=\begin{cases}\sum_{i\in M}\left[f_i(u)\prod_{k\neq i,k\in M}[1-F_k(u)]\right], & u\leqslant l\\ 0, & u>l\end{cases}$$

相似地，同样有

$$p_m(u)=\begin{cases}\sum_{i\in M}\left[f_i(u)\prod_{k\neq i,k\in M}[1-F_k(u)]\right], & u\leqslant m\\ 0, & u>m\end{cases}$$

将 $p_l(u)$ 和 $p_m(u)$ 的结果代入式(8-30)中，有

$$\Delta U(t)=\int_{m=0}^{\infty}p_i(m)\int_{l=0}^{\infty}\frac{\exp((l-m)^2/2\sigma t^2)}{\sqrt{2\pi\sigma t^2}}\int_{u=0}^{\infty}a(u)\sum_{i\in M}\left[f_i(u)\prod_{k\neq i,k\in M}[1-F_k(u)]\right]\mathrm{d}u\mathrm{d}l\mathrm{d}m$$

证毕。

定理 8-15　串联系统中面向组件 i 服从泊松过程的系统性能提升表达式

$$\Delta U(t)=\int_{m=0}^{\infty}p_i(m)\int_{l=0}^{\infty}\lambda_{m,l}^i t\int_{u=0}^{\infty}a(u)\sum_{i\in M}\left[f_i(u)\prod_{k\neq i,k\in M}[1-F_k(u)]\right]\mathrm{d}u\mathrm{d}l\mathrm{d}m$$

证明　由 $p_l(u)$ 和 $p_m(u)$ 的结果，有串联系统中系统性能提升值

$$\Delta U(t)=\int_{m=0}^{\infty}p_i(m)\int_{l=m}^{\infty}p_{m,l}^i(t)\int_{u\in m}^{\infty}a(u)\sum_{i\in M}\left[f_i(u)\prod_{k\neq i,k\in M}[1-F_k(u)]\right]\mathrm{d}u\mathrm{d}l\mathrm{d}m$$

有

$$\Delta U(t)=\int_{m=0}^{\infty}p_i(m)\int_{l=0}^{\infty}\lambda_{m,l}^i t\int_{u=0}^{\infty}a(u)\sum_{i\in M}\left[f_i(u)\prod_{k\neq i,k\in M}[1-F_k(u)]\right]\mathrm{d}u\mathrm{d}l\mathrm{d}m$$

证毕。

并联系统的结构函数是 $\Phi(x)=\max\{x_1,x_2,\cdots,x_n\}$，它的含义是系统性能和具有最大性能的组件性能一致。

定理 8-16　并联系统中面向组件 i 服从布朗运动的系统性能提升表达式

$$\Delta U(t)=\int_{m=0}^{\infty}p_i(m)\int_{l=0}^{\infty}\frac{\exp((l-m)^2/2\sigma t^2)}{\sqrt{2\pi\sigma t^2}}\int_{u=0}^{\infty}a(u)\sum_{i\in M}\left[f_i(u)\prod_{k\neq i,k\in M}F_k(u)\right]\mathrm{d}u\mathrm{d}l\mathrm{d}m$$

证明　对于任一个并联系统，我们有 $\Pr\{\Phi(l_i,x)<l\}=\Pr\{\max(l_i,x)<l\}=0$，这意味着当组件 i 处在状态 l 时，系统性能水平不可能低于 l。基于这个事实和式(8-18)，有

$$p_l(u)=\begin{cases}0, & u<l\\ \displaystyle\sum_{i\in M}\left[f_i(u)\prod_{k\neq i,k\in M}F_k(u)\right], & u\geq l\end{cases}$$

相似地，同样有

$$p_m(u)=\begin{cases}0, & u<m\\ \displaystyle\sum_{i\in M}\left[f_i(u)\prod_{k\neq i,k\in M}F_k(u)\right], & u\geq m\end{cases}$$

将 $p_l(u)$ 和 $p_m(u)$ 的结果代入式(8-30)中，有

$$\Delta U(t)=\int_{m=0}^{\infty}p_i(m)\int_{l=0}^{\infty}\frac{\exp((l-m)^2/2\sigma t^2)}{\sqrt{2\pi\sigma t^2}}\int_{u=0}^{\infty}a(u)\sum_{i\in M}\left[f_i(u)\prod_{k\neq i,k\in M}F_k(u)\right]\mathrm{d}u\mathrm{d}l\mathrm{d}m$$

证毕。

定理 8-17　并联系统中面向组件 i 服从泊松过程的系统性能提升表达式

$$\Delta U(t)=\int_{m=0}^{\infty}p_i(m)\int_{l=0}^{\infty}\lambda_{m,l}^i t\int_{u=0}^{\infty}a(u)\sum_{i\in M}\left[f_i(u)\prod_{k\neq i,k\in M}F_k(u)\right]\mathrm{d}u\mathrm{d}l\mathrm{d}m$$

证明　由 $p_l(u)$ 和 $p_m(u)$ 的结果，有串联系统中系统性能提升值

$$\Delta U(t)=\int_{m=0}^{\infty}p_i(m)\int_{l=m}^{\infty}p_{m,l}^i(t)\int_{u\in m}^{l}a(u)\sum_{i\in M}\left[f_i(u)\prod_{k\neq i,k\in M}F_k(u)\right]\mathrm{d}u\mathrm{d}l\mathrm{d}m$$

有

$$\Delta U(t)=\int_{m=0}^{\infty}p_i(m)\int_{l=0}^{\infty}\lambda_{m,l}^i t\int_{u=0}^{\infty}a(u)\sum_{i\in M}\left[f_i(u)\prod_{k\neq i,k\in M}F_k(u)\right]\mathrm{d}u\mathrm{d}l\mathrm{d}m$$

证毕。

8.3.4　多组件维修系统性能提升优化分析

实际上，随着维修资源的充裕，更多的组件而不是单个组件能够获得维修资源，如何将这些资源分配给不同组件，以及每个组件分配多少是本章主要解决的问题。

假定某系统由 n 个独立组件组合而成，表示为 $(X_1,X_2,\cdots,X_i)$。每个组件分配

的维修资源向量记为 $t = (t_1, t_2, \cdots, t_n)$。显然总的维修资源 $T = t_1 + t_2 + \cdots + t_n$。多组件维修系统性能提升值记为 $\Delta U^{mc}(t)$。

因为在单组件维修的计算过程中统一考虑了每一个组件状态对系统性能的影响，所以多组件维修的计算过程并不能用 $\Delta U(t)$ 的线性加和进行计算，即 $\Delta U^{mc}(t) \neq \sum_{k=1}^{n} \Delta U^k(t)$。当维修资源不统一时，更无法用现有的模型进行数学表示。本书巧妙地利用前面的性质进行了表达与计算。

现在考虑两种情形：维修设备充足，各维修组件同步进行维修，即 $T = t_1 = t_2 = \cdots = t_n$；各组件排队进行维修，一个组件维修时其他组件待机，即各组件的维修时间不一定相同。

情形 1 各组件的初始概率分布为 $F = (F_1(x), F_2(x), \cdots, F_n(x))$，组件的初始联合分布函数表示为 $F(m_1, m_2, \cdots, m_n) = P\{x_1 < m_1, x_2 < m_2, \cdots, x_n < m_n\}$。在连续系统中，若存在非负函数 $p(m_1, m_2, \cdots, m_n)$，使

$$F(x_1, x_2, \cdots, x_n) = \int_0^{\infty} \cdots \int_0^{\infty} p(m_1, m_2, \cdots, m_n) \mathrm{d}m_1 \mathrm{d}m_2 \cdots \mathrm{d}m_n$$

这里的 $p(m_1, m_2, \cdots, m_n)$ 可以称为联合分布密度。类似地，可以得到组件的联合转移概率密度 $p(l_1 \mid m_1, l_2 \mid m_2, \cdots, l_n \mid m_n)$，满足

$$p(l_1 \mid m_1, l_2 \mid m_2, \cdots, l_n \mid m_n) = F'(y_1 > l_1, y_2 > l_2, \cdots, y_n > l_n \mid x_1 = m_1, x_2 = m_2, \cdots, x_n = m_n)$$

那么可以得到当各组件维修时间为 t 时，系统性能提升表达式

$$\Delta U^{mc}(t) = \int\!\!\cdots\!\!\int_{m_1, m_2, \cdots, m_n \in M} p(m_1, m_2, \cdots, m_n) \int\!\!\cdots\!\!\int_{l_1, l_2, \cdots, l_n \in M} p(l_1 \mid m_1, l_2 \mid m_2, \cdots, l_n \mid m_n, t)$$

$$\cdot \int_{u \in U} a(u)[p_{l_1, l_2, \cdots, l_n}(u) - p_{m_1, m_2, \cdots, m_n}(u)] \mathrm{d}u \mathrm{d}l_1 \mathrm{d}l_2 \cdots \mathrm{d}l_n \mathrm{d}m_1 \mathrm{d}m_2 \cdots \mathrm{d}m_n$$

其中，$p(m_1, m_2, \cdots, m_n)$ 表示联合分布密度；$p(l_1 \mid m_1, l_2 \mid m_2, \cdots, l_n \mid m_n, t)$ 表示时间 t 内的联合转移分布密度；$p_{l_1, l_2, \cdots, l_n}(u)$ 表示组件状态处于 $X = (l_1, l_2, \cdots, l_n)$ 时，系统状态处于 u 的概率密度；$p_{m_1, m_2, \cdots, m_n}(u)$ 同理。

情形 2 当维修时间不相同时，不能用统一的联合转移分布密度，这时利用各组件的独立性，以及单组件系统性能提升的定理 8-11 的启发，那么可以得到当各组件维修时间不相同时，系统性能提升表达式

$$\Delta U^{mc}(t) = \iint_{m_1, l_1 \in G_1} p(m_1, l_1; t_1) \iint_{m_2, l_2 \in G_2} p(m_2, l_2; t_2) \cdots \iint_{m_n, l_n \in G_n} p(m_n, l_n; t_n)$$

$$\cdot \int_{u \in U} a(u)[p_{l_1,l_2,\cdots,l_n}(u) - p_{m_1,m_2,\cdots,m_n}(u)]\mathrm{d}u\mathrm{d}l_1\mathrm{d}l_2\cdots\mathrm{d}l_n\mathrm{d}m_1\mathrm{d}m_2\cdots\mathrm{d}m_n$$

证明　因为各组件独立，所以他们的联合分布概率等于各分布概率之积，所以

$$p(m_1, m_2, \cdots, m_n) = p(m_1) \cdot p(m_2) \cdots p(m_n)$$

$$p(l_1 \mid m_1, l_2 \mid m_2, \cdots, l_n \mid m_n) = p(l_1 \mid m_1; t_1) \cdot p(l_2 \mid m_2; t_2) \cdots p(l_n \mid m_n; t_n)$$

其中，$p(m_1, l_1; t_{(1)})$ 表示组件 1 前后两个状态的联合分布密度；$p(m_k, l_k; t_k)$ 同理；G_k 表示联合分布的空间；$p_{l_1,l_2,\cdots,l_n}(u)$ 表示组件状态处于 $X = (l_1, l_2, \cdots, l_n)$ 时，系统状态处于 u 的概率密度；$p_{m_1,m_2,\cdots,m_n}(u)$ 同理。此式将复杂的联合状态转移分解成单组件的状态对的积分乘积，有利于复杂环境系统分析，另外，通过这样分解为资源分配的优化奠定了数学基础。

多组件维修时，最重要的是直接探测或求得各个组件维修前后的状态情况。前面已经推出系统性能提升可以由组件前后两个状态的联合分布密度表示。其中，$p(m_1, l_1; t_1) = p\{X_1(u) = m_1, X_1(u + t_1) = l_1\}$。假设 $p(m_1, l_1; t_1)$ 满足一个二维的正态分布密度函数，那么有 $p(m_1, l_1; t_1) = \dfrac{1}{(2\pi)^{\frac{n}{2}}|B_1|^{\frac{1}{2}}}\exp\left(-\dfrac{1}{2}a_1^{\mathrm{T}}W_1^{-1}a_1\right)$，其中，$a_1 = (m_1 - a_1, l_1 - b_1)$；$B_1 = \begin{bmatrix} \sigma_1^2 & r\sigma_1\sigma_2 \\ r\sigma_1\sigma_2 & \sigma_2^2 \end{bmatrix}$；与此同时，$p(m_1)$ 是 $N(a_1, \sigma_1^2)$ 的密度函数；$p(l_1)$ 是 $N(b_1, \sigma_2^2)$ 的密度函数。由此，可以得到当各组件的状态对服从二维正态分布时，系统性能提升表达式

$$\Delta U^{\mathrm{mc}}(t) = \iint_{m_1,l_1 \in G_1} \frac{1}{(2\pi)^{\frac{n}{2}}|B_1|^{\frac{1}{2}}}\exp\left(-\frac{1}{2}a_1^{\mathrm{T}}W_1^{-1}a_1\right)\iint_{m_2,l_2 \in G_2} \frac{1}{(2\pi)^{\frac{n}{2}}|B_2|^{\frac{1}{2}}}\exp\left(-\frac{1}{2}a_2^{\mathrm{T}}W_2^{-1}a_2\right)\cdots$$

$$\cdot \iint_{m_n,l_n \in G_n} \frac{1}{(2\pi)^{\frac{n}{2}}|B_n|^{\frac{1}{2}}}\exp\left(-\frac{1}{2}a_n^{\mathrm{T}}W_n^{-1}a_n\right) \cdot \int_{u \in U} a(u)[p_{l_1,l_2,\cdots,l_n}(u) - p_{m_1,m_2,\cdots,m_n}(u)]$$

$$\mathrm{d}u\mathrm{d}l_1\mathrm{d}l_2\cdots\mathrm{d}l_n\mathrm{d}m_1\mathrm{d}m_2\cdots\mathrm{d}m_n$$

其中，对任意的 $k \in \{1, 2, \cdots, n\}$，都有 $p(m_k, l_k; t_k) = \dfrac{1}{(2\pi)^{\frac{n}{2}}|B_k|^{\frac{1}{2}}}\exp\left(-\dfrac{1}{2}a_k^{\mathrm{T}}W_k^{-1}a_k\right)$；$a_k = (m_k - a_k, l_k - b_k)$；$B_k = \begin{bmatrix} \sigma_1^2 & r\sigma_1\sigma_2 \\ r\sigma_1\sigma_2 & \sigma_2^2 \end{bmatrix}$；$p(m_k)$ 是 $N(a_k, \sigma_1^2)$ 的密度函数；$p(l_k)$ 是 $N(b_k, \sigma_2^2)$ 的密度函数。

8.4 本 章 小 结

本章综合考虑组件状态分布概率，组件状态转移概率及其对系统的影响，提出了一种连续系统的拓展重要度计算方法，该方法可以定量计算带有状态转移特征的组件可靠性变化对系统性能的影响程度，为系统优化设计提供理论支撑。本章主要内容已由作者发表于文献[132]～文献[133]。

参 考 文 献

[1] Birnbaum Z W. On the Importance of Different Components in A Multi-component System[M]. New York: Academic Press, 1969: 581-592.

[2] Lambert H E. Fault trees for decision making in systems analysis[D]. Livermore: University of California, 1975.

[3] Vesely W E. A time-dependent methodology for fault tree evaluation[J]. Nuclear Engineering and Design, 1970, 13(2):337-360.

[4] Fussell J B. How to hand-calculate system reliability and safety characteristics[J]. IEEE Transactions on Reliability, 1975, 24(3):169-174.

[5] Barlow R E, Proschan F. Importance of system components and failure tree events[J]. Stochastic Processes and Their Applications, 1975, 3(2):153-173.

[6] Butler D A. An importance ranking for components based upon cuts[J]. Operations Research, 1977, 25(5): 874-879.

[7] Butler D A. A complete importance ranking for components of binary coherent systems with extensions to multi-state systems[J]. Naval Research Logistics Quarterly, 1979, 4: 565-578.

[8] Natvig B. A suggestion of a new measure of importance of system components[J]. Stochastic Processes and Their Applications, 1979, 9(3): 319-330.

[9] Vesely W E, Davis T C, Denning R S, et al. Measures of risk importance and their applications[J]. NUREG/CR-3385, 1983: 3-6.

[10] Boland P J, El-Neweihi E, Proschan F. Active redundancy allocation in coherent systems[J]. Probability in the Engineering and Informational Sciences, 1988, 2(3): 343-353.

[11] Boland P J, El-Neweihi E, Proschan F. Redundancy importance and allocation of spares in coherent systems[J]. Journal of Statistical Planning and Inference, 1992, 29(1-2): 55-65.

[12] Pan Z J, Tai Y C. Variance importance of system components by Monte Carlo[J]. IEEE Transactions on Reliability, 1988, 37(4): 421-423.

[13] Hong J S, Lie C H. Joint reliability-importance of two edges in an undirected network[J]. IEEE Transactions on Reliability, 1993, 42(1):17-23.

[14] Armstrong M J. Joint reliability-importance of components[J]. IEEE Transactions on Reliability, 1995, 44(3):408-411.

[15] Armstrong M J. Reliability-importance and dual failure-mode components[J]. IEEE

Transactions on Reliability, 1997, 46(2): 212-220.

[16] Hong J S, Koo H Y, Lie C H. Joint reliability importance of k-out-of-n systems[J]. European Journal of Operational Research, 2002, 142(3): 539-547.

[17] Wu S. Joint importance of multistate systems[J]. Computers and Industrial Engineering, 2005, 49(1): 63-75.

[18] Borgonovo E, Apostolakis G E. A new importance measure for risk-informed decision making[J]. Reliability Engineering and System Safety, 2001, 72(2): 193-212.

[19] Ramirez-Marquez J E, Coit D W. Composite importance measures for multi-State systems with multi-state components[J]. IEEE Transactions on Reliability, 2005, 54(3): 517-529.

[20] Cui L R. The IFR property for consecutive-k-out-of-n: F systems[J]. Statistics and Probability Letters, 2002, 59(4): 405-414.

[21] Gao X L, Cui L R, Li J L. Analysis for joint importance of components in a coherent system[J]. European Journal of Operational Research, 2007, 182(1): 282-299.

[22] Cui L R, Hawkes A G. A note on the proof for the optimal consecutive-k-out-of-n: G line for $n \leqslant 2k$[J]. Journal of Statistical Planning and Inference, 2008, 138(5): 1516-1520.

[23] 王海涛, 吴宜灿, 李亚洲, 等. 核电站实时风险管理系统部件重要度计算方法研究[J]. 核科学与工程, 2008, 28(1): 61-65.

[24] 田宏, 陈宝智, 吴穹, 等. 多态系统可靠性及元素的不确定性重要度[J]. 东北大学学报(自然科学版), 2000, 21(6): 634-636.

[25] 毕卫星, 陈建军. 一种改良的联合重要度算法[J]. 大连交通大学学报, 2009, 30(5): 74-76.

[26] Barlow R E, Wu A S. Coherent systems with multi-state components[J]. Mathematics of Operations Research, 1978, 3(4): 275-281.

[27] El-Neweihi E, Proschan F, Sethuraman J. Multistate coherent systems[J]. Journal of Applied Probability, 1978, 15: 675-688.

[28] Ross S M. Multivalued state component systems[J]. The Annals of Probability, 1979, 7(2): 379-383.

[29] Griffith W S. Multistate reliability models[J]. Journal of Applied Probability, 1980, 17(3): 735-744.

[30] Aven T. On performance measures for multistate monotone systems[J]. Reliability Engineering and System Safety, 1993, 41(3): 259-266.

[31] Pham H, A Suprasad, Misra R B. Reliability analysis of k-out-of-n systems with partially repairable multi-state components[J]. Microelectronics and Reliability, 1996, 36(10): 1407-1415.

[32] Misra K B. Reliability Analysis and Prediction[M]. Amsterdam: Elsevier, 1992.

[33] Koowrocki K. On limit reliability functions of large multi-state systems with ageing components[J]. Applied Mathematics and Computation, 2001, 121(2-3): 313-361.

[34] Levitin G, Lisnianski A. A new approach to solving problems of multi-state system reliability optimization[J]. Quality and Reliability Engineering International, 2001, 17(2): 93-104.

[35] Meng F C. Component-relevancy and characterization results in multistate systems[J]. IEEE Transactions on Reliability, 1993, 42(3): 478-483.

[36] Wu S, Chan L. Performance utility-analysis of multi-state systems[J]. IEEE Transactions on Reliability, 2003, 52(1): 14-21.

[37] Zio E, Podofillini L. Monte-Carlo simulation analysis of the effects on different system performance levels on the importance on multi-state components[J]. Reliability Engineering and System Safety, 2003, 82(1): 63-73.

[38] Levitin G, Podofillini L, Zio E. Generalized importance measures for multi-state elements based on performance level restrictions[J]. Reliability Engineering and System Safety, 2003, 82(3): 287-298.

[39] Shrestha A, Xing L, Coit D W. An efficient multistate multivalued decision diagram-based approach for multistate system sensitivity analysis[J]. IEEE Transactions on Reliability, 2010, 59(3): 581-592.

[40] Vaurio J K. Importance measures for multi-phase missions[J]. Reliability Engineering and System Safety, 2011, 96(1): 230-235.

[41] Aven T, Nokland T E. On the use of uncertainty importance measures in reliability and risk analysis[J]. Reliability Engineering and System Safety, 2010, 95(2): 127-133.

[42] Borgonovo E. A new uncertainty importance measure[J]. Reliability Engineering and System Safety, 2007, 92(6): 771-784.

[43] Homma T, Saltelli A. Importance measures in global sensitivity analysis of nonlinear models[J]. Reliability Engineering and System Safety, 1996, 52(1): 1-17.

[44] 王攀, 吕震宙, 李贵杰. 参数不确定情况下结构系统重要性分析[J]. 中国科学:技术科学, 2011, 41(11): 1512-1518.

[45] 姚成玉, 张荧驿, 陈东宁, 等. T-S 模糊重要度分析方法研究[J]. 机械工程学报, 2011, 47(12): 163-169.

[46] Cheok M C, Parry G W, Sherry R R. Use of importance measures in risk-informed regulatory applications[J]. Reliability Engineering and System Safety, 1998, 60(3): 213-226.

[47] Marseguerra M, Zio E. Monte Carlo estimation of the differential importance measure: application to the protection system of a nuclear reactor[J]. Reliability Engineering and System Safety, 2004, 86(1): 11-24.

[48] Zhang P, Portillo L, Kezunovic M. Reliability and component importance analysis of all-digital protection systems[C]//Power Systems Conference and Exposition, 2006: 1380-1387.

[49] Zio E, Marella M, Podofillini L. Importance measures-based prioritization for improving the performance of multi-state systems: application to the railway industry[J]. Reliability Engineering and System Safety, 2007, 92(10): 1303-1314.

[50] Borgonovo E. Differential, criticality and Birnbaum importance measures: an application to basic event, groups and SSCs in event trees and binary decision diagrams[J]. Reliability Engineering and System Safety, 2007, 92(10): 1458-1467.

[51] Borgonovo E. Differential importance and comparative statics: an application to inventory management[J]. International Journal of Production Economics, 2008, 111(1): 170-179.

[52] Natvig B, Eide K A, Gasemyr J, et al. Simulation based analysis and an application to an offshore oil and gas production system of the Natvig measures of component importance in repairable systems[J]. Reliability Engineering and System Safety, 2009, 94(10): 1629-1638.

[53] 何旭洪, 童节娟, 黄祥瑞. 核电站概率安全分析中人因事件的风险重要性[J]. 清华大学学报(自然科学版), 2004, 44(6): 748-750.

[54] 高雪莉, 崔利荣. 单元重要度在可靠性工程中的应用[J]. 国防技术基础, 2005, 12: 1-4.

[55] 霍超, 张沛超. 全数字化保护系统考虑经济性的元件重要度分析[J]. 电力系统自动化, 2007, 31(13): 57-62.

[56] 张沛超, 高翔. 全数字化保护系统的可靠性及元件重要度分析[J]. 中国电机工程学报, 2008, 28(1): 77-82.

[57] 于捷, 孙立大, 石耀霖, 等. 基于BDD技术的数控机床故障树重要度分析[J]. 机床与液压, 2008, 36(12): 186-189.

[58] 于捷, 孙立大, 石耀霖, 等. 基于BDD技术下的数控机床转塔刀架系统重要度分析[J]. 机床与液压, 2009, 37(1): 157-163.

[59] 何爱民, 赵先, 崔利荣, 等. 线形可重叠的m-consecutive-k-out-of-n: F系统可靠性和单元重要度研究[J]. 兵工学报, 2009, 30: 135-138.

[60] Lisnianski A. Extended block diagram method for a multi-state system reliability assessment[J]. Reliability Engineering and System Safety, 2007, 92(12): 1601-1607.

[61] Trivedi K S. Probability and Statistics with Reliability, Queuing, and Computer Science Applications[M]. New York: John Wiley & Sons, 2001.

[62] Dui H Y. Recent patents on importance measures for system reliability improvement[J]. Recent Patents on Engineering, 2017, 11(3): 208-214.

[63] Dui H Y. Importance analysis and recognition application of supply chain networks[J]. Recent Patents on Computer Science, 2017, 10(4), 325-329.

[64] 兑红炎, 陈立伟, 周毫, 等. 基于系统可靠性的组件综合重要度变化机理分析[J]. 运筹与管理, 2018, 27(2): 79-84.

[65] Natvig B. On the reduction in remaining system lifetime due to the failure of a specific component[J]. Journal of Applied Probability, 1982, 19(3): 642-652.

[66] Natvig B. New light on measures of importance of system components[J]. Scandinavian Journal of Statistics, 1985, 12(1): 43-54.

[67] Levitin G. The Universal Generating Function in Reliability Analysis and Optimization[M]. London: Springer, 2005.

[68] Ramirez-Marquez J E, Rocco C M, Gebre B A, et al. New insights on multi-state component criticality and importance[J]. Reliability Engineering and System Safety, 2006, 91(8): 894-904.

[69] Natvig B, Sormo S, Holen A T, et al. Multistate reliability theory: a case study[J]. Advances in Applied Probability, 1986, 18(4): 921-932.

[70] 邹霞, 李国荣, 谭援强, 等. 重力对功能陶瓷材料压制过程影响的离散元模拟[J]. 无机材料学报, 2010, 25(10): 1071-1075.

[71] 倪昕晔, 汤晓斌, 林涛, 等. 医用炭/炭复合材料表面梯度 CVD 热解炭涂层的摩擦性能研究[J]. 无机材料学报, 2012, 27(5): 545-549.

[72] Kuhl E, Ramm E. Simulation of strain localization with gradient enhanced damage models[J]. Computational Materials Science, 1999, 16(1-4): 176-185.

[73] Yuan H, Chen J. Analysis of size effects based on a symmetric lower-order gradient plasticity model[J]. Computational Materials Science, 2000, 19(1-4): 143-157.

[74] Ma L, Zhou J, Zhu R, et al. Effects of strain gradient on the mechanical behaviors of nanocrystalline materials[J]. Materials Science and Engineering: A, 2009, 507(1-2): 42-49.

[75] Si S B, Dui H Y, Zhao X B, et al. Integrated importance measure of component states based on loss of system performance[J]. IEEE Transactions on Reliability, 2012, 61(1): 192-202.

[76] Si S B, Dui H Y, Cai Z Q, et al. The integrated importance measure of multi-state coherent systems for maintenance processes[J]. IEEE Transactions on Reliability, 2012, 61(2): 266-273.

[77] Si S B, Dui H Y, Cai Z Q, et al. Joint integrated importance measure for multi-state transition systems[J]. Communications in Statistics: Theory and Methods, 2012, 41(21): 3846-3862.

[78] Si S B, Levitin G, Dui H Y, et al. Component state-based integrated importance measure for multi-state systems[J]. Reliability Engineering and System Safety, 2013, 116: 75-83.

[79] 兑红炎, 司书宾, 蔡志强, 等. 综合重要度的梯度表示方法[J]. 西北工业大学学报, 2013, 31(2): 259-265.

[80] Kuo W, Zuo M J. Optimal Reliability Modeling: Principles and Applications[M]. New York: John Wiley & Sons, 2003.

[81] Boedigheimer R A, Kapur K C. Customer-driven reliability models for multi-state coherent systems[J]. IEEE Transactions on Reliability, 1994, 55(2): 46-50.

[82] Barlow R E, Heidtmann K D. Computing k-out-of-n system reliability[J]. IEEE Transactions on Reliability, 1984, 33(4): 322-323.

[83] Risse T. On the evaluation of the reliability of k-out-of-n systems[J]. IEEE Transactions on Reliability, 1987, 36(4): 433-435.

[84] Sarje A K, Prasad E V. An efficient non-recursive algorithm for computing the reliability of k-out-of-n systems[J]. IEEE Transactions on Reliability, 1989, 38(2): 234-235.

[85] Coit D W, Liu J C. System reliability optimization with k-out-of-n subsystems[J]. International Journal of Reliability, Quality and Safety Engineering, 2000, 7(2): 129-142.

[86] Huang J S, Zuo M J, Wu Y H. Generalized multi-state k-out-of-n: G systems[J]. IEEE Transactions on Reliability, 2000, 49(1): 105-111.

[87] Zuo M J, Tian Z G. Performance evaluation of generalized multi-state k-out-of-n systems[J]. IEEE Transactions on Reliability, 2006, 55(2): 319-327.

[88] Zhao X, Cui L R, Kuo W. Reliability for Sparsely consecutive-k systems[J]. IEEE Transactions on Reliability, 2007, 56(3): 516-524.

[89] Zhao X, Cui L R. Reliability evaluation of generalised multi-state k-out-of-n systems based on FMCI approach[J]. International Journal of Systems Science, 2010, 41(12): 1437-1443.

[90] Frostig E, Levikson B. On the availability of R out of N repairable systems[J]. Naval Research Logistics, 2002, 49(5): 483-498.

[91] Barron Y, Frostig E, Levikson B. Analysis of R out of N systems with several repairmen, exponential life times and phase type repair times: an algorithmic approach[J]. European Journal of Operational Research, 2006, 169(1): 202-225.

[92] Khatab A, Nahas N, Nourelfath M. Availability of k-out-of-n: G systems with non-identical components subject to repair priorities[J]. Reliability Engineering and System Safety, 2009, 94(2): 142-151.

[93] Ding Y, Zuo M J, Lisnianski A, et al. A Framework for reliability approximation of multi-state weighted k-out-of-n systems[J]. IEEE Transactions on Reliability, 2010, 59(2): 297-308.

[94] Ding Y, Zuo M J, Tian Z G, et al. The hierarchical weighted multi-state k-out-of-n system model and its application for infrastructure management[J]. IEEE Transactions on Reliability, 2010, 59(3): 593-603.

[95] Boland P J, Proschan F. The reliability of k out of n systems[J]. The Annals of Probability, 1983, 11(3): 760-764.

[96] Chiang D T, Niu S C. Reliability of consecutive-k-out-of-n: F system[J]. IEEE Transactions on Reliability, 1981, 30(1): 87-89.

[97] Kao S C. Computing reliability from warranty[C]//Proceedings of American Statistical Association Section on Statistical Computing, 1982: 309-312.

[98] Hwang F K. Simplified reliabilities for consecutive-k-out-of-n systems[J]. SIAM Journal on Algebraic and Discrete Methods, 1986, 7(2): 258-264.

[99] Chiang D T, Chiang R. Relayed communication via consecutive-k-out-of-n: F system[J]. IEEE Transactions on Reliability, 1986, 35(1): 65-67.

[100]Boland P J, Samaniego F J. Stochastic ordering results for consecutive k-out-of-n: F systems[J]. IEEE Transactions on Reliability, 2004, 53(1): 7-10.

[101]Jalal A I, Hawkes A G, Cui L R, et al. The optimal consecutive-k-out-of-n: G line for $n \leqq 2k$[J]. Journal of statistical planning and inference, 2005, 128(1): 281-287.

[102]Du D Z, Hwang F K, Jung Y, et al. Optimal consecutive-k-out-of-n: G cycle for $n \leqslant 2k+1$[J]. Journal of Global Optimization, 2001, 19(1): 51-60.

[103]EryIlmaz S. Reliability properties of consecutive k-out-of-n systems of arbitrarily dependent components[J]. Reliability Engineering and System Safety, 2009, 94(2): 350-356.

[104]Salehi E T, Asadi M, Eryılmaz S. Reliability analysis of consecutive k-out-of-n systems with non-identical components lifetimes[J]. Journal of Statistical Planning and Inference, 2011, 141(8): 2920-2932.

[105]Zuo M J, Liang M. Reliability of multistate consecutively-connected systems[J]. Reliability Engineering and System Safety, 1994, 44(2): 173-176.

[106]Malinowski J, Preuss W. Reliability of reverse-tree-structured systems with multi-state components[J]. Microelectronics Reliability, 1996, 36(1): 1-7.

[107]Kossow A, Preuss W. Reliability of linear consecutively-connected systems with multistate components[J]. IEEE Transactions on Reliability, 1995, 44(3): 518-522.

[108]Malinowski J, Preuss W. Reliability of circular consecutively-connected systems with multi-state components[J]. IEEE Transactions on Reliability, 1995, 44(3): 532-534.

[109]Huang J, Zuo M J, Fang Z. Multi-state consecutive-k-out-of-n systems[J]. IIE Transactions, 2003, 35(6): 527-534.

[110]Papastavridis S. The most important component in a consecutive-k-out-of-n: F system[J]. IEEE Transactions on Reliability, 1987, 36(2): 266-268.

[111]Zuo M J, Kuo W. Design and performance analysis of consecutive-k-out-of-n structure[J].

Naval Research Logistics, 1990, 37(2): 203-230.

[112]Zuo M J. Reliability and component importance of a consecutive-k-out-of-n system[J]. Microelectronics Reliability, 1993, 33(2): 243-258.

[113]Kuo W, Zhang W, Zuo M J. A consecutive-k-out-of-n: G system: the mirror image of a consecutive-k-out-of-n: F system[J]. IEEE Transactions on Reliability, 1990, 39(2):244-253.

[114]Dui H Y, Si S B, Cai Z Q, et al. On the use of the importance measure for multi-state repairable k-out-of-n: G Systems[J]. Communications in Statistics: Theory and Methods, 2014, 43(13): 2766-2781.

[115]Dui H Y, Si S B, Cai Z Q, et al. Importance measure of system reliability upgrade for multi-state consecutive k-out-of-n systems[J]. Journal of Systems Engineering and Electronics, 2012, 23(6): 936-942.

[116]Si S B, Levitin G, Dui H Y, et al. Importance analysis for reconfigurable systems[J]. Reliability Engineering and System Safety, 2014, 126: 72-80.

[117]Dui H Y, Si S B, Richard C M Y. Importance measures for optimal structure in linear consecutive-k-out-of-n systems[J]. Reliability Engineering and System Safety, 2018, 169: 339-350.

[118]Van P D, Barros A, Berenguer C. From differential to difference importance measures for Markov reliability models[J]. European Journal of Operational Research, 2010, 204(3): 513-521.

[119]Limnios N, Oprisan G. Semi-Markov Processes and Reliability[M]. Berlin: Birkhauser, 2001.

[120] Huber C, Pons O. Independent competing risks versus a general Semi-Markov model[J]. Far East Journal of Theoretical Statistics, 2005, 16(1): 87-104.

[121]D'Amico G, Janssen J, Manca R. Homogeneous Semi-Markov reliability models for credit risk management[J]. Decisions in Economics and Finance, 2005, 28(2): 79-93.

[122]Gregory F L. Introduction to Stochastic Processes[M]. New York: Chapman and Hall/CRC, 1995.

[123]Ghosh M K, Saha S. Stochastic processes with age-dependent transition rates[J]. Stochastic Analysis and Applications, 2011, 29(3): 511-522.

[124]Dui H Y, Si S B, Zuo M J, et al. Semi-Markov process-based integrated importance measure for multi-state systems[J]. IEEE Transactions on Reliability, 2015, 64(2): 754-765.

[125]Dui H Y, Chen L W, Wu S M. Generalized integrated importance measure for system performance evaluation: application to a propeller plane system[J]. Eksploatacja I Niezawodnosc-Maintenance and Reliability, 2017, 19 (2): 279-286.

[126]Dui H Y, Zhang C, Zheng X Q. Component joint importance measures for maintenances in

submarine blowout preventer system[J]. Journal of Loss Prevention in the Process Industries, 2020, 63: 104003.

[127]Dui H Y, Si S B, Richard C M Y. A cost-based integrated importance measure of system components for preventive maintenance[J]. Reliability Engineering and System Safety, 2017, 168: 98-104.

[128]Dui H Y, Li C, Zhang C. Recent advances on supply chain costs-based importance measures in supply chain systems reliability[J]. Recent Patents on Computer Science, 2019, 12(3), 218-223.

[129]兑红炎, 陈立伟, 白光晗. 多态系统部件维修成本评估分析[J]. 运筹与管理, 2019, 28(9): 122-127.

[130]兑红炎, 陈立伟, 陈刚. 基于重要度的改进型装备可靠性鉴定试验优化方法[J]. 西北工业大学学报, 2016, 34(4): 571-577.

[131]Dui H Y, Si S B, Sun S D, et al. Gradient computations and geometrical meaning of importance measures[J]. Quality Technology and Quantitative Management, 2013, 10(3): 305-318.

[132]Liu Y, Si S B, Cui L R, et al. A generalized Griffith importance measure for components with multiple state transitions[J]. IEEE Transactions on Reliability, 2016, 65(2): 662-673.

[133]Dui H Y, Si S B, Cui L R, et al. Component importance for multi-state system lifetimes with renewal functions[J]. IEEE Transactions on Reliability, 2014, 63(1): 105-117.